站在巨人的肩上

Standing on the Shoulders of Giants

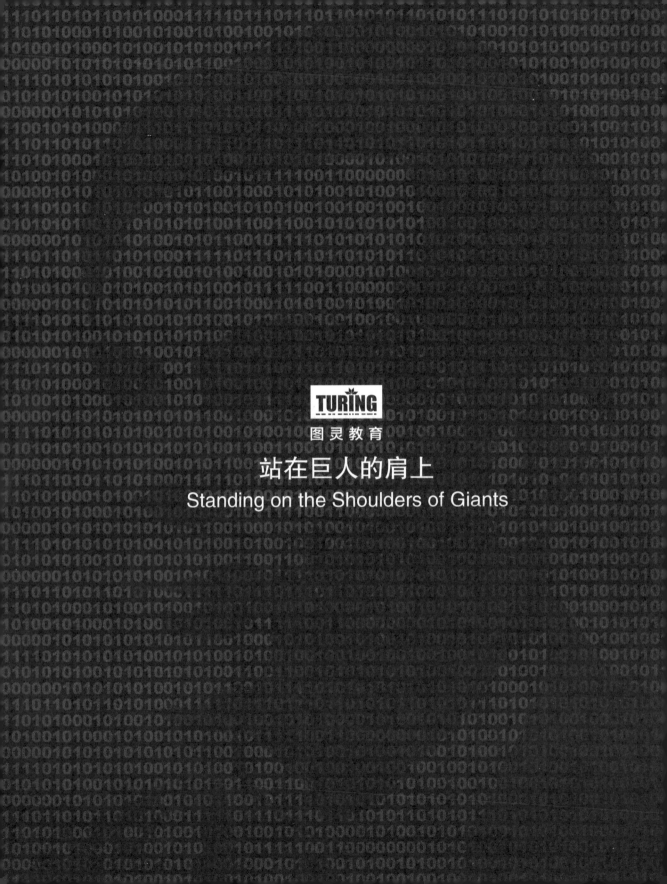

TURING
图灵教育

站在巨人的肩上
Standing on the Shoulders of Giants

Android

应用安全测试与防护

何能强 阚志刚 马宏谋◎著

人民邮电出版社

北 京

图书在版编目（CIP）数据

Android应用安全测试与防护 / 何能强，阚志刚，马
宏谋著. -- 北京：人民邮电出版社，2020.5
（图灵原创）
ISBN 978-7-115-53531-3

Ⅰ. ①A… Ⅱ. ①何… ②阚… ③马… Ⅲ. ①移动终
端－应用程序－程序设计 Ⅳ. ①TN929.53

中国版本图书馆CIP数据核字(2020)第043356号

内 容 提 要

　　本书全面介绍了 Android 应用安全测试与防护技术，主要内容包括安全基础、测试工具、安全测试和安全防护。首先简要介绍了 Android 应用的安全基础，包括 Android 应用的生成和运行过程、Android 系统的安全模型；其次详细介绍了静态分析、动态分析、抓包分析、挂钩框架等常用的安全测试基本工具；然后重点介绍了 Android 应用安全测试内容，包括 Android 应用涉及的信息资产和安全测试框架，分别从程序代码、服务交互、本地数据、网络传输和鉴权认证 5 个方面介绍了 App 的安全要求和测试方法；最后全面介绍了 Android 应用的安全防护技术，重点阐述静态防护和动态防护等应用安全加固涉及的多种技术原理。

　　本书侧重从实际应用的角度来讲解如何运用安全技术开展应用安全测试与防护工作，适合有一定 Android 开发经验或安全基础的开发者、安全测试工程师、对 Android 应用安全测试感兴趣的业务人员、在校大学生等参考和阅读。

◆ 著　　　　何能强　阚志刚　马宏谋
　　责任编辑　张　霞
　　责任印制　周昇亮
◆ 人民邮电出版社出版发行　　北京市丰台区成寿寺路11号
　　邮编　100164　　电子邮件　315@ptpress.com.cn
　　网址　https://www.ptpress.com.cn
　　天津翔远印刷有限公司印刷
◆ 开本：800×1000　1/16
　　印张：18.75
　　字数：443千字　　　　　　　　2020年5月第1版
　　印数：1 - 4 000册　　　　　　　2020年5月天津第1次印刷

定价：79.00元
读者服务热线：(010)51095183转600　印装质量热线：(010)81055316
反盗版热线：(010)81055315
广告经营许可证：京东工商广登字 20170147 号

致文新，

谢谢你的降临，让生活变得更加美好。

推 荐 序 一

网络安全的本质是攻防，是攻击与防御之间的对抗。魔高一尺，道高一丈，攻击方和防御方总是在不断对抗的过程中升级迭代，永远不会达到均衡的状态。然而，不论是攻击还是防御，都需要耗费大量成本，因此攻击方和防御方需要考虑成本和效果之间的关系。

伴随着智能手机的出现，以及 4G 移动网络、Wi-Fi 网络等无线网络的普及，移动互联网经过十几年的发展已经处于成熟稳定的阶段，全球用户达几十亿人。不论是社交、通信，还是金融、贸易，现在都可以通过智能手机完成，移动互联网已经成为了数字经济的重要媒介，它在网络空间中构造了一个庞大的数字经济体，蕴含着大量的信息与财富。

从 2011 年开始，网络攻击的目标逐渐转向移动互联网，攻击形式多种多样，既有广撒网式的黑产获利攻击，又有针对特定目标的国家级 APT 攻击，防御方面的风险和压力持续增加。移动互联网的攻击面有很多，无线通信协议、终端芯片、操作系统、中间件、App 等都可以成为攻击方的攻击点。

特别是 Android 系统的 App，互联网上有大量针对 Android App 的逆向工程工具，攻击者可以很方便地使用这些工具进行逆向，分析 App 存在的安全漏洞，制作利用漏洞的攻击工具，实现窃取用户信息、转移用户资产或者破坏 App 正常运行等目的，这对 App 开发者、服务提供者以及用户都造成了严重的安全风险。如何提升 App 的安全防护能力，是每一位 App 开发者和服务提供者都应该认真考虑的问题。

这些年来，政府部门密切关注移动 App 的安全问题，出台了许多管理规定和技术标准，开展了许多专项行动，不断加强移动 App 的安全管理，保护公民的合法权益。如何督促 App 开发者通过技术手段落实管理规定和技术标准，也是政府部门需要考虑的问题。

对 App 进行安全测试是解决以上问题的一种有效途径，安全测试既可以帮助政府部门检查出 App 存在的不规范行为，也可以帮助 App 开发者找到 App 中存在的安全缺陷和漏洞。这些问题的解决方法都可以在这本书中找到，这本书不仅对 Android App 的安全测试进行了系统性的介绍，而且通过实例讲解了相应的安全防护技术。此外，书中还有很多关于 App 的数据安全和鉴权认证方面的测试内容，这是目前大多数资料中都没有进行深入探讨的。

我对本书作者及其所做的安全测试工作非常了解，他们有着多年的 App 安全测试实践经历，所做的安全测试结果也得到了多个部门的认可，这本书的内容来源于他们的实践工作，有着非常高的参考价值和借鉴意义。

网络空间的下一个浪潮——物联网——即将到来，物联网与移动互联网有很多联系，也面临着诸多攻击面，未来在物联网中如何开展安全测试和安全防护工作，值得物联网安全工作者考虑。

严寒冰

国家互联网应急中心运行部主任

推 荐 序 二

能强是我的学生，很高兴看到这本源于工作实践、讲述 App 安全测试与防护的技术书出版。

大到一个国家，小到一个企业，再小到一个 App，想要发展，必须有一个安全稳定的环境。只要系统持续发展，安全问题就需要时刻考虑，其中既有内在的问题，也有外在的问题，要维护系统的安全绝非易事。

计算机和通信领域的工作者应该知道，在信号与系统这门课中，稳定性是一个非常重要的系统评价指标。它的含义是在系统输入有界的情况下，系统的输出也是有界的。对于不稳定的系统，一个很小的扰动或者冲击，就有可能导致系统远离平衡态。这样的系统既不可靠，也不安全。从这个角度来讲，我们可以将稳定性作为衡量系统安全性的一种指标（除了稳定性之外，还有健壮性、非脆弱性等指标）。安全性是系统设计里需要考虑的核心指标。

我们知道，要分析一个系统的特性，可以分析系统函数 $h(t)$ 或者 $H(s)$，那么我们如何得到系统函数呢？

从网络安全的角度来看，求解系统函数的过程可以看作一个逆向的过程，也就是揭示系统特性的过程。求解系统函数的过程实际上是计算系统输入与输出之间的函数关系。因为单位冲激信号在频域上来看正好是一个包含所有频率的信号，所以通常将系统的冲激响应函数作为系统函数进行分析。从广义上看，求解系统函数的过程也是一个测试过程：对系统输入冲激信号进行测试，获得输出响应的测试结果，通过测试结果分析系统特性。在这个过程中，如何选择测试输入、如何分析测试输出就是需要重点考虑的问题。

这本书系统、全面地讲解了 Android App 的安全测试，读者可以学会如何选择覆盖面广且具有代表性的安全测试用例，如何根据测试结果评价 App 的安全性。值得注意的是，这本书还介绍了大量 App 安全防护技术，用于提升 App 的安全防护能力，这对测试过程中出现的安全问题形成了非常有益的正反馈。可以说，安全防护与安全测试是密不可分的，二者结合才能真正形成"测试+防护"的闭环结构，切实起到提升 App 安全性的作用。

这本书的内容源于作者多年的实践，总结的测试方法和防护方案都经过了实践的检验，有很强的实用价值和借鉴意义。不可否认的是，在现实中，网络空间的安全问题会在攻与防的不断对抗中演进发展，新问题、新挑战随时都有可能出现，因此，针对 Android App 的安全测试与防护工作也不是一成不变的，需要结合实际问题提出对应的测试方法和防护方案，这也是本书作者以及从事网络安全的工作者们需要面对的挑战。

任勇

清华大学电子工程系教授

中国人工智能学会智能系统工程专业委员会副理事长

推　荐　语

随着传感和移动计算技术的不断进步，App 通过收集和计算移动终端数据为用户提供各种个性化服务越来越普遍。然而，数据泄露等安全问题也随之而来。为了给用户提供更加安全可靠的服务，开发者需要知道 App 到底会存在哪些安全问题，如何发现问题、加强防护。建议 App 开发者一定要读这本书，从而掌握 App 安全测试的具体方法，了解 App 安全加固的具体思路，大大提升 App 的安全性。

—— 曹建农，香港理工大学电子计算学系讲座教授、互联网与移动计算实验室主任

移动 App 安全问题的解决，既需要通过移动 App 安全测试来检测，也需要在移动 App 设计、开发、发布过程中进行主动的防护。这本书从 Android 系统的安全模型以及 Android 应用的生成和运行原理讲起，全面介绍了各种安全测试工具、安全测试方法、静态加固技术、动态加固技术以及应用脱壳的知识，是一本 Android 应用安全入门 "All in One" 的好书，非常适合 Android 应用安全测试人员与开发人员阅读。

—— 谭晓生，中国计算机学会副秘书长，北京赛博英杰科技有限公司董事长

安全测试与安全防护是提升 App 安全性的两大途径，本书兼顾两方面的内容，系统翔实地介绍了 App 安全测试的工作思路和测试方法，同时解密了大家都关心的 App 安全加固技术，内容丰富，实战性强，从事 App 安全工作的读者值得一读。

—— 范渊，杭州安恒信息技术股份有限公司董事长、总裁

目前 App 是为用户提供服务的主要媒介，提升 App 的安全防护能力是甲方单位的刚需，本书作者以其多年实践经验为基础，对 App 安全测试与防护的技术内容进行了系统介绍，实用性很强，非常适合甲方的安全技术人员阅读。

—— 蔡膺红，民生科技有限公司副总裁

随着智能手机的普及，移动 App 已经是证券业提供互联网服务的标配，但是，近些年 App 安全漏洞频发，市场上 App 安全测评服务又参差不齐，急需统一的标准。这本书由浅入深，循序渐进地介绍了 App 安全测评的全过程，起到了很好的指导作用，将推进 App 安全测评行业更规范。

—— 刘斌，兴业证券股份有限公司信息技术部总经理

App 的安全防护问题不能纸上谈兵、空谈理论，一定要结合实际情况进行具体分析。这本书结合了作者在 App 安全领域多年的实践经验，对 App 安全测试与防护工作进行了体系化的梳理，对从事 App 安全相关工作的读者会有很大的参考价值。

—— 喻华丽，深圳证券交易所总工程师

随着智能手机的普及，各种计算机应用系统都可以通过 App 实现和完成。为此，提升 App 的安全防护能力势在必行。本书基于作者多年的实践经验，对 App 安全测试与防护的技术内容进行了系统介绍，实用性强，非常适合各行各业从事计算机应用开发的安全技术人员阅读。

—— 唐群，中国计算机用户协会副理事长兼秘书长，协会法人代表

当前网络安全已经成为了国家战略，其中 Android App 的安全关系到大量个人用户、企业和政府部门的切身利益。本书从实际应用的角度详细介绍了 Android App 的安全测试工作，每一条每一项都包含了作者多年实践工作的积累，对相关从业人员来说具有很大的参考价值，是一本非常好的工具书。

—— 聂君，奇安信集团首席安全官，《企业安全建设指南》作者

本书从安全测试的视角展开，介绍了 Android 软件安全相关的知识，讲解了软件测评与加固技术等在实际应用中涉及的知识点，读者能从中学习到不少前沿的技术干货。

—— 丰生强，《Android 软件安全与逆向分析》《Android 软件安全权威指南》作者

前　言

　　移动互联网的安全问题备受关注，影响着全球几十亿部智能手机以及 3G、4G、5G 移动网络的使用安全。在移动互联网的安全问题中，App（应用）的安全问题直接关系到开发者和用户的切身利益。App 安全问题包括两个方面：一方面，App 是否具有攻击行为，即是否有信息窃取、恶意扣费、远程控制等高危恶意行为；另一方面，App 是否具有防御能力，即是否能够抵御逆向入侵、劫持篡改等攻击行为。本书主要围绕 Android 系统 App[①]的安全防御能力开展测试，介绍安全测试要求和测试方法，以及如何针对常见的安全问题进行安全防护。

　　由于工作的关系，笔者在日常工作中做了大量的 App 安全测试工作，发现目前 App 普遍存在大量的安全问题。例如，apk 文件反编译后暴露关键业务逻辑代码，网络通信使用明文传输关键业务数据，受限服务接口未经授权可远程任意访问，本地敏感数据未经加密可被其他 App 直接读取，等等。很多 App 的安全防御能力都很薄弱，易被攻击，其中不仅有金融、支付、保险等领域的 App，还有物联网 App 和车载 App 等。这些存在安全问题的 App 通过应用商店发布后，攻击者可以利用以上缺陷和漏洞对 App 进行逆向破解，导致 App 开发者不得不面临 App 被破解篡改、版权被盗用、用户信息泄露、交易支付被劫持等诸多烦恼，还可能因为严重的信息泄露问题不得不承担法律责任。

　　为了避免上述安全问题，对 App 进行安全测试显得尤为必要，相信未来政府部门也会进一步提出针对 App 的安全等级保护要求，即开发者在发布 App 前，除了要进行功能测试、性能测试和兼容性测试之外，还需要进行安全测试。对于测试中存在安全问题的地方，App 开发者需要进行修复，并合理利用防篡改、防调试、防注入、数据加密、安全通信等安全防护技术，提升 App 的安全防护能力，防范于未然。

　　目前公开介绍 App 安全测试知识的书相对匮乏，详细讲解 App 安全防护的书更是少之又少，导致 App 开发者对安全测试过程和测试内容不甚了解。笔者在实际工作中发现，对于 App 安全测试结果中列出的安全问题，送测 App 的开发者存在诸多知识盲区，他们非常希望了解对 App 进行安全测试工作的技术原理，以及针对出现的安全问题如何进行安全防护。

　　正是基于这种需求，笔者决定将 App 安全测试和防护的技术内容进行公开，希望通过本书能够帮助更多的开发者了解 App 的安全测试工作和安全防护技术，使 App 开发者在对 App 进行

---

　　① 如无特殊说明，本书提到的 App 都是指 Android 系统 App。

安全自测以及安全修复等工作中有所参考，也希望更多从事 App 安全工作的技术人员就此掌握基本的 App 安全测试技能，独立自主地进行 App 安全测试工作。

本书内容及结构

由于 App 服务器端的安全测试与 Web 端的安全测试过程相似，并且已经有大量针对 Web 服务进行安全渗透测试的参考资料，因此本书将只介绍 App 客户端文件的安全测试与安全防护，不包括 App 服务器端的安全测试。本书主要内容包括安全基础、测试工具、安全测试和安全防护四个部分，其中将重点介绍 App 的安全测试，防护内容仅介绍必备的基础知识。

第 1 章介绍安全基础，包括 App 安全测试过程中所需要了解的 Android App 安全基础，如 Android App 的生成和运行过程、Android 系统的安全模型。

第 2 章介绍测试工具，包括 App 安全测试过程中所需要使用的测试分析工具，从静态分析、动态分析、抓包分析、挂钩框架 4 个方面具体介绍 10 种以上必要工具的使用方法。

第 3~8 章讲解安全测试。从如何识别 App 中的信息资产入手，分析移动应用业务所涉及的关键信息资产，并深入分析移动应用生命周期中涉及的关键信息资产可能在什么地方遭受攻击，帮助读者进行 App 攻击面的理解和识别，总结 App 所涉及的信息资产和安全测试框架。在此基础上，对不同攻击面可能产生的安全问题进行分类和梳理。其中，第 4~8 章分别从程序代码、服务交互、本地数据、网络传输和鉴权认证这 5 个方面提出 App 安全测试要求，并形成相应的安全测试方法。

第 9~12 章讲解安全防护。第 9 章介绍 Android App 的安全防护基础和加固技术。目前加固技术相对神秘，对加固技术进行详细介绍的图书很少，这一章会详细讲解 Android App 安全加固，分析第一代加固到第四代加固技术。第 10 章和第 11 章分别从静态防护和动态防护两个方面详细介绍 Android App 加固技术的原理。第 12 章介绍如何对加固后的 Android App 进行脱壳，并通过实例讲解具体的脱壳步骤。

读者对象

本书侧重从实际应用的角度来讲解如何运用安全技术开展 App 安全测试与防护工作，而不是纯粹地讲解安全技术知识和理论，适合有一定 Android 开发经验或安全基础的开发者、安全测试工程师、对 App 安全测试感兴趣的业务人员、在校大学生等参考和阅读。通过阅读本书，开发者可以在 App 发布之前尝试进行安全测试，发现问题并及时修复，安全测试工程师可以进一步改进、优化和完善 App 安全测试方法。

意见反馈

基于 App 安全测试成熟度的考虑，本书仅探讨目前 App 常见功能的安全测试，与业务紧密相关的深度测试不在讨论范围内，对于不频繁使用的功能测试，如未来车联网和物联网应用场景下的蓝牙、NFC 等功能，我们将在后续版本中视情况添加。

目前在 App 安全测试领域还没有通用、成熟的安全测试标准，例如对于 App 资产分类、测试分类等，可按照测试过程进行分类，亦可按照业务功能进行分类。本书包括以上分类在内的安全测试内容是笔者根据自身实践总结出来的，仅供读者参考。虽然笔者所在团队在 App 安全测试领域做了 6 年以上的工作，但是由于知识、能力、时间等有限，本书难免会有疏漏和不合理的地方，欢迎读者批评指正，也希望同行能给予宝贵的建议。

如果你对本书有任何疑问或者批评建议，可以发送邮件到 apphongbaoshu@qq.com 邮箱，或者搜索微信号"apphongbaoshu"关注微信公众号"App 安全红宝书"与我们联系。

如果你在阅读本书时发现了书中的错误，欢迎你在本书的图灵社区官方主页中提交勘误，地址为 https://www.ituring.com.cn/book/2747，编辑确认后，会按照图灵社区的政策给予一定的奖励。

何能强

2019 年 10 月

致　　谢

我从参加工作的第一年起，就在从事 App 安全检测的工作。到 2020 年，我带领的团队在 App 安全测试这个专业领域持续工作了 7 年时间。从我们计划写一本关于 App 安全测试的参考书起，到这本书出版的这一刻，至少有 6 年的时间，可以说满足"一万小时定律"了，我们可以非常自信地保证我们在 App 安全测试这项工作上所拥有的职业素养和专业水平。

在这里，我首先感谢的是我参加工作后的历任领导，他们多年来持续不断地给予我信任和帮助，支持我开展 App 安全测试工作，他们是促成本书出版的核心所在。单次的支持已非易事，长期的支持更是饱含了对我的信赖与寄托，我只有通过勤奋努力的工作才能对这份信任予以回报。在此特别感谢严寒冰主任在百忙之中为本书写序。

我要感谢我的导师——清华大学的任勇教授和香港理工大学的曹建农教授。在博士求学期间，专业的学术研究训练使我养成了辩证思考问题的习惯，形成了学术研究的技能素养，这在我参加工作后起到了非常大的作用，让我能够更加专业地开展工作，完成任务。在此特别感谢任勇教授为本书作序，从信号与系统的角度强调了安全测试工作的重要性。

我要感谢本书的合作者——梆梆安全的阚志刚博士，您为本书提供了非常专业的 App 安全加固防护的知识，这是本书必不可少的内容，有了这部分内容才能形成"测试+防护"的闭环，才能真正实现帮助 App 开发者提升安全防护能力的目标。同时要感谢团队中的马宏谋、石亚彬等技术专家多年来的付出，你们脚踏实地、无怨无悔的协作精神是做好这项工作的核心要素。虽然这几年来团队里也有合作者离开，但我相信"聚是一团火，散是满天星"，我们会在合作的过程中共同进步。

我要感谢本书的编辑——张霞老师，您勤勉负责、乐观豁达的精神感染了我，让我能够非常顺利地完成全书的内容。写书期间恰逢您的孩子出生，您依然非常负责任地帮我处理本书的出版事宜，在面对巨大困难的情况下，保证了本书出版工作的延续性，令我非常感动。

最后，我要感谢我的家人。在写作本书的最后阶段，我的女儿文新出生了，是你们承担了大量的家庭工作，使我有精力能够完成全书内容的撰写。我也将这本书献给女儿文新，祝愿你健康成长！

目　　录

第1章

Android App 的安全基础

操作系统是管理移动终端硬件与软件资源的程序，这种管理涉及进程管理、存储管理、设备管理和文件管理等。面向移动终端的操作系统林林总总，知名的就有 PalmOS、Symbian、Windows Phone、Linux、Android 和 iOS 等，其中被广泛使用的是 Android 和 iOS。

Android 系统是谷歌公司在 2007 年 11 月 5 日首次公布的基于 Linux 平台的开源智能手机操作系统，是目前最流行的智能手机软件平台。据中国信息通信研究院《2019 年 12 月国内手机市场运行分析报告》称，2019 年全年国内智能手机出货量 3.72 亿部，其中 Android 手机在智能手机中占比 91.2%。截至 2020 年，Android 操作系统已发布了 15 个版本，最新的版本是 Android 11，每个版本都在上一个版本的基础上增加了新的功能，同时修复了代码缺陷和安全漏洞。

据第 43 次《中国互联网络发展状况统计报告》统计，截至 2018 年 12 月，国内第三方应用商店的移动应用数量超过 268 万款，其中绝大多数使用的是 Android 系统，因此本书将着重介绍面向 Android 系统 App 的安全测试。在具体介绍之前，读者应该对 Android 系统及运行其上的 App 有基本的了解。目前关于 Android 系统的参考资料已经非常丰富了，所以本书只重点关注 Android 系统 App 的生成和运行过程以及 Android 系统基本的安全机制，帮助读者在 App 安全测试前建立对 App 运行情况的基本认识。

1.1 Android App 的生成

Android App 主要采用 Java 编程语言编写，包括 Activity、Service、Broadcast Receiver、Content Provider 四大组件。Android App 的编译过程与一般的 Java App 不同，但开始方式是一样的：使用 javac 命令将 java 源代码文件编译成 class 文件，如图 1-1 所示。

图 1-1　Android App 的编译

例如，创建一个测试程序 Test.java，在 CMD 环境下使用 javac Test.java 命令将下面的 Test.java 源代码生成 Test.class 文件（该文件属于标准的 Oracle JVM Java 字节码）：

```
public class Test{
    public int add(int a, int b){
        return a+b;
    }
public static void main(String[] argc){
        Test test = new Test();
        System.out.println(test.add(1,2));
    }
}
```

然后，使用 **javap -c Test.class** 命令查看上面的 Java 代码对应的 Java 字节码，示例如下：

```
public class Test {
    public Test();
        Code:
            0: aload_0
            1: invokespecial #1  // 方法 java/lang/Object."<init>":()V
            4: return

    public int add(int, int);
        Code:
            0: iload_1
            1: iload_2
            2: iadd
            3: ireturn

    public static void main(java.lang.String[]);
        Code:
            0: new          #2   // 类 Test
            3: dup
            4: invokespecial #3   // 方法 "<init>":()V
            7: astore_1
            8: getstatic    #4   // 变量 java/lang/System.out:Ljava/io/PrintStream;
            11: aload_1
            12: iconst_1
            13: iconst_2
            14: invokevirtual #5   // 方法 add:(II)I
            17: invokevirtual #6   // 方法 java/io/PrintStream.println:(I)V
            20: return
    }
```

但是，Android 系统 App 并不使用标准的 Java 虚拟机来运行，而是通过自带的 Dalvik 虚拟机来运行。与 Java 虚拟机的字节码不同，Dalvik 虚拟机有自己独特的字节码格式，即两个虚拟机的机器指令集不同，因此，通过 javac 编译生成的 class 文件无法在 Dalvik 虚拟机上运行。开发者需要使用 Android 系统的 dx 命令（位于\sdk\build-tools\路径下），将 class 文件和所有的 jar 包转换成符合 Dalvik 字节码格式的 classes.dex 文件，如图 1-2 所示。

图 1-2 Android 系统的字节码格式

命令格式如下：

```
dx --dex --output=classes.dex Test.class
```

注意，`--dex` 这里是双横线。其中，classes.dex 文件对应的 Dalvik 字节码形式如下：

```
.class public Test
.super Object
.source "Test.java"

.method public constructor <init>()V
        .registers 1
        .prologue
        .line 1
00000000  invoke-direct        Object-><init>()V, p0
00000006  return-void
.end method

.method public static main([String)V
        .registers 5
        .param p0, ""
        .prologue
        .line 6
00000000  new-instance         v0, Test
00000004  invoke-direct        Test-><init>()V, v0
        .line 7
0000000A  sget-object          v1, System->out:PrintStream
0000000E  const/4              v2, 0x1
00000010  const/4              v3, 0x2
00000012  invoke-virtual       Test->add(I, I)I, v0, v2, v3
00000018  move-result           v0
0000001A  invoke-virtual       PrintStream->println(I)V, v1, v0
        .line 8
00000020  return-void
.end method

.method public add(I, I)I
        .registers 4
        .param p1, ""
        .param p2, ""
        .prologue
        .line 3
00000000  add-int              v0, p1, p2
00000004  return               v0
.end method
```

classes.dex 文件可以理解成 Android App 的可执行文件，核心代码都在这个文件中。不过 classes.dex 文件并不是安装文件，为了便于安装，Android 将 App 打包成类似于 zip 压缩文件的 apk 文件。一个 apk 文件不仅包含 App 的所有代码，而且还包含所有的非代码资源，如图片、声音等。使用 Andorid SDK 中的打包工具或者 Android 系统的 aapt 命令，就能将 classes.dex 文件和 App 涉及的资源文件（如图片文件和布局配置描述文件等）打包成 apk 文件，即 Android 安装包文件，如图 1-3 所示。

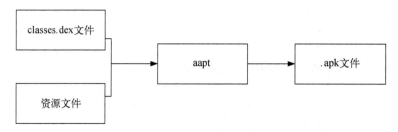

图 1-3　Android 安装包文件

　　在通过 Google Play 或者第三方应用商店向用户发布 App 安装文件之前，Android 系统要求开发者对 App 文件进行数字签名：一方面出于对 App 负责，实现 App 的可溯源；另一方面，便于操作系统在 App 安装时利用数字签名校验安装文件的完整性和准确性，实现 App 的防篡改。对 App 包进行签名的过程是，使用开发者的私钥对 apk 安装文件包中的所有文件进行校验，并将生成的校验信息作为一个附加的签名文件内置于 apk 文件包中。

　　jarsigner 是 Java 开发工具包中常用的签名工具，专门为 jar 文件进行签名而创建，也可以用于对 apk 文件进行签名。Android 系统中压缩文件的字节是对齐的，这样就可以在不解压文件的情况下读取其中的内容，所以，在对 apk 文件进行签名后，开发者还需要使用压缩文件对齐工具 zipalign 进行处理，确保 apk 文件的压缩部分在字节边界上是对齐的，如图 1-4 所示。

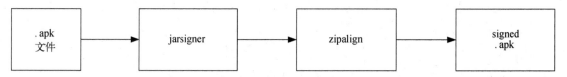

图 1-4　处理 apk 文件

1.2　Android App 的运行

　　从 Android 4.4 版本开始，谷歌公司在原有以 Dalvik 虚拟机方式运行 App 的基础上，新增了 ART（Android runtime）模式。在 Dalvik 虚拟机运行时模式下，App 每次运行都需要通过即时编译器将 dex 文件字节码转换为机器码，即 App 的每次运行都是转换加运行，虽然这会加快安装过程，但是会拖慢每次启动运行的效率。而在 ART 模式下，App 在第一次安装的时候，就会进行预编译，将字节码编译成机器码。这么做虽然会使设备和 App 的安装与首次启动变慢，但在此后的每次启动运行，App 都省去了机器码转换的工作，提高了运行效率。

　　Java 虚拟机、Dalvik 虚拟机和 ART 这 3 个虚拟机整体流程如图 1-5 所示。

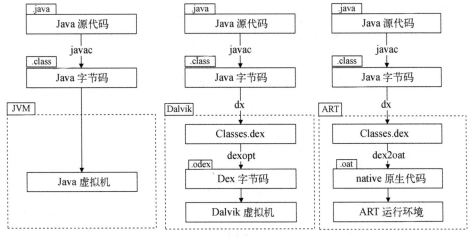

图 1-5 虚拟机整体流程

本节主要介绍 App 在 ART 模式下运行的一般过程。在 Android 系统中，一个名为 Zygote 的进程用来孵化和启动其他 App，这也是 Android 运行的第一个 Dalvik 虚拟机进程。但 Zygote 进程其实是一个不完整的 Android 程序进程，虽然它的内存空间包含了 App 需要的所有核心库文件，但它并不具有特定 App 的代码。

Zygote 进程通过调用系统 fork()函数来快速创建自身的副本进程。Android 系统是基于 Linux 内核的，通过 fork 调用可以在短时间内复制生成一个这样的 Zygote 副本进程，如图 1-6 所示。之所以通过 Zygote 进程复制新的进程，是因为复制像 Zygote 这样的半启动进程比从主系统文件中加载新进程要快得多。也就是说，通过 Zygote 进程复制可以使 App 的启动速度更快。

图 1-6 复制 Zygote 进程

新的 App 进程在生成后，就需要加载属于本 App 的程序代码，这些程序代码就存储在 apk 文件包的 classes.dex 文件中。在 ART 模式下，Android 系统使用 dex2oat 命令将 classes.dex 文件中的字节码转换为本地 oat 格式文件，如图 1-7 所示。oat 格式文件是一种 Android 系统自有的 elf 文件格式，它不仅包含 classes.dex 文件内容，而且还包含由 classes.dex 文件转换的机器指令。因此系统在 App 每次运行时重新转换原有 classes.dex 文件中的机器指令，就可以使用 oat 文件中已经转换好的机器指令在 ART 模式下直接运行 App。

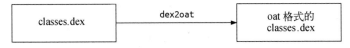

图 1-7 将 classes.dex 文件中的字节码转换为 oat 格式文件

转换后的 oat 文件存储在操作系统的/data/dalvik-cache 目录下，形式如下所示：

/data/dalvik-cache/arm/data@App@com.demo.test-1@test.apk@classes.dex

该文件目录的路径包含 App 的包名，以确保不会覆盖任何其他 App。oat 文件中转换后的机器代码是与 Android 设备的 CPU 架构相关的。例如 Android 设备的 CPU 是 arm 架构的，则相应转换后的 oat 文件如下所示：

```
00038330 protected void com.demo.test.MainActivity.onCreate(
00038330     android.os.Bundle savedInstanceState)
00038330     this = v2
00038330     savedInstanceState = v3
00038330     .prologue_end
00038330     .line 26
00038330     invoke-super      {this, savedInstanceState}
00038336     .line 27
00038336     const/high16      v0, 0x7F030000
0003833A     invoke-virtual    {this, v0}
00038340     .line 28
00038340     const             v0, 0x7F080001
00038346     invoke-virtual    {this, v0}
0003834C     move-result-object v0
0003834E     check-cast        v0, <t: Button>
00038352     iput-object       v0, this, MainActivity_btn_ok
00038356     .line 29
00038356     const/high16      v0, 0x7F080000
0003835A     invoke-virtual    {this, v0}
00038360     move-result-object v0
00038362     check-cast        v0, <t: TextView>
00038366     iput-object       v0, this, MainActivity_mTextView
0003836A     .line 30
0003836A     iget-object       v0, this, MainActivity_btn_ok
0003836E     new-instance      v1, <t: MainActivity$1>
00038372     invoke-direct     {v1, this}
00038378     invoke-virtual    {v0, v1}
0003837E
0003837E     locret:
0003837E     .line 49
0003837E     return-void
0003837E     Method End
```

系统将 oat 文件和相关库文件加载到内存中，并且直接映射到 App 进程的内存区域，App 的初始化从这里开始，如图 1-8 所示，之后 App 将出现在屏幕上。

oat库被映射到App进程

图 1-8　App 初始化

1.3　Android 系统的安全模型

Linux 是一个多用户操作系统，主要安全目标是使不同的用户相互隔离，例如不同用户创建的文件无法相互访问，不同用户创建的程序不会相互耗尽内存或 CPU 等资源。Android 系统虽基于 Linux 内核，但并不像 Linux 系统那样实现多用户，而是将 Linux 的用户管理机制用到了 App 的沙箱（sandbox）设计中，用于隔离不同的 App。除少数特例外，每个 App 都在各自的沙箱中运行，就像 Linux 下相互隔离的不同用户。因此，Android 系统有效地隔离了不同的 App 以及 App 与操作系统的其他部分，这也成为了 Android 系统的基本安全模型。

在此基础上，Android 系统又在设计时考虑了多方面的安全因素来保障系统的安全性，尤其是在 Android 4.3 版本以后，实现了 SELinux（Security-Enhanced-Linux）安全机制，形成了 SEAndroid（Security-Enhanced-Android）系统。本节将从用户管理和系统沙箱这两个方面简要介绍 Android 系统环境的安全模型。此外，Android 系统要求开发者在 App 发布前进行数字签名，这也是其安全模型的一部分。

1.3.1　Android 用户管理

Android 的安全模型得益于 Linux 内核提供的安全特性，用户管理就是其中最基本的一个安全特性。Linux 内核可以隔离用户资源，就像隔离进程一样。在 Linux 系统中，一个用户在没有明确授权的情况下，不能访问另一个用户的文件。每个进程在运行时都会带着启动该进程的用户标识，包括用户 ID 和用户组 ID，即 User ID（UID）和 Group ID（GID）。除非在可执行文件上设置了 set-user-ID（SUID）或者 set-group-ID（SGID），否则当该文件被执行时，程序具有文件所有者的权限而不是执行者的权限。

一般来说，在 Linux 系统中可以注册多个物理用户，每个用户都会被分配一个特定的 UID，不同用户均可以进行登录系统、安装 App、存储和读取文件、执行 shell 命令、开启后台系统服务进程等操作，且互不影响。

Android 虽然继承了 Linux 的多用户隔离特性，但在这种特性的使用上与一般的 Linux 桌面或服务器系统不同。Android 最初是为智能手机设计的操作系统，智能手机是私人设备，一般一个手机不会被多人使用，因此 Android 实际上并不需要支持多物理用户共同使用。所以 Android 将 Linux 多物理用户的隔离管理机制用到了 App 的隔离管理中，将分配给物理用户的 UID 分配给了运行在 Android 系统中的 App，从而达到隔离不同 App 的效果，这一安全特性成为了 Android App 沙箱的基础。

一般来说，Android 为 App 分配的 UID 在 10000 和 99999 之间，并根据 UID 为 App 生成用户名。如图 1-9 所示，使用 id 命令可以查看 App 的 UID 和 GID 信息。

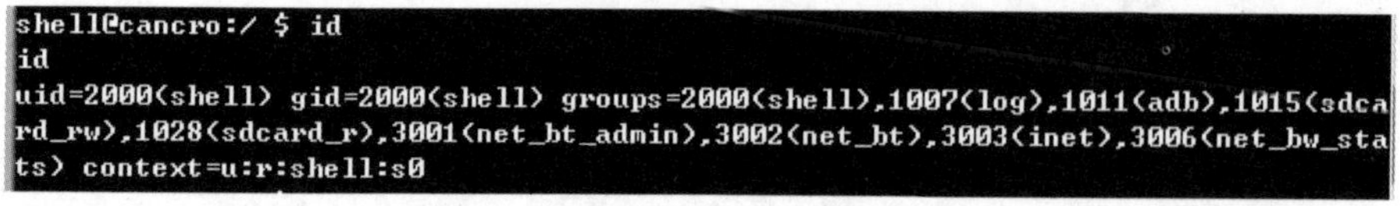

```
shell@cancro:/ $ id
id
uid=2000(shell) gid=2000(shell) groups=2000(shell),1007(log),1011(adb),1015(sdca
rd_rw),1028(sdcard_r),3001(net_bt_admin),3002(net_bt),3003(inet),3006(net_bw_sta
ts) context=u:r:shell:s0
```

图 1-9　查看 App 的 UID 和 GID 信息

　　如果 App 申请的权限被授权,则相应权限所在组的 GID 会被添加到 App 的进程中,其中 GID 与权限的对应关系在系统文件 platform.xml 中定义。如图 1-9 所示,一个 App 的 GID 中有一个是 inet(3003),inet 组对应的权限是 android.permission.INTERNET,反映出该 App 具有网络访问权限,代码如下所示:

```
<permission name="android.permission.INTERNET">
    <group gid="inet">
</permission>
<permission name="android.permission.READ_LOGS">
    <group gid="log">
</permission>
<permission name="android.permission.READ_EXTERNAL_STORAGE">
    <group gid="sdcard_r">
</permission>
<permission name="android.permission.READ_EXTERNAL_STORAGE">
    <group gid="sdcard_r">
    <group gid="sdcard_rw">
</permission>
```

　　为了满足平板计算机等设备多物理用户的使用需求,从 Android 4.2 开始,在除手机外的其他设备上均支持多物理用户的使用。由于 Linux 的多用户管理特性已经被 Android 用于 App 管理了,因此 Android 在上层通过用户管理系统服务(UserManagerService),重新实现了多用户管理。关于 Android 系统是否支持多物理用户,可以在 Android 源代码的 UserHandle.Java 中查看 MU_ENABLED 是否设置为 true:

```
Public static final Boolean MU_ENABLED = true;
```

　　在多用户使用的情况下,不同的用户可能会安装相同的 App,在前述的运行模式下,不同用户安装相同 App 时,系统里的 UID 是相同的。为了区分不同用户安装的 App,Android 会为每个安装的 App 生成一个新的"UID",保证即使不同用户安装了相同 App,各自的新"UID"也不会相同,进而分获相互隔离的运行沙箱。面向多物理用户的"UID"是通过物理用户的 ID 和应用程序 ID 计算得到的,其中在单物理用户系统下,AppID 就是 UID,具体的计算方法可在 UserHandle.Java 的源代码中找到,代码如下所示:

```
public static final int getUid (int userId, int appId) {
    if (MU_ENABLED) {
        return userId*PER_USER_RANGE+ (appId%PER_USER_RANGE)
    }else{
        return appId
    }
}
```

1.3.2 Android 系统沙箱

Android 为 App 分配 UID，根据 UID 的不同来对不同的 App 进行隔离，将不同的 App 分配到不同的沙箱中运行。除此之外，Android 沙箱还对 App 在存储空间上的安装目录进行限制，不同 App 间无法相互访问文件，包括文件的读取和写入。需要特别指出的是，存储在 SD 卡等外部存储空间的数据对 App 是开放的，App 既可以读取 SD 卡中的文件，也可以将数据写入 SD 卡。我们可以将沙箱形象地理解为房间，UID 相当于钥匙，Android 为不同的 App 提供了一个独立的房间，App 通过 UID 这把钥匙进入各自的房间，房间之间相互隔离，App 在隔离的房间中运行，生成的文件和数据都存放在各自的房间中，这就是沙箱的基本涵义。如果 App 需要使用沙箱外的系统资源，或者与其他 App 进行交互，可以通过向系统申请权限或者通过进程间通信实现。

当 App 安装成功时，系统就会为它分配一个 UID，UID 的值可在/data/system/packages.xml 文件中查看。一方面，当 App 或者它的某个组件需要运行时，系统便为其创建一个标识该 App UID 的进程，进程实例化一个 Dalvik 虚拟机来执行 App 的字节码。不同 App 在各自的 Dalvik 虚拟机中运行，这一特性进一步增强了系统沙箱机制的隔离性和安全性，即 App 不仅只在自身的进程运行，而且只在自身的虚拟机中运行。另一方面，App 在安装后会在单用户设备的/data/data/目录或多用户设备的/data/user/userID/目录下，以自身的包名为文件名创建文件夹，存放 App 运行时所需的文件和资源。系统用 UID 标识/data/data/[package-name]/或/data/user/userID/[package-name]/目录下该 App 相关的文件和资源，系统设置权限后，非该 UID 的 App 进程无法访问用该 UID 标识的文件和资源。图 1-10 所示为 App 的沙箱机制。

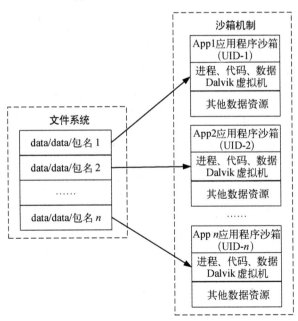

图 1-10　App 的沙箱机制

下面我们以测试 App 为例，看一下 UID 在其安装后的变化情况。App UID 的值 userId 可以在 App 安装目录下的 packages.xml 文件中查看。该 App 的 UID 为 10071。

```
<package name="com.demo.test" codePath="/data/app/com.demo.test-1.apk"
nativeLibraryPath="/data/app-lib/com.demo.test-1" flags="572998" ft="16cbdbfc770" it="16cbdbfc9fc"
ut="16cbdbfc9fc" version="1" userId="10071">
    <sigs count="1">
        <cert index="7" key="30382030d308201...0f8826bf7717a50"/>
    </sigs>
    <perms />
    <signing-keyset identifier="1" />
</package>
```

在测试 App 存放的数据目录/data/data/下，通过命令 ll | grep 'demo'查看该 App 存放数据的文件夹及文件的属性。如下所示，可以看到它们标识的用户名都是 u0_a71。

```
root@cancro:/data/data # ll | grep 'demo'
drwxr-x-x u0_a71  u0_a71    2019-10-13 20:01 com.demo.test
root@test:/data/data/com. demo.test # ll
drwxrwx-x u0_a71   u0_a71    2019-08-22 22:49 cache
drwxrwx-x u0_a71   u0_a71    2019-08-22 22:49 databases
lrwxrwxrwx install  install  2019-10-13 20:01 lib -> /data/app-lib/com.demo.test-1
drwxrwx--x  u0_a71        u0_a71        2019-08-22 22:49 shared_prefs
```

运行测试 App，通过命令 ps | grep 'demo'查看该 App 的进程信息，可以看出其进程所标识的用户名也是 u0_a71，与该 App 的 "UID=10071" 相对应。

```
root@test:/data/data/com. demo.test # ps | grep 'demo'
u0_a71    6281  208   894004 26952 ffffffff 40062768 S com.demo.test
```

此外，Android 还提供了用户 ID 共享的方式来允许不同 App 进行资源共享、相互调用等交互，甚至允许不同 App 运行于同一进程中。App 通过在其 AndroidManifest.xml 文件中添加 android：sharedUserId 属性来完成用户 ID 共享的设置，代码如下所示：

```
<manifest xmlns：android="http：//schemas.android.com/apk/res/android"
package="com.android.nfc" android：shareUserId="android.uid.nfc">
```

需要指出的是，App 使用用户 ID 共享需要满足以下两个基本条件。

(1) 进行用户 ID 共享的不同 App，其数字签名需要一致，即参与共享的 App 需要使用相同的代码签名私钥对 App 进行签名。

(2) App 安装后不可以再进行用户 ID 共享，否则将导致 App UID 发生变化，从而破坏系统的安全模型，这是系统所不允许的，因此要求 App 在安装时就明确是否共享用户 ID。

1.4　小结

在本章中，我们首先讲解了 Android App 的安全基础，包括 Android App 的生成和运行原理，这是进行安全测试与防护工作的理论基础。其次介绍了 Android 系统安全模型中两个最基本的安全防护机制——用户管理和系统沙箱，Android 系统把不同的 App 当做不同的系统用户进行隔离管理，设定了严格的安全边界。在实际工作中，很多攻击事件都是由于开发者没有进行合理的程序交互设计，导致攻击者可以突破这个安全边界，达成入侵 App 的目的。充分理解 Android 的基本概念和安全模型，不论是对开发者权衡安全防护措施而言，还是对安全测试工程师开展静态分析和动态分析工作而言，都是非常有帮助的。

第 2 章

安全测试工具

　　笔者根据多年的测评工作经验，发现很多开发者在开发 App 的过程中并未充分考虑安全问题，比如 App 源代码未经过混淆处理，字符串明文显示；App 未经过签名校验，易被重打包；App 未实现自带软键盘，没有防录屏/截屏功能等，导致 App 发布后非常容易被逆向、篡改和仿冒。本章就从测评的角度，讲述测评过程中常用的安全测试工具，带领初学者入门。

　　虽然现在市场上已经有了非常多的可视化逆向工具，但是它们一般是对基础工具进行了封装，很多初学者并不清楚针对具体问题该用什么工具。因此，我们在讲述具体安全测评步骤之前，会先从静态分析工具、动态分析工具、数据包分析工具，以及挂钩工具这 4 个维度阐述各个工具的来源和用法（如图 2-1 所示），使读者对 App 测评中常用的工具形成初步的认识。

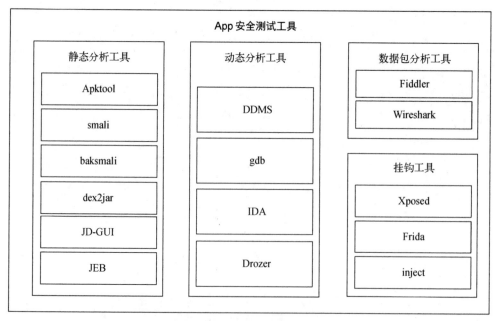

图 2-1　App 安全测试工具

2.1 静态分析工具

Android 系统的安装文件 apk 是一个压缩包，解压后文件里面有程序的图片、资源文件、主程序 classes.dex、AndroidManifest.xml 清单文件，以及动态库 so 文件。程序的源代码主要在 classes.dex 和动态库 so 文件中。一般情况下，测评者只能拿到 App 编译后的安装包，并没有相应的源代码，如果想知道代码是否有安全问题，必须通过静态反编译工具进行反编译，得到源代码后再进行详细分析。

通常测评者会遇到以下两种情况。

(1) App 未经过加壳处理。测评者拿到的是一个完整的 apk 文件，可以使用 Apktool 对 apk 文件进行反编译，得到 smali 源代码。这适合熟悉 smali 语法的读者阅读，还可以测试 App 是否能够被重打包。

(2) App 经过加壳处理。测评前需要先进行脱壳处理，有时候并不能完全脱壳，而是会得到一个 dex 文件，需要通过 baksmali 对 dex 文件进行反编译，同时也会遇到将 smali 文件重打包成 dex 的情况。

以上两种情况，熟悉 smali 语法的读者都能处理，不了解该语法的读者可以通过 dex2jar 反编译 classes.dex 或 apk 文件，然后再通过 JD-GUI 阅读 Java 源代码。

除了以上几种最基础的反编译工具外，还有很多可视化反编译工具，如 AndroidKiller、jadx 等。不过，笔者推荐使用 JEB，该工具使用起来非常方便，功能也非常强大。

下面将分别对 Apktool、baksmali、smali、dex2jar+JD-GUI、JEB 等在测评工作中最常用的静态反编译工具进行介绍。

2.1.1 Apktool

Apktool 是使用 Java 语言开发的开源工具，能够将 Android apk 中的资源文件反编译成最原始的文件，包括 resources.arsc、classes.dex、xmls 等文件，还能够将反编译的文件修改后二次打包成 apk。目前官网提供的最新版本是 2.4.0，使用该工具要求系统支持 Java 8（即 JRE1.8）。

要检测 App 的防篡改能力，就会用到该工具的反编译和重打包功能，因此，下面将从这两个方面介绍该工具的用法。我们默认读者的计算机已安装了 Java 8 环境。

1. 反编译

命令：`java -jar apktool.jar d -f Test.apk`

下面以 Test.apk 为例，看一下 Apktool 工具的反编译过程。执行上述命令可以对 Test.apk 进行反编译操作，如图 2-2 所示。

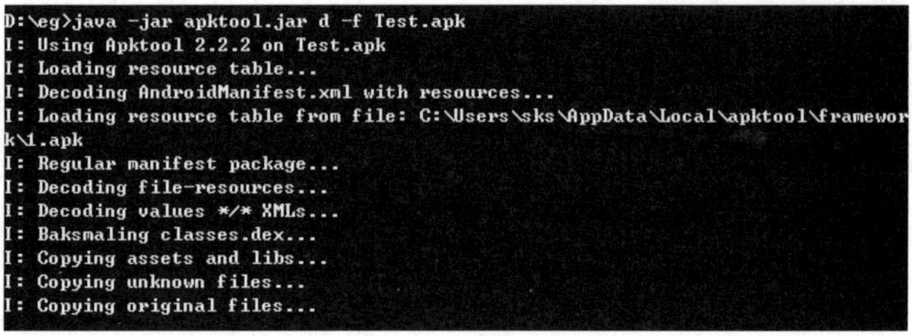

图 2-2   Test.apk 反编译过程

反编译之后会在当前目录下生成一个同名文件夹，文件夹内是反编译后 Test.apk 的原始内容，如图 2-3 所示。

图 2-3   Test.apk 反编译后的内容

2. 重打包

命令：`java -jar apktool.jar b -f 文件夹名称 -o 新的 apk 名称`

根据上一步反编译后得到的 smali 代码、图片、xml 文件等，任意修改 smali 代码或 xml 文件后，再经过上述 Apktool 重打包命令生成新的 apk 文件。重打包过程如图 2-4 所示。

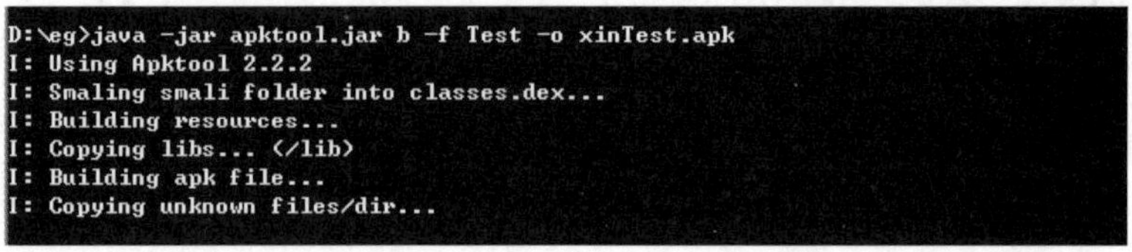

图 2-4   Test.apk 重打包过程

至此，如果重打包过程没有报异常，就说明已经重打包成功。但是这并不意味着 App 程序就可以正常运行了，因为 Android 系统要求 App 安装时必须经过签名，因此，还需要使用 signapk.jar 对新生成的 xinTest.apk 文件进行签名。签名命令如下：

```
java -jar signapk.jar testkey.x509.pem testkey.pk8old.apk new.apk
```

其中，`testkey.x509.pem` 表示公钥文件，`testkey.pk8` 表示私钥文件。如果签名后 App 能够正常安装运行，则表示二次打包成功。

2.1.2　baksmali

有时我们拿到的不是一个完整的 apk 文件，只是一个 classes.dex 文件，或者是脱壳后得到的 classes.dex 文件，这时 baksmali 工具就非常有用了，它可以将 classes.dex 文件反编译成 smali 文件。

命令：`java -jar baksmali-2.0.3.jar classes.dex -o smalifile`

注意，smalifile 是用户自定义的文件夹名称，反编译后生成的 smali 文件都在 smalifile 文件夹下，同时 `baksmali-2.0.3.jar`、`classes.dex`、`smalifile` 在同一路径下。

2.1.3　smali

smali 与 baksmali 用法刚好相反，它的作用是将 smali 文件重新打包成 classes.dex 文件。

命令：`java -jar smali-2.0.3.jar smalifile -o classes.dex`

注意，smalifile 是上述 baksmali 命令反编译生成的文件夹名称，同时 `smali-2.0.3.jar`、`smalifile`、`classes.dex` 在同一路径下。

2.1.4　dex2jar+JD-GUI

Apktool 和 baksmali 是将二进制文件反编译成 smali 文件，阅读源代码必须了解 smali 语法。此外，官方还提供了另外一种反编译工具包 dex2jar，它的每个功能都使用一个批处理或 shell 脚本来包装，如 dex2jar.bat 和 dex2jar.sh，在 Windows 系统中调用后缀为.bat 的文件，在 Linux 系统中调用后缀为.sh 的脚本即可。在 Windows 系统中可以使用 dex2jar.bat 将 apk 和 classes.dex 类型的文件反编译成 Java 类文件。

命令：`d2j-dex2jar.bat Test.apk` 或 `d2j-dex2jar.bat classes.dex`

以 Test.apk 为例，执行上述命令后，在当前路径下会生成 Test_dex2jar.jar 或 classes_des2jar.jar 文件，这两个文件就是 dex2jar 反编译后的内容，如图 2-5 所示。

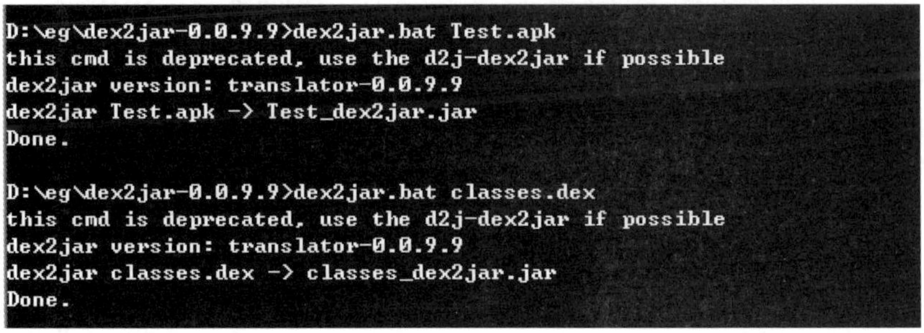

图 2-5　dex2jar 反编译后的内容

此外，读者还需要另外一个工具配合阅读：JD-GUI。JD-GUI 是一个独立的图形实用程序，显示 class 文件的 Java 源代码，可以用于浏览重建的源代码，以便即时访问方法和字段。

以 classes_dex2jar.jar 为例，利用 JD-GUI 阅读其源代码，如图 2-6 所示。

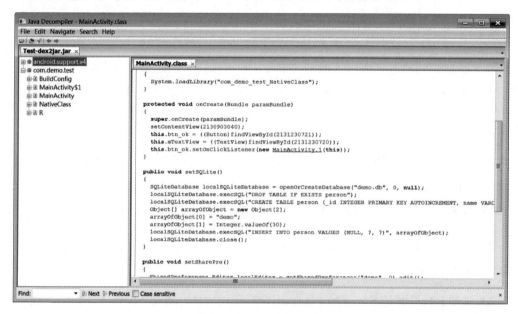

图 2-6   JD-GUI 运行界面

JD-GUI 支持高级搜索功能，可以使用快捷键 Ctrl+Shift+s、Ctrl+f，通过字符串、函数类、函数方法和变量进行搜索和跳转，如图 2-7 所示。

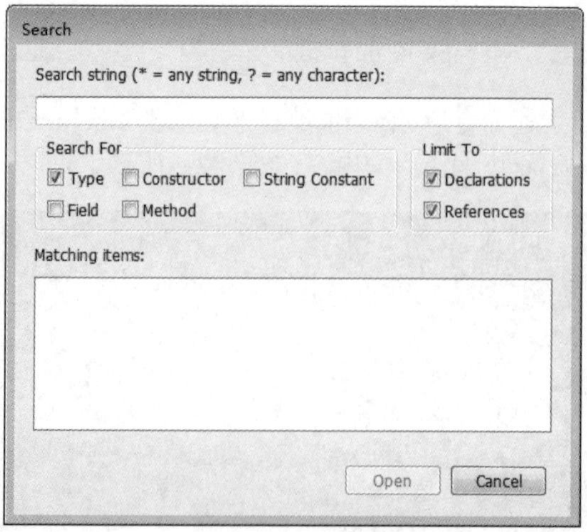

图 2-7   JD-GUI 搜索

虽然利用以上几款反编译工具就可以满足基本的需求，但是阅读源代码的效果并不是很好，而且 JD-GUI 工具还会存在代码缺失的情况。于是，PNF Software 公司开发了一款超级好用的逆向工具——JEB，它支持反编译和调试二进制代码。下面我们就一起来看一下这个工具，相信读者也会喜欢它。

2.1.5　JEB

JEB 是一个为安全专业人士设计的功能强大的反编译工具，用于逆向工程或审计 apk 文件，可以大大提高效率，减少工程师的分析时间。它集成了很多基础工具，是目前最常用的逆向工具之一。

下面以 Test.apk 为例，介绍 JEB 工具常用的功能。JEB 主界面如图 2-8 所示，读者可以采用拖放的方式直接将 apk 文件拖到 JEB 中，也可以通过菜单栏文件打开。

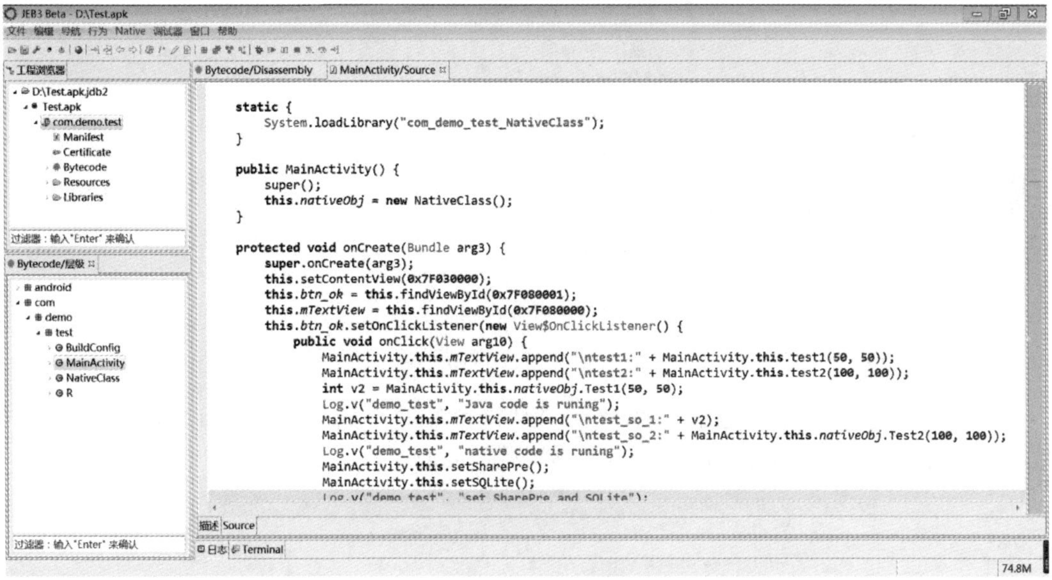

图 2-8　JEB 主界面

JEB 主界面分为工程浏览器、字节码展示区、代码展示区、日志区，上方还有菜单栏和快捷方式等。下面我们重点看一下工程浏览器、字节码展示区和代码展示区这三大块。

1. 工程浏览器

工程浏览器是 apk 反编译后生成的源文件，包含 Manifest[①]、Certificate、Bytecode、Resources 和 Libraries，界面如图 2-9 所示。

---

① 本书所有 JEB 均为 3.0 版本，在该版本的界面中，AndroidManifest 文件显示为 Manifest。

图 2-9　JEB 工程浏览器界面

2. 字节码展示区

字节码展示区只是笔者的叫法，字节码是 apk 文件中 classes.dex 反编译后的 smali 文件内容，双击后在代码区会显示具体内容，界面如图 2-10 所示。

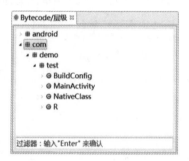

图 2-10　JEB 字节码展示区界面

3. 代码展示区

代码展示区也是笔者的叫法，它主要显示工程浏览器和字节码展示区双击后的具体内容，界面如图 2-11 所示。该界面是分析人员日常阅读源代码的地方。

```
public MainActivity() {
    super();
    this.nativeObj = new NativeClass();
}

protected void onCreate(Bundle arg3) {
    super.onCreate(arg3);
    this.setContentView(0x7F030000);
    this.btn_ok = this.findViewById(0x7F080001);
    this.mTextView = this.findViewById(0x7F080000);
    this.btn_ok.setOnClickListener(new View$OnClickListener() {
        public void onClick(View arg10) {
            MainActivity.this.mTextView.append("\ntest1:" + MainActivity.this.test1(50, 50));
            MainActivity.this.mTextView.append("\ntest2:" + MainActivity.this.test2(100, 100));
            int v2 = MainActivity.this.nativeObj.Test1(50, 50);
            Log.v("demo_test", "Java code is runing");
            MainActivity.this.mTextView.append("\ntest_so_1:" + v2);
            MainActivity.this.mTextView.append("\ntest_so_2:" + MainActivity.this.nativeObj.Test2(100, 100));
            Log.v("demo_test", "native code is runing");
            MainActivity.this.setSharePre();
            MainActivity.this.setSQLite();
            Log.v("demo_test", "set SharePre and SQLite");
        }
    });
}
```

图 2-11　JEB 代码展示区界面

掌握了以上基础用法，基本上已经足以进行日常分析了。另外，JEB 也支持高级搜索、函数调用、关系跳转等操作，而且反编译后的代码非常接近源代码，精准度高，JEB 2.0 以上版本还支持动态调试等功能。感兴趣的读者可以访问 JEB 官网自行学习，限于篇幅原因，本书就不具体介绍了。

2.2 动态分析工具

静态分析工具用于测试 App 是否存在防反编译和防篡改的问题，但对于 App 防调试、防注入、防内存转储，以及漏洞测试等问题却显得无能为力。为了解决动态调试技术相关的问题，本节将介绍 4 款最常用的动态分析工具：DDMS、gdb、IDA Pro 和 Drozer。

（1）DDMS。对于动态脱壳、查看 LOG 日志、查看手机本地存储文件和导入导出文件，使用 adb 命令进行操作非常麻烦，DDMS 工具是 IDE 与测试终端的桥梁，可以实时监测到测试终端的连接情况，有效提高操作效率。

（2）gdb。动态调试测试终端内存，检测 App 是否存在内存保护功能，使用 gdb 进行内存转储操作非常方便。但是如果想在手机中直接使用 gdb 文件，需要先利用 Linux 交叉编译环境编译 gdb，然后放入手机中，才能利用 gdb 调试 Android App 文件，查看内存运行情况。

（3）IDA Pro。gdb 动态调试是纯命令的，用户交互界面不是很友好，在逆向工程中，IDA 堪称"逆向神器"，尤其是对于 Android App，很多关键代码实现在动态库中，单纯的静态分析无法看到关键代码，此时就需要借助 IDA 进行动态调试。

（4）Drozer。根据笔者的测试经验来看，多数 App 存在组件拒绝服务漏洞、SQL 注入漏洞、信息泄露、数据库配置错误漏洞等，如果单独测试每一个漏洞，效率会非常低，而 MWR Labs 开发的 Drozer 效率很高，是目前最好的 Android 安全测试工具之一。

下面我们就分别对以上 4 个动态分析工具进行详细介绍，它们是逆向工程中最常用的工具，在后续章节的测评过程中都会涉及。

2.2.1 DDMS

DDMS（dalvik debug monitor service）是 Android 开发环境中的 Dalvik 虚拟机调试监控服务，支持截屏、文件浏览、Logcat 线程、堆信息监控、广播状态信息、模拟电话呼叫、接收 SMS、虚拟地理坐标等功能，界面如图 2-12 所示。

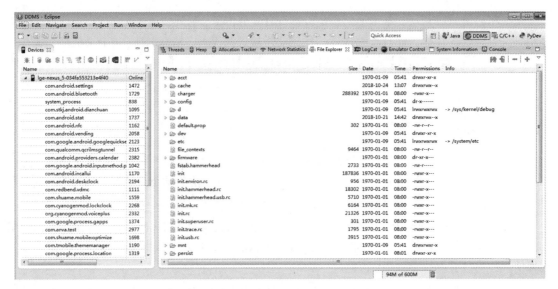

图 2-12　DDMS 界面

对于 App 测试人员，下面 3 个功能非常有用。

1.截屏

该功能支持用户同步查看手机屏幕和截图，简单方便，如图 2-13 所示。

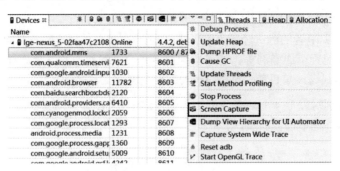

图 2-13　截屏功能

2.文件浏览

该功能支持用户查看文件目录。界面如图 2-14 所示，当用户点击某个文件夹时，右上角会出现两个像手机一样的小图标，分别是导入和导出功能。由于 Android 的权限限制，需要先给文件夹或文件可执行权限。如果设备有 ROOT[①]权限，则可任意查看。

――――――――――

① 在基于 Linux 内核的操作系统中，ROOT 权限等同于操作系统权限，是系统最高权限，ROOT 用户是系统的超级管理员。

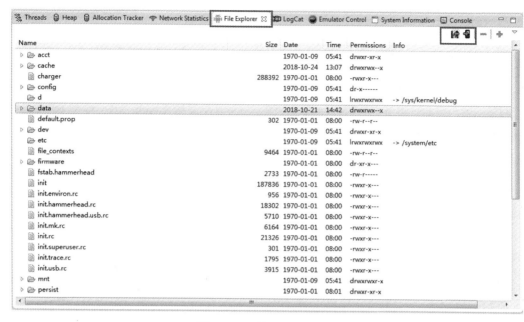

图 2-14　文件浏览功能界面

3. 调试日志

该功能支持打印 App 的 Log 信息，支持 debug、info、error、assert、verbose、warn 日志信息，如图 2-15 所示。如果开发者在 App 发布时未及时关闭调试信息，运行时就会将敏感信息在后台打印出来，因此了解该功能非常有用。

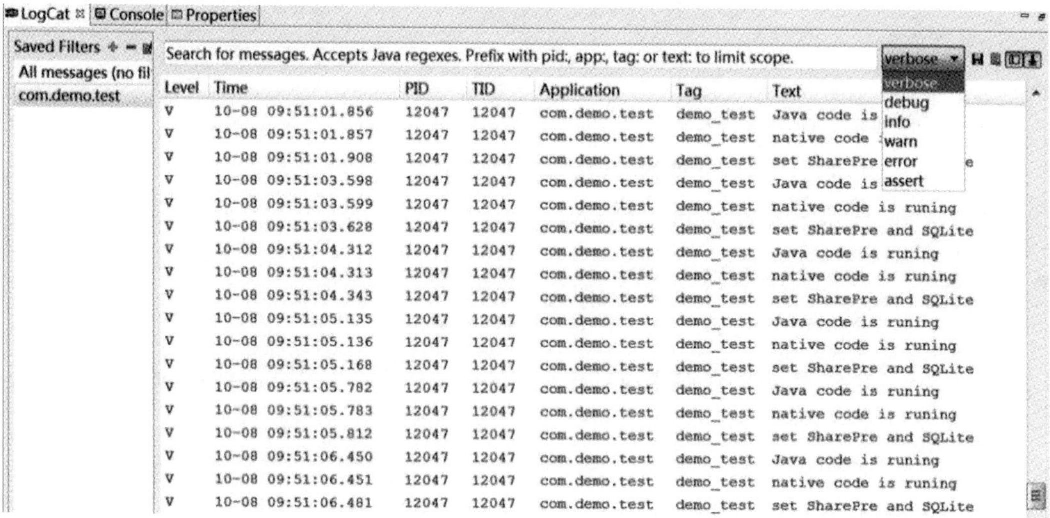

图 2-15　调试日志界面

2.2.2   gdb

gdb（GNU project debugger）是基于 Linux 系统的 GCC（GNU compiler collection）调试工具，不能直接在 Android 系统中使用，需要先在交叉编译环境下重新编译，然后导入 Android 手机才能正常使用。Android NDK 8 以上版本已经支持使用 gdbserver 和 gdb 进行动态调试，不过，本书使用的是前者。因此，本节将介绍两种调试方法，一种是交叉编译 gdb，另一种是 NDK 自带的 gdbserver 和 gdb 的调试方法。

1. 交叉编译 gdb

编译环境：ubuntu12.04

版本：gdb-7.9

编译程序：arm-none-linux-gnueabi-gcc

编译需要的库文件：termcap

(1) 因为 gdb 的编译依赖于 termcap 这个库，所以我们首先需要手动编译 termcap。这就需要下载 ncurses 的源代码，重新交叉编译出来，再复制到交叉 GCC 的库默认搜索路径下。

```
wget http://ftp.gnu.org/pub/gnu/ncurses/ncurses-5.8.tar.gz
tar xvf ncurses-5.8.tar.gz
cd ncurses-5.8
```

执行 configure 命令：

```
./configure --prefix=
/home/*/arm_ncurses/bin --host=arm-linux CC=arm-none-linux-gnueabi-gcc
```

--prefix 是 ncurses 编译后安装的路径，--host 是编译的工具路径。执行完 configure 后，进行 make 及 install 操作：

```
make&&make install
cd /home/wang/arm_ncurses/bin
```

复制库文件到 GCC 的库默认搜索路径下进行查看：

```
arm-none-linux-gnueabi-gcc -print-file-name=libc.a
cp -rf lib/*
/usr/local/arm-2009q1/bin/../arm-none-linux-gnueabi/libc/usr/lib/
cp -rf include/*
/usr/local/arm-2009q1/bin/../arm-none-linux-gnueabi/libc/usr/include
```

(2) 解压上文下载的 gdb-7.9 源代码到/home/*/gdb-7.9 目录下，执行 configure。为了移植方便，我们把 gdb 进行静态编译：

```
./configure --prefix=/home/*/gdb/bin --host=arm-none-linux-gnueabi --enable-static
```

执行完 configure 之后，在本路径下生成 Makefile 并进行修改，添加 -static 静态编译标志，如图 2-16 所示。

```
Makefile ✖

OBJDUMP = arm-none-linux-gnueabi-objdump
RANLIB = arm-none-linux-gnueabi-ranlib
READELF = arm-none-linux-gnueabi-readelf
STRIP = arm-none-linux-gnueabi-strip
WINDRES = arm-none-linux-gnueabi-windres
WINDMC = arm-none-linux-gnueabi-windmc

GNATBIND = no
GNATMAKE = no

CFLAGS = -g -O2 -static
LDFLAGS =
LIBCFLAGS = $(CFLAGS)
CXXFLAGS = -g -O2
LIBCXXFLAGS = $(CXXFLAGS) -fno-implicit-templates
GOCFLAGS = $(CFLAGS)
```

图 2-16　Makefile 文件内容

修改完成之后，执行 make 并安装。之后就可以在/home/*/gdb/bin 路径下发现已经编译好的 gdb 程序了，如图 2-17 所示。

图 2-17　gdb 文件内容

● **gdb 的使用方法**

将 gdb 文件复制到 Android 系统中的任意路径，并给予 777 权限，然后到 gdb 的路径下执行./gdb 命令即可，如图 2-18 所示。

```
root@android:/data/local/tmp # chmod 777 gdb
chmod 777 gdb
root@android:/data/local/tmp # ./gdb
./gdb
GNU gdb (GDB) 7.9
Copyright (C) 2015 Free Software Foundation, Inc.
License GPLv3+: GNU GPL version 3 or later <http://gnu.org/licenses/gpl.html>
This is free software: you are free to change and redistribute it.
There is NO WARRANTY, to the extent permitted by law.  Type "show copying"
and "show warranty" for details.
This GDB was configured as "arm-none-linux-gnueabi".
Type "show configuration" for configuration details.
For bug reporting instructions, please see:
<http://www.gnu.org/software/gdb/bugs/>.
Find the GDB manual and other documentation resources online at:
<http://www.gnu.org/software/gdb/documentation/>.
For help, type "help".
Type "apropos word" to search for commands related to "word".
(gdb) quit
quit
root@android:/data/local/tmp #
```

图 2-18　gdb 的使用方法

2. gdbserver 和 gdb 的调试方法

(1) 将 android-ndk-r10b\prebuilt\android-arm64\路径下的 gdbserver 放到测试机的任意路径下，比如 data/local/tmp/，然后给予 777 权限。

命令：`adb push gdbserver data/local/tmp`

　　　`adb shell chmod 777 data/local/tmp/gdbserver`

(2) 转发端口。

命令：`adb forward tcp:23946  tcp:23946`

(3) 启动 gdbserver。

命令：`gdbserver: 23946 –attach 目标 Pid`

例如测试 App 进程 ID 是 2977，gdbserver 服务器端的启动方法如图 2-19 所示。

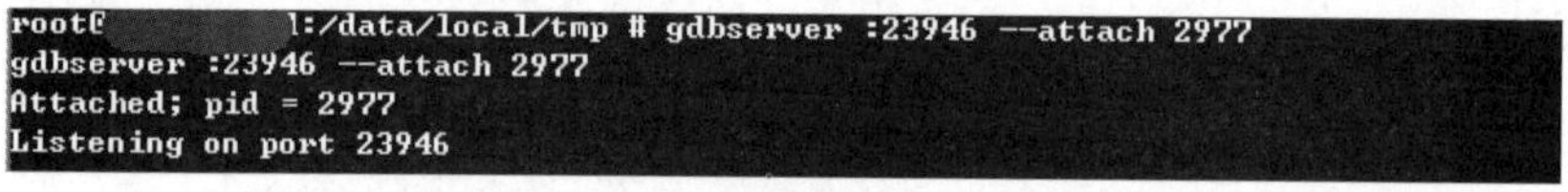

图 2-19　gdbserver 服务器端启动方法

(4) 启动 gdb.exe，这个文件在 Android NDK 源代码目录中：android-ndk/ndk-bundle/toolchains/arm-linux-androideabi-4.9/prebuilt/darwin-x86_64/bin/arm-linux-androideabi-gdb.exe。

(5) 输入命令 `set disassemble-next on` 可显示汇编代码，输入 `set step-mode on` 打开单步调试，连上 gdbserver 之后在 gdb 界面输入 `target remote127.0.0.1:23946`。gdb 的启动调试过程如图 2-20 所示。

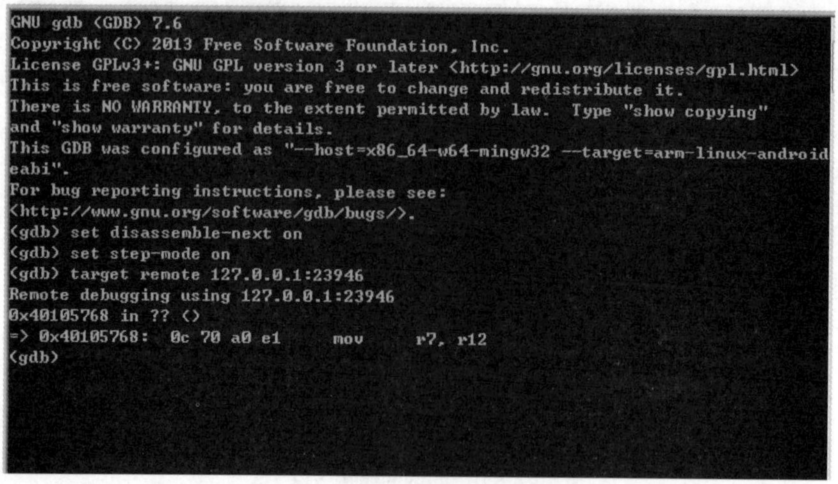

图 2-20　gdb 的启动调试过程

gdb 常用命令及介绍如下：

```
gdb>list  // 列出源代码，默认源代码文件和执行文件同路径
gdb><回车> // 重复上次命令
gdb>break10 // 在第 10 行下断点
gdb>break func // 在函数 func 入口下断点
gdb>info break // 查看断点信息
gdb>info args // 打印当前函数参数名和值
gdb>info locals // 打印当前函数所有局部变量和值
gdb>disassemblefunc // 查看函数 func 的汇编代码
gdb>run // 运行程序
gdb>next // 单条语句执行
gdb>n // 等同于 next
gdb>continue // 继续运行
gdb>p i // 打印变量值，等同于 print
gdb>bt // 查看函数堆栈
gdb>shell <command>  // 执行 shell 命令
gdb>clear<linenum> // 清除断点，相关命令有 delete/disable/enable
gdb>step // 单步运行
```

2.2.3　IDA Pro

IDA Pro（简称 IDA）堪称"逆向神器"，它不仅支持静态调试和动态调试，还支持 IDC 和 Python 插件扩展，功能非常强大。在 Android App 测评中，经常会使用 IDA 手动脱壳、动态调试动态库 so 代码，并查看代码是否经过混淆、加密、动态分析加密算法等。本节将通过脱壳案例，使读者快速熟悉 IDA 和 IDC 脚本插件的基本用法，详细步骤如下。

(1) 将 IDA 的 dbgsrv 目录下的 android_server 文件通过 adb 命令复制进手机/data/local/tmp 目录，给予 755 权限，并启动 android_server。

命令：adb push android_server /data/local/tmp/
　　　adb shell chmod755 /data/local/tmp/android_server
　　　adb shell /data/local/tmp/android_server

(2) 转发端口：adb forward tcp: 23946tcp: 23946。

(3) 通过 adb 命令以调试模式启动 App。

命令：adb shell am start -D -n 包名/包名+类名
　　　adb shell am start -D -n com.unpuck.test/.MainActivity

(4) 打开 IDA，在菜单中选择"Debugger"→"Attach"→"Remote ARM Linux/Android debugger"，如图 2-21 所示。

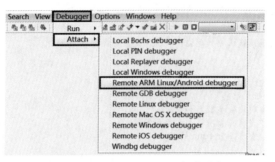

图 2-21   Android debugger 启动过程

(5) 将 Hostname 设置成"localhost"或者"127.0.0.1",如图 2-22 所示。

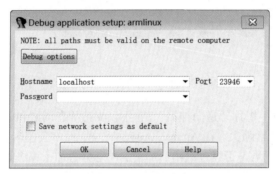

图 2-22   localhost 设置过程

(6) 选择要调试的进程,如图 2-23 所示。

图 2-23   挂载调试进程

(7) 选择菜单中的"Debugger"→"Debugger options",然后选择"Suspend on library load/ unload",如图 2-24 所示。

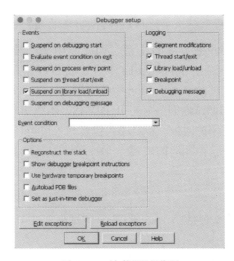

图 2-24　挂载调试进程

(8) 在 Moudles 窗口选中"libdvm.so",接着选择"dvmDexFileOpenPartial",然后按 F2 下断点,如图 2-25 所示。

图 2-25　dvmDexFileOpenPartial 断点

(9) 执行 jdb 命令转换端口以连接到指定的 JDWP 进程。

命令:jdb -connect com.sun.jdi.SocketAttach:hostname=127.0.0.1,port=8700

(10) 在 IDA 中点击 F9 运行进程,当程序运行到刚才设置的断点时,R0 寄存器指向的地址就是被加载的 dex 的内存起始地址,R1 指向的就是 dex 文件的长度,然后通过 IDC 脚本转储。

IDC 脚本内容如下:

```
auto fp, begin, end, dexbyte;
fp = fopen ("D: \\dump.dex", "wb") ;
begin = base_addr;
```

```
end = base_addr+length;
for  ( dexbyte = begin; dexbyte < end; dexbyte ++ )
fputc (Byte (dexbyte) , fp) ;
```

至此，通过 IDA 脱壳的流程就结束了，可以将转储出来的 dex 文件使用上述反编译工具分析。

在使用 IDA 的时候，有些细节需要注意。如果应用无法被附加，有可能是因为应用的 AndroidManifest.xml 中的 `android：debuggable` 未设置成 `true`，需要使用 Apktool 反编译 apk，然后在 AndroidManifest.xml 文件的 Application 标签中添加 `android：debuggable = true`，再重新打包安装；在执行 IDA 附加调试期间最好打开 DDMS，不然 JDB 可能会报错"无法附加到目标 VM"；在以调试模式启动应用的时候，需要输入包名和入口类名，并使用 Apktool 反编译 apk，从 AndroidManifest.xml 文件中获得相应的内容。

2.2.4　Drozer

Drozer 是一款进行综合安全评估的 Android 安全测试框架，可帮助 Android App 和设备变得更安全，使用步骤如下。

(1) 下载 Windows 版的 Drozer 安装文件，并点击 setup.exe 安装。

(2) 在测试机中安装 agent.apk。

(3) 端口转发到 31415。

命令：`adb forward tcp:31415 tcp:31415`

(4) 在测试机中打开 Drozer Agent，选择"embedded server-enable"，即点击关闭按钮，开启监听，如图 2-26 所示。

图 2-26　Drozer 启动过程

(5) 在 PC 端启动 Drozer console，drozer console connect 会显示如图 2-27 所示的画面，之后即可正常运用 Drozer 调试 Android App。

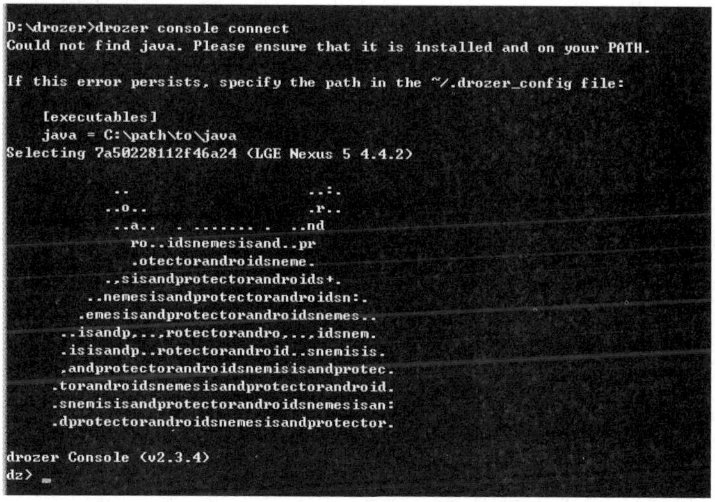

图 2-27 Drozer console 启动过程

在 App 漏洞测试过程中常用的 Drozer 测试命令如表 2-1 所示。

表 2-1 Drozer 测试命令

命 令	用 途
run App.package.list -f 包名	获取包名
run App.package.info -a 包名	获取 App 的基本信息
run App.package.attacksurface 包名	查看 apk 存在的攻击组件接口
run App.activity.info -a 包名	收集 Activity 信息，查找暴露
run App.activity.start --component 包名 activity	构造 intent 信息绕过鉴权直接运行 Activity
run App.provider.info -a 包名	获取 Content Provider 信息
run scanner.provider.finduris -a 包名	先获取所有可以访问的 Uri，
run App.provider.query uri	再获取各个 Uri 的数据，
run App.provider.query ...	查询到数据说明存在漏洞
run scanner.provider.injection -a 包名	检测 SQL 注入和目录遍历
run scanner.provider.traversal -a 包名	
run App.service.info -a 包名	获取 service 详情
run App.broadcast.info -a 包名	获取 broadcast receivers 信息
run App.broadcast.send --component 包名 ReceiverName --action android.intent.action.XXX	存在 action 和 extras
run App.broadcast.send --component 包名 ReceiverName	空 action
run App.broadcast.send --action android.intent.action.XXX	空 extras

2.3   抓包分析工具

我们在前两节介绍的静态分析工具和动态分析工具能够解决 App 的防反编译、防篡改、防注入、防调试等测试问题，但很多 App 客户端与服务器端之间进行数据通信时还存在数据明文传输、数据弱加密、中间人攻击漏洞等问题。为了测评数据传输过程中的安全性，我们不可避免地会使用到抓包工具，进行通信协议及数据加密算法分析。目前市场上的抓包工具种类很多，基于协议分类，主要包含 HTTP、HTTPS、SMTP 等。测评人员最常用的抓包工具有两种：一种是支持截取 HTTP 和 HTTPS 的 Fiddler，另一种是几乎支持所有协议的 Wireshark。但是不管是哪种工具，使用前提必须是抓包工具和手机终端在同一网段，因此，本节会先介绍抓包工具的组网环境，然后介绍 Fiddler 和 Wireshark 工具的使用方法和技巧。

2.3.1   组网环境

在使用代理抓包工具前，不管是使用路由器还是 Win7 系统创建 Wi-Fi，必须保证计算机端和手机端在同一网段，这样才能使用代理抓包工具截获数据包。图 2-28 为组网示意图。

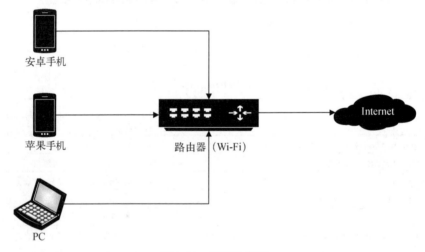

图 2-28   组网示意图

这种组网方式的缺点是抓包工具截获的数据包是所有通过该路由器的网络数据，无用的数据包非常多。为了减少干扰的数据包，可以使用计算机端开启 Wi-Fi 热点，然后用手机连接计算机释放的 Wi-Fi，在手机端设置代理 IP 和端口，让手机端的流量通过计算机端的代理工具，这样就可以大大减少无用的数据包。图 2-29 是另一种组网示意图。

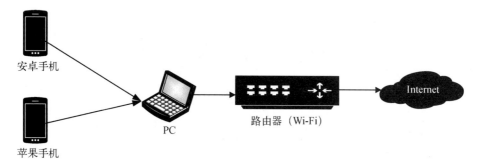

图 2-29　组网络示意图

如何让计算机具有类似路由的功能，让手机端能够连接计算机端释放的 Wi-Fi 呢？一种方式是利用 Wi-Fi 共享精灵、360 随身 Wi-Fi、Win7 系统虚拟 Wi-Fi 等，另一种方式是利用热插拔方式的 Wi-Fi 硬件。这里给大家推荐一种 Win7 系统搭建虚拟 Wi-Fi 的方法，步骤如下。

(1) 以管理员身份运行命令提示符：快捷键 win+R→输入 cmd→回车。

(2) 启用并设定虚拟 Wi-Fi 网卡。

命令：`netsh wlan set hostednetwork mode=allow ssid=wuminPC key=wuminWiFi`

此命令有以下 3 个参数。

❑ `mode`：是否启用虚拟 Wi-Fi 网卡，改为 `disallow` 则为禁用。

❑ `ssid`：无线网名称，最好用英文，如 `wuminPC`。

❑ `key`：无线网密码，8 个以上字符，如 `wuminWiFi`。

这 3 个参数可以单独使用，例如只使用 `mode=disallow` 可以直接禁用虚拟 Wi-Fi 网卡。

开启成功后，网络连接中会多出一个网卡为 "Microsoft Virtual WiFi Miniport Adapter" 的无线连接 2。为方便起见，将其重命名为 "虚拟 Wi-Fi"，如图 2-30 所示。若没有虚拟 Wi-Fi，只需更新无线网卡驱动即可。

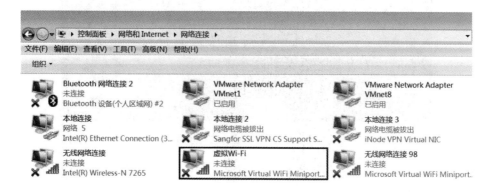

图 2-30　虚拟 Wi-Fi 创建界面

(3) 设置 Internet 连接共享，如图 2-31 所示。

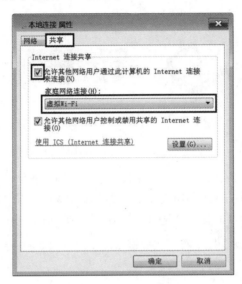

图 2-31 设置 Internet 连接共享

在"网络连接"窗口，右键单击已连接到 Internet 的网络连接，选择"属性"→"共享"，勾选"允许其他……连接（N）"并选择"虚拟 Wi-Fi"。

确定之后，提供共享的网卡图标旁会出现"共享"的字样，表示宽带连接已共享至虚拟 Wi-Fi。

(4) 开启无线网络，继续在命令提示符中运行 netsh wlan start hostednetwork，如图 2-32 所示。

图 2-32 无线网络启动过程

将命令中的 start 改为 stop 即可关闭该无线网，若以后开机后要启用该无线网，只需再次运行此命令即可。至此，虚拟 Wi-Fi 的红叉消失，Wi-Fi 基站已组建好，主机设置完毕，如图 2-33 所示。

图 2-33　虚拟 Wi-Fi 启动界面

至此，网络环境就搭建好了，下面我们就一起学习代理抓包工具。

2.3.2　Fiddler

Fiddler 是一个 HTTP/HTTPS 调试代理工具，它能够记录并检查所有被代理的客户端和互联网之间的 HTTP/HTTPS 通信，支持设置断点调试，查看所有"进出" Fiddler 的数据，包括 cookie、js、css 等文件。使用之前，必须先对客户端和手机端进行设置，设置步骤如下。

(1) Fiddler 软件设置，点击菜单栏中的"Tools"→"Options"，如图 2-34 所示。

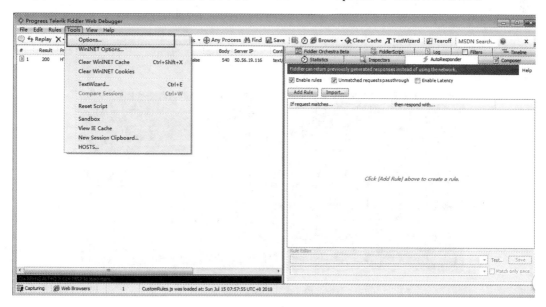

图 2-34　Fiddler 软件设置

点击"Connections"，设置代理端口是 8888，勾选"Allow remote computers to connect"，点击"OK"，如图 2-35 所示。

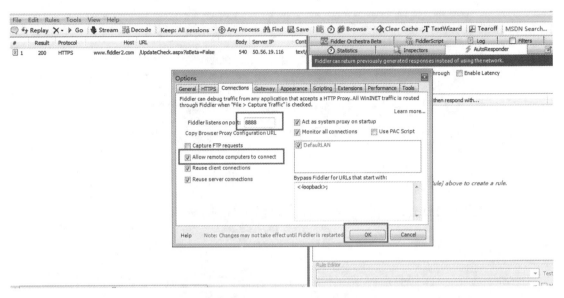

图 2-35　Fiddler 软件代理设置

这时在 Fiddler 中可以看到本机无线网卡的 IP，如果没有则重启 Fiddler，或者在 cmd 中的 ipconfig 找到自己的网卡 IP。

(2) 手机端设置。

查看计算机端的 IP 地址，Windows 系统使用 ipconfig 命令，Linux 系统使用 ifconfig 命令，如图 2-36 所示。

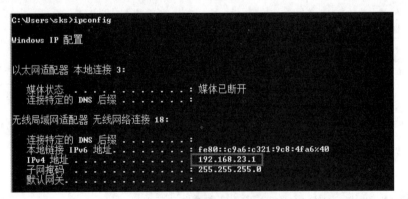

图 2-36　查看本地 IP 地址

在手机端连接计算机的 Wi-Fi，并且设置代理服务器地址与端口（代理服务器 IP 就是图 2-36 中的 IP，端口是 Fiddler 的代理端口 8888），然后点击"保存"，如图 2-37 所示。

图 2-37 手机端代理设置

注意,如果使用 Fiddler 或 BurpSuite 工具抓取 HTTPS 的数据包,还需安装 Fiddler 或 BurpSuite 证书。在访问浏览器中输入代理 IP 和端口,下载 Fiddler 的证书,点击 "Fiddler Root certificate",为证书任意命名后点击 "确定",如图 2-38 所示。

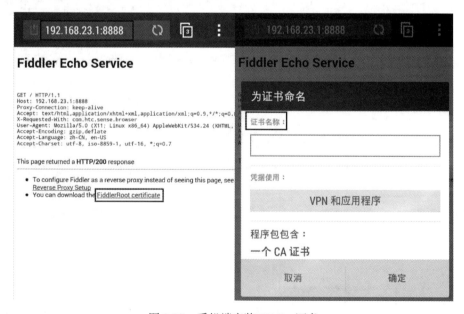

图 2-38 手机端安装 Fiddler 证书

设置之后，Fiddler 就可以抓包到 Android 手机的网络请求了。在手机浏览器中打开百度网页，如图 2-39 所示。图 2-40 是截获的数据包。

图 2-39　运行界面

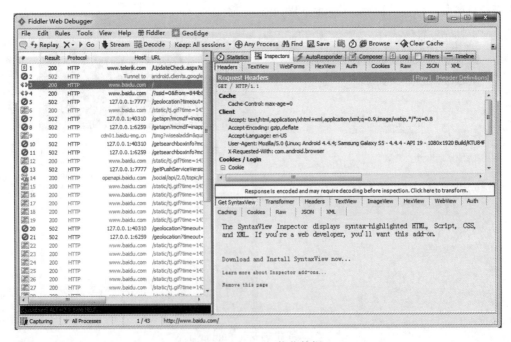

图 2-40　Fiddler 截获数据

现在 Fiddler 工具已经能够正常使用了。在测评过程中，Fiddler 设置断点的功能非常重要，这里有必要提一下。点击菜单栏中的"Rules"→"Automatic Breakpoints"，如图 2-41 所示。

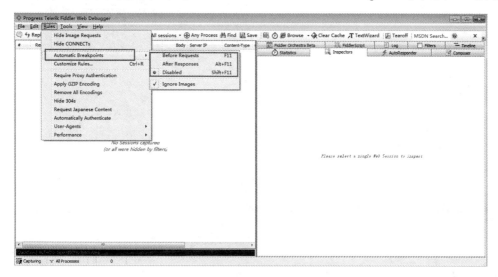

图 2-41　Fiddler 设置断点界面

Fiddler 设置断点的常用功能有以下几个。

- **中断 Requests**

中断 Requests 一般有两种方式。第一种方式是打开 Fiddler，点击"Rules"→"Automatic Breakpoint"→"Before Requests"，这样会中断所有的会话。

消除命令只需要点击"Rules"→"Automatic Breakpoint"→"Disabled"即可。

第二种方式是在命令行中输入命令 bpu www.baidu.com，这样只会中断 www.baidu.com。在命令行中输入命令 bpu 即可消除命令。

- **中断 Response**

中断 Response 也有两种方式。第一种方式是打开 Fiddler 点击"Rules"→"Automatic Breakpoint"→"After Response"，这样会中断所有的会话。

消除命令只需要点击"Rules"→"Automatic Breakpoint"→"Disabled"即可。

第二种方式是在命令行中输入命令 bpafter www.baidu.com，这样只会中断 www.baidu.com。在命令行中输入命令 bpafter 即可消除命令。

- **AutoResponder**

Fiddler 的 AutoResponder tab 允许从本地返回文件，而不用将 http request 发送到服务器上。AutoResponder 的设置界面如图 2-42 所示。

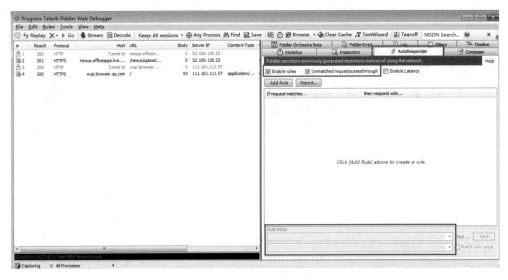

图 2-42   Fiddler 自动抓包界面

2.3.3   Wireshark

Wireshark（原名 Ethereal）是一个网络封包分析软件，功能是截取网络封包。Wireshark 使用 WinPCAP 作为接口，直接与网卡进行数据报文交换。而 Fiddler 工具具有局限性，只能抓取 HTTP 和 HTTPS 的数据包，且保存的格式为.saz，如 SMTP 邮件协议的数据包是无法获取的。

网络配置和前面是一致的，必须保证手机和计算机在同一网段。打开 Wireshark 工具，选择计算机中设置的无线网络，点击"Start"，如图 2-43 所示。

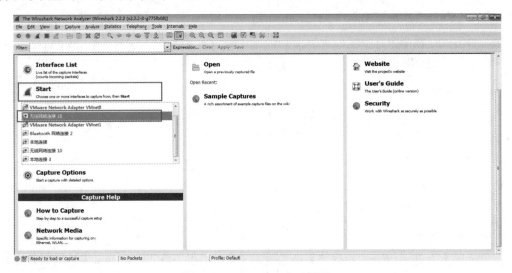

图 2-43   Wireshark 启动界面

该工具使用简单，需要注意的是，在分析数据包时，有效的过滤能够提高工作效率。比如在打电话时收到某程序发送的报文，可以关闭所有其他使用网络的应用来减少流量，但还是可能有大批报文需要筛选，这时就要用到 Wireshark 过滤器。最基本的方式就是在窗口顶端过滤栏输入并点击"Apply"，或者按下回车键显示过滤结果。例如，输入"dns"就会只看到 DNS 报文。输入的时候，Wireshark 会帮助自动完成过滤条件，如图 2-44 所示。

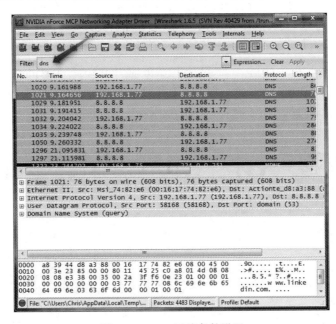

图 2-44　DNS 过滤条件设置

下面是常用于 IP 过滤的几个命令。

❑ 源 IP 的表达式：`ip.src==192.168.0.105`，或 `ip.srceq192.168.0.105`

　　含义：筛选出源 IP 是 192.168.0.105 的数据包。

❑ 目标 IP 的表达式：`ip.dst==119.147.74.18`，或 `ip.dsteq119.147.74.18`

　　含义：筛选出目标 IP 是 119.147.74.18 的数据包。

❑ 直接按 IP 过滤的表达式：`ip.addr==202.105.182.132`，或 `ip.addr eq 202.105.182.132`

　　含义：筛选出与 202.105.182.132 相关的数据包。

2.4　挂钩框架

对于一般的 App 测评而言，以上工具已经足够用了。但是有时遇到棘手的加密问题，这些工具可能无法正常使用，这时挂钩框架将会发挥举足轻重的作用。因此，如果我们将以上工具称为"倚天剑",那么挂钩框架将是"屠龙刀"。下面我们介绍常用的 Xposed 框架、Frida,以及 App 进程注入测评工具 inject。

2.4.1　Xposed 框架

Xposed 框架是一套开源的框架服务,可以在不修改 apk 文件的情况下影响程序运行,通过替换 system/bin/App_process 程序控制 Zygote 进程,使得 App_process 在启动过程中加载 XposedBridge.jar 包,从而完成对 Zygote 进程及其创建的 Dalivk 虚拟机的劫持。

Xposed 框架的实现基于一个 Android 本地服务应用 Xposed Installer 与一个提供 API 的 XposedBridgeApi-54.jar 文件。因此,在安装和使用 Xposed 框架之前,首先需要安装 XposedInstall.apk 本地服务应用,在获取 ROOT 权限之后,点击"安装/更新"激活框架,激活成功的界面如图 2-45 所示。

图 2-45　Xposed Installer 激活成功界面

1. 测试程序示例

新建一个测试程序,该程序功能非常简单,定义一个加法函数 test1,然后利用 Xposed 框架挂钩该函数,并打印函数的值,代码如下所示:

```
package com.demo.test;
import android.App.Activity;
```

```
import android.os.Bundle;
import android.util.Log;
import android.view.View;
import android.view.View$OnClickListener;
import android.widget.Button;
import android.widget.TextView;

public class MainActivity extends Activity {
    Button btn_ok;
    TextView mTextView;

    public MainActivity() {
        super();
    }
    public int test1(int x, int y) {
        return x + y;
    }
    protected void onCreate(Bundle savedInstanceState) {
        super.onCreate(savedInstanceState);
        this.setContentView(2130903040);
        this.btn_ok = this.findViewById(2131230721);
        this.mTextView = this.findViewById(2131230720);
        this.btn_ok.setOnClickListener(new View$OnClickListener() {
            public void onClick(View v) {
                MainActivity.this.mTextView.Append("\n
                    test1: " + MainActivity.this. test1(
                        50, 50));
                Log.v("demo_test", "Java code is runing");
            }
        });
    }
}
```

2. 模块基本开发流程示例

(1) 创建工程 android2.3.3，可以不用 Activity。

(2) 修改 AndroidManifest.xml。

在 AndroidManifest.xml 中的 Application 标签内添加 Xposed 相关的 meta-data，如下所示：

```
<meta-data
    android: name="xposedmodule"
    android: value="true" />
<meta-data
    android: name="xposedminversion"
    android: value="54" />
<meta-data
    android: name="xposeddescription"
    android: value="Hook func test" />
```

第一个 meta-data 中的 xposedmodule 表示本 App 将作为 Xposed 的一个模块，第二个 meta-data 表示 Xposed 的最低版本号，第三个 meta-data 是对该模块的描述。

（3）在工程目录下新建一个 lib 文件夹，放入下载好的 XposedBridgeApi-54.jar 包，然后在 Eclipse 工程里选中 "XposedBridgeApi-54.jar"，右键单击 " – Build Path – Add to Build Path"。

（4）新建一个类专门用于挂钩操作。

```
package com.example.xposedHookdemo;
import static de.robv.android.xposed.XposedHelpers.findAndHookMethod;
import android.content.Context;
import android.util.Log;
import de.robv.android.xposed.IXposedHookLoadPackage;
import de.robv.android.xposed.XC_MethodHook;
import de.robv.android.xposed.XposedBridge;
import de.robv.android.xposed.callbacks.XC_LoadPackage.LoadPackageParam;
public class HookClass implements IXposedHookLoadPackage {
    public void handleLoadPackage(LoadPackageParam lpparam) throws Throwable {
        Log.i("package", lpparam.packageName);
        if (!lpparam.packageName.equals("com.demo.test"))
            return;
        /*
        第一个参数为包名.类名
        第二个参数固定为 lpparam.classLoader
        第三个参数为方法名（要被挂钩的函数名）
        第四个参数为函数参数（用类型.class 表示）
        第五个参数为函数参数（用类型.class 表示）
        最后一个参数为 new XC_MethodHook () {...}
        */
        findAndHookMethod("com.demo.test.MainActivity", lpparam.classLoader, " test1", int.class,
            int.class, new XC_MethodHook (){
                protected void beforeHookedMethod(MethodHookParam param) throws Throwable {
                    // 挂钩函数之前执行的代码
                    Log.i("Before Hook", "Before Hook");
                    Integer para1 = (Integer)param.args[0];
                    Integer para2 = (Integer)param.args[1];
                    Log.i("para1: ", para1.toString());
                    Log.i("para2: ", para2.toString());

                }
                protected void afterHookedMethod(MethodHookParam param) throws Throwable {
                    // 挂钩函数之后执行的代码
                }
        });
    }
}
```

new XC_MethodHook()中有两个十分重要的内部函数：beforeHookedMethod()和 afterHookedMethod()。重写这两个函数可以实现对任意方法的挂钩，beforeHookedMethod()完成执行挂钩函数前需要完成的自定义操作，afterHookedMethod()完成执行挂钩函数之后需要完成的自定义操作。

（5）指定模块运行入口。在 assert 目录下新建 xposed_init 文件，com.example.xposedHookdemo. HookClass 编译运行，然后在 Xposed 中启用这个模块，如图 2-46 所示，重启手机之后即可看见挂钩后的效果。

图 2-46 启用激活模块

3. 验证结果

运行测试程序，在 DDMS 中可以看到已经挂钩了 test1 函数，打印函数的两个参数值，如图 2-47 所示。本示例是在函数运行前挂钩，用户也可以自行测试在函数运行后挂钩，即在 `afterHookedMethod()`中实现代码。

```
15:59:52.466   14392   14392      com.demo.test      Before Hook      Before Hook
15:59:52.466   14392   14392      com.demo.test      para1            50
15:59:52.466   14392   14392      com.demo.test      para2            50
15:59:52.466   14392   14392      com.demo.test      demo_test        Java code is runing
15:59:52.466   14392   14392      com.demo.test      demo_test        native code is runing
15:59:52.466   14392   14392      com.demo.test      demo_test        set SharePre and SQLite
```

图 2-47 测试函数打印界面

2.4.2 Frida

Frida 是一个开源的跨平台挂钩框架，可以用来脱壳关键的函数，达到内存转储的目的。

1. 搭建 Frida 的工作环境

(1) 下载安装 Frida 的 Python 运行环境。

```
~ easy_install frida-xxx-xxx.egg
```

(2) 将对应版本的 frida_server 推送到手机，frida_server 可以从 Frida 官网下载。

```
~ adb push frida-server-xxx /data/tmp/local
```

(3) 进入手机终端并切换到手机中的 frida_server 目录，修改权限，运行 frida_server。

```
// 进入手机终端
~  adb shell
// 提高终端权限
~ su
// 切换目录，更改权限，运行 frida_server
# cd /data/local/tmp
# chmod755frida-server-xxx
# ./frida-server-xxx
```

至此，Frida 的运行环境基本搭建完成，具体的挂钩操作可以通过编写 Python 脚本和 JavaScript 脚本完成。这里仅介绍 Frida 环境搭建的基本步骤，详细搭建过程请参见 12.2.1 节。

2. 测试程序示例

这里介绍一套常用的挂钩模板，读者可以根据自己不同的需求在模板上进行修改。

首先是 loader 模块，该模块由 Python 语言实现，作用是挂载设备指定进程，并且加载 JavaScript 脚本。

```python
import os
import time
import sys
import frida
#打印 Javascript 脚本返回消息
def on_message(message, data):
    if isinstance(message, dict):
        print(message)
    else:
        if message.has_key("payload"):
            print(message["payload"])
#获取设备应用名
def get_Application_name(device, identifier):
    for p in device.enumerate_Applications():
        if p.identifier == identifier:
            return p.name
#获取设备进程pid
def get_process_pid(device, Application_name):
    for p in device.enumerate_processes():
        if p.name == Application_name:
            return p.pid
    return -1
def main():
    #连接设备
    device = frida.get_device_manager().enumerate_devices()[-1]
    #需要 attach 的 apk 包名
    package_name = "com.test.unpuck"
    #发现进程存活则杀死进程，等待进程重启
    pid = get_process_pid(device, package_name)
    if pid != -1:
        print("[+] killing {0}".format(pid))
```

```
        device.kill(pid)
        time.sleep(0.3)
    while(1):
        pid = get_process_pid(device, package_name)
        if pid == -1:
            print("[-] {0} is not found...".format(package_name))
            time.sleep(2)
        else:
            break
    print("[+] Injecting script to {0}({1})".format(package_name, pid))
    Session = None
    try:
        #attach 目标进程
        Session = frida.get_device_manager().enumerate_devices()[-1].attach(pid)
        #加载 JavaScript 脚本
        script_content = open("JavaScript.js").read()
        script = Session.create_script(script_content)
        script.on("message", on_message)
        script.load()
        sys.stdin.read()
    except KeyboardInterrupt as e:
        if Session is not None:
            Session.detach()
            device.kill(pid)
        sys.exit(0)
        if __name__ == "__main__":
    main()
```

其次是注入模块，由 Javascript 脚本实现，作用是注入目标模块、挂钩关键函数、转储内存信息。

取导出函数地址，这里选择的函数和 IDA 里选择的一样，都是 libdvm.so 中的 dvmDexFile-OpenPartial()。findexportByName() 函数的第一个参数可以指定具体路径，也可以只给出模块名称；第二个参数是函数的导出符号，不同版本的 libdvm.so 的符号可能不同。

```
var addr_dvmdexOpen = Module.findexportByName("libdvm.so",
"_Z21dvmDexFileOpenPartialPKviPP6Dvmdex");
console.log("dvmDexFileOpenPartial address: " + addr_dvmdexOpen);
// 指定地址进行挂钩
Interceptor.attach(addr_dvmdexOpen, {
    onEnter: function(args) {
        // 函数的参数都被封装进了 args 数组，args[0]是第一个参数，args[1]是第二个参数
        var base_addr = args[0];
        var length = args[1];
        // 进行内存转储
        var fileName = "/sdcard/unpacked_" + base_addr.toString(0x10) + "_" + length.toString(0x10) + ".dex";
        console.log("[*] Writing dex to " + fileName);
        var out = new File(fileName, "wb");
        out.write(Memory.readByteArray(base_addr, length.toInt32()));
        out.close();
    },
    onLeave: function(retval) {}
});
```

这里介绍的只是 Frida 的基本用法，读者可以参考官方文档进一步学习 Frida 的更多功能，也可以到 Frida 社区分享代码。

2.4.3   inject

限于篇幅，本节不涉及 inject 工具的具体实现，感兴趣的读者可以自行了解，这里主要介绍如何使用开源工具 inject 进行测试，以便测试人员熟悉测试过程，也让开发者了解如何规避进程注入的风险，具体步骤如下：

(1) 将编译好的 inject 和 libhello.so 放入/data/local/tmp/目录下，并给予 chmod 777 权限；

(2) 使用 ps 查看该进程 PID。

在 inject 的当前路径下执行./inject PID   /data/local/tmp/libhello.so。

注入成功就会显示如下信息：

```
library path = /data/local/tmp/libhello.so
Press enter to dlclose and detach
```

(3) 使用命令 cat/proc/pid/maps | grep hello 查看 libhello.so 是否存在进程空间，如图 2-48 所示。

图 2-48   inject 注入过程

(4) 使用命令 logcat |busybox grep PID 查看，打印注入成功提示信息，如图 2-49 所示。

图 2-49   注入成功 logcat 打印提示信息界面

2.5 小结

"工欲善其事，必先利其器。"本章介绍了开展 Android App 安全测试所需要的"十八般兵器"，涵盖了 5 种静态分析工具、4 种动态分析工具、两种抓包分析工具和 3 种挂钩工具的基本介绍和使用方法，以及设备真机的组网环境的搭建方法。通过本章的学习，你可以自主建立 Android App 安全测试环境，并对每一种安全测试工具的使用方法有了一定的认识，具备了开始安全测试工作的基本条件。从下一章开始，我们将正式开始介绍安全测试的工作内容，一起探讨 Android App 的信息资产和对应的攻击面，以及如何根据攻击面开展相应的安全测试工作。

2

第 3 章

安全测试基础

3

本书前两章论述了移动安全的研究进展，并从 Android 系统的基本原理、分析工具、安全测试工具等方面对 Android App 安全测试做了介绍，相信读者已经有了初步的了解，也能够使用分析工具开始进行基本的分析了。

有了前两章的基础，下面我们就将正式介绍 Android App 安全测试这项业务，讲解完整的测试过程。首先，请 App 开发者思考以下两个问题。

(1) App 面临的安全问题来自哪几个方面？

(2) 如何进行安全测试才能够尽可能全面地反映 App 的安全问题？

不知攻，焉知防？第一个问题就是常说的 App 的攻击面，即常见的攻击手段和方式。在维基百科中，攻击面的定义如下：

"软件环境中的攻击面是指可被未授权用户（即攻击者）尝试输入数据或提取数据的不同点（即攻击向量）之和。尽量减小攻击面是一项基本的安全措施。"[1]

App 开发者要了解攻击者的目的、手段以及利用 App 的哪些安全问题突破防护。一般来说，攻击目的都与 App 的信息资产相关，攻击者通过程序逆向、协议破解、数据解密、漏洞利用等方式，达到远程控制、信息窃取、通信劫持、数据篡改等目的。熟悉了攻击目的和方法，开发者就会建立起对 App 安全问题的认知，有意识地在开发过程中对攻击者关注的资产进行保护，减少代码漏洞或者缺陷，甚至采取额外的安全防护措施。

第二个问题要求安全测试人员既要了解 App 的安全问题，又要知道如何通过测试来暴露这些问题。所以，安全测试人员要从攻击者的角度去分析 App 的攻击面，针对 App 在程序代码、数据文件、输入输出、鉴权认证、协议策略、通信交互等方面可能出现的安全问题，设计既全面又合理的测试项，对测试项中的测试目标、测试方法、测试步骤、测试结果、修复建议等内容进行标准化，形成完善的 App 测试标准。

以上两个问题与 Android App 安全测试中的两个重要内容直接相关：一是分析 App 的攻击面，

---

[1] https://en.wikipedia.org/wiki/Attack_surface。

二是描述对应的安全测试细节。为了帮助读者理解和识别 App 的攻击面，充分理解攻击原理、漏洞成因、利用方式以及检测和防御机制，我们将深入分析 App 在不同业务中和生命周期中所涉及的关键信息资产可能在什么地方遭受攻击。在此基础上，对不同攻击面可能产生的安全问题进行分类和梳理，形成 App 的安全防护要求。

需要特别指出的是，不同领域的 App 具有不同的用户需求和业务功能，开发者在软件选型、程序设计、性能要求、用户体验等方面就会有不同的考虑，因此 App 的信息资产千差万别，不尽相同。考虑到 App 安全测试的成熟度，本书将重点关注 App 的通用安全测试，而无法涵盖不同领域的 App 与不同业务深度相关的安全测试。

因此，接下来我们将以 App 通用安全测试为目标，详细介绍安全测试内容，为开发者和安全测试人员的 App 安全测试工作实践提供参考。

3.1 信息资产

安全评估和渗透测试的目标是发现可能存在的威胁，并尝试消除威胁以减少潜在攻击所带来的损失。在任何信息安全实践中，为了保证安全评估、安全防护的手段能够以最佳的方式完成，首先需要明确当前测试目标的信息资产，即对信息实体进行资产识别。资产识别是指对关键资产及其安全需求进行梳理和记录，标识每一种资产的保密性、完整性以及可用性，据此推导出资产可能遭受什么样的攻击、导致什么样的损失，进而制订更为符合实际的检测方案。

App 具有不同的应用类型和业务场景，因此关键的信息资产不同，相同信息资产的权重也不同。下面我们以几类 App 进行举例说明。

- ❑ 单机游戏类 App。业务相对单一，核心资产是代码、资源以及游戏运行时的内存数据。一旦代码和资源被篡改、窃取，内存数据被修改，就会导致游戏的完整性遭到破坏，进而造成开发者的利益受损。
- ❑ 社交类 App。虽然其代码、资源和内存数据可能会遭受和单机游戏一样的攻击，但用户社交关系和社交数据才是其核心资产，具体包括聊天记录、接收文件、朋友关系、动态记录等信息。这些数据一般同时保存在 App 本地和服务器端，通过网络数据通信和鉴权认证协议保证数据同步和业务交互。本地数据窃取、中间人攻击、业务漏洞利用等攻击行为所造成的敏感信息泄露，将对社交类 App 的开发者和用户造成非常大的危害。
- ❑ 金融类 App。移动支付、手机银行、保险证券、贷款理财等 App 的核心资产包括用户账号信息、交易记录等数据资产，也包括转账支付、产品交易、资金出入等业务功能。与社交类 App 类似，其用户信息和业务功能在 App 本地和服务器端都有涉及，除社交类 App 面临的问题外，金融类 App 还面临本地交易功能被劫持、交易数据被篡改的安全问题，任何能够对账单数据、资金安全造成危害的问题，都可以直接被定义成严重的安全风险。

一般而言，与 App 相关的信息资产可以分为 8 类，如图 3-1 所示。下面我们分别进行介绍。

图 3-1　App 相关的信息资产

1. App 文件

这是首当其冲的 App 资产，如 apk 文件和 dex 文件。App 文件一般是压缩包形式，包含了可执行文件、资源文件和配置文件，是 App 运行使用的基础。特别是可执行文件中包含了 App 在本地运行的所有业务功能、数据结构、业务逻辑、加密算法等程序代码，一旦遭到攻击导致程序文件被破解，那就相当于打开了入侵 App 的第一道门。

2. 程序进程

App 被下载安装到手机本地后，就会把 App 运行所需的程序文件、数据文件、资源文件、配置文件等存储在本地特定目录下，并且一般会在手机桌面上生成 App 的图标。点击该图标，App 就会向系统申请资源得到进程 pid，开始运行 App 的主程序，然后手机屏幕中会显示出 App 的主界面，随后 App 的业务功能也准备就绪，等待用户点击使用。从 App 启动到结束的这段时间里，该 App 的进程会一直存在，因此 App 运行时的进程也是重要资产，要防止攻击者针对进程进行恶意关闭、劫持、注入等攻击，保证程序的正常运行。

3. 内存数据

App 运行后，会将程序代码和业务数据加载到系统内存中，通过计算内存地址可以找到 App 运行时在系统内存中申请的内存区域，在这里读取运行时的 App 业务逻辑和业务数据，涉及 App 的核心信息资产。特别需要注意的是，在未采取安全措施的情况下，App 运行时在内存中的逻辑代码和业务数据大多是明文的，易被监听窃取。同时，当操作系统提供内存共享方式解决进程间通信时，开发者需要特别关注 App 运行时产生的敏感业务数据在内存中是否会被其他 App 的进程读取，避免发生数据泄露的问题。

4. 前端界面

与用户进行交互的 App 需要提供一个前端界面来为用户提供服务。在用户没有对程序逻辑进行验证的情况下，App 运行的界面是大多数用户获取 App 服务的主要通道，同时也是 App 开发者获取用户输入信息和浏览记录的主要通道，因此 App 的前端界面是非常重要的资产。如果不进行防护，一方面可能会被攻击者调用系统功能，通过截取屏幕和录像窃取用户信息；另一方面可能会被攻击者劫持，将伪造的虚假界面覆盖原有界面，对用户进行钓鱼攻击，带来导致用户信息泄露的安全风险。

5. 本地存储

App 运行时产生的数据，一部分会放在内存中进行实时处理，另一部分会存储在本地的 xml 文件和 SQLite 数据库中。常见的数据有音乐、图片、聊天记录、文本文件、收藏夹、访问记录等，有的 App 还会将银行卡、身份证、联系人手机号以及账号密码等重要信息存放在本地，使得 App 在本地存储的数据成为重要资产。如何保护这些重要信息是开发者需要重视的。

6. 网络链路

大部分 App 在运行时需要与 App 云端服务器、第三方 SDK 云端服务器或其他网络资源服务器建立基于互联网的网络链路进行数据通信，例如建立 HTTP 短连接交互信息，建立 TCP 长连接同步状态，建立 UDP 连接开展对延时敏感的服务等。App 与外界通信建立的网络链路也是 App 的重要资产，特别是在进行重要数据通信时。开发者要防护网络链路不被监听、劫持和拦截，防护链路中传输的数据不被泄露和篡改。

7. 交互接口

App 在运行时还会与手机本地安装的其他 App 进行通信及交互调用，还有可能通过蓝牙、NFC 等短距离无线信道与周围的汽车、智能设备等进行通信交互。这时，App 的角色不仅仅是一个客户端，还会成为一个服务器端，因此 App 会开放交互服务接口，如网络端口、程序接口等，对外提供数据读写、API 调用、进程间通信等服务。所以，支撑这些通信交互功能的交互接口至关重要，是数据和程序进出 App 的"关口"，属于重要资产，需要开发者重点防护。对于涉及重要数据读写和核心功能调用的交互接口，要防止接口被滥用、调用被劫持、数据被篡改等安全问题的发生，对交互请求进行鉴权认证、对用户会话进行安全管理将是安全防护的重点内容。

8. 云端平台

不管是基于 C/S 还是 B/S 框架的实现方式，云端平台是 App 运行的大后方，承担着用户和业务数据存储与分析、业务服务开放、信息推送、内容管理、任务调度、软件优化、版本更新等重要职责，无可厚非地成为了 App 的重要资产。云端平台受到的攻击一般有 DDoS 拒绝服务的流量攻击，针对开放端口、业务接口、软件权限的漏洞扫描和渗透攻击，还有常见的网页篡改、网站后门、网页挂马等网站攻击。如何对 App 云端平台进行安全防护是需要开发者单独考虑的安全防护工作。基于网站等信息系统的云端平台的安全测试已有大量的参考资料，App 云端平台的安全测试与之类似，因此本书就不重点讨论了。

App 设计者、开发者和安全测试人员都需要明确 App 的信息资产，根据 App 本身的业务场景、功能要求和性能要求，确定每类资产的安全要求和权重，有针对性地进行设计开发、安全测试，以及安全防护功能的完善和升级。

3.2　安全测试框架

梳理 App 信息资产的过程就是摸清攻击者潜在攻击目标的过程，这可以理解为一个"面向攻击对象"的思考过程。接下来，需要思考攻击者针对 App 的信息资产会进行哪几个方面的攻击，也就是 App 信息资产将面临哪些可能存在的攻击向量，这可以理解为一个"面向攻击向量"的思考过程。

攻击面即攻击向量的集合。网络安全的防护与攻击是不对等的，做好网络安全防护需要面向整个攻击面进行综合管理，而实现网络攻击只需要突破一个攻击向量就能达成攻击目的。攻击向量包括目标、路径和方法等。其中，目标是 App 暴露给攻击者的信息资产，包括本地和网络两个相对方向的资产，是 App 所有信息资产的子集。对于暴露的信息资产，攻击者要寻找可达的路径进行攻击。图 3-2 展示了 App 与外界交互的主要路径，调用或者劫持这些交互路径，攻击者就可以触及 App 的信息资产，结合配套的攻击方法实施攻击。

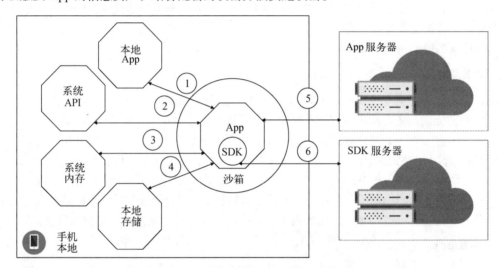

图 3-2　App 与外界交互的主要路径

在手机本地，App 会与手机环境中的其他 App 和系统资源进行交互，交互路径有以下 6 个。

① App 通过开放接口、进程间通信机制等方式与手机本地安装的其他 App 进行通信，攻击者通过寻找接口漏洞和进程间通信机制的漏洞，就可以直接突破防护或通过本地其他 App 间接突破防护，对 App 实施攻击；

② App 通过调用系统 API 实现业务功能，攻击者通过劫持系统 API 或程序库文件，伪装成系统 API 对 App 实施攻击；

③ App 将运行时产生的代码和数据存放于系统内存中，攻击者通过突破系统权限限制、访问内存中的特定地址、内存共享机制漏洞、劫持功能函数等方式窃取 App 在内存中的数据并实施攻击；

④ App 将数据和资源文件保存于本地存储资源中，攻击者通过突破系统权限限制、访问存储资源特定文件、劫持 App 程序文件等方式窃取 App 在本地存储中的数据并实施攻击；

⑤ App 与云端服务器进行通信，攻击者通过破解业务程序接口、破解用户认证协议、破解网络链路、破解加密数据等方式窃取 App 的通信数据并利用接口实施攻击；

⑥ App 集成的第三方 SDK 会与 SDK 云端服务器进行通信，攻击者通过破解 SDK 程序接口、破解网络链路、破解加密数据等方式窃取 App 的通信数据并利用接口实施攻击。

结合信息资产和攻击路径的分析，我们可以发现，虽然攻击者通过不同的攻击路径对不同的信息资产实施攻击，但是使用的攻击方法有可能是相似的，因此相应的安全测试方法也是相似的。

例如，攻击者通过不同的攻击路径对程序进程、前端界面、交互接口等资产进行攻击时，可以通过分析相关的交互接口漏洞实施攻击。对这些资产的交互接口进行安全测试，可以反映出这些资产在对外开放数据接口和服务器端口过程中的安全问题。

例如，攻击者对交互接口、内存数据和网络链路等资产的攻击，可以通过分析相关的认证协议漏洞实施攻击。对这些资产的认证协议进行安全测试，可以反映出这些资产在用户认证和会话管理过程中的安全问题。

本书对不同信息资产的相似攻击方法进行了整合分类，为同一类别的攻击方法设计了相应的安全测试方法，形成了一个 App 安全测试框架，如图 3-3 所示。

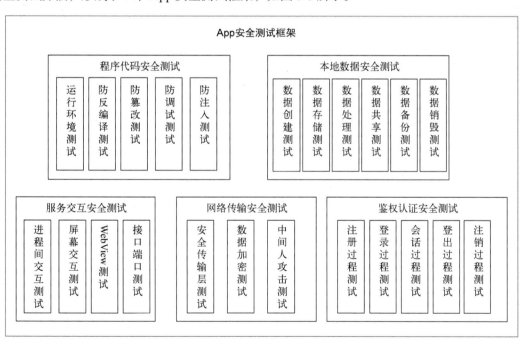

图 3-3　App 安全测试框架图

以上 5 个方面的 App 安全测试与 App 文件、程序进程、前端界面、接口端口、内存数据、网络链路和本地存储的对应关系如图 3-4 所示。

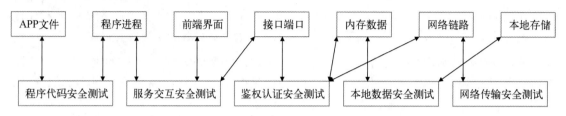

图 3-4   App 信息资产与安全测试的对应关系

3.3 小结

本章介绍了 App 文件、程序进程、内存数据、前端界面、本地存储、网络链路、交互接口、云端平台共 8 个方面的 App 信息资产，并针对这些信息资产的攻击面进行了梳理，形成了 App 安全测试的整体框架，主要包括 5 个安全测试方面，分别是程序代码安全、本地交互安全、本地数据安全、网络传输安全和鉴权认证安全。接下来的 5 章将针对这 5 个安全测试方面，从安全要求和测试方法两个角度进行详细分析，其中安全要求是指 App 需要达到的基本安全防护要求，测试方法是指验证 App 达到安全防护要求的测试方法和测试过程。

第4章

程序代码安全测试

App 文件是攻击者拿到的第一个 App 信息资产，也是突破开发者防护的"第一道门"。攻击者可以通过 Apktool、dex2jar 等工具对 App 文件进行静态反编译，获得近似 App 源代码的 smali、Java 代码，从而了解 App 的聊天记录、交易支付等功能逻辑，定位实现这些功能逻辑的关键代码。如果关键代码暴露给攻击者用于寻找漏洞，就会直接造成安全威胁。在 App 运行过程中，攻击者可能利用关键代码进行动态调试，分析程序执行的过程，验证 App 静态反编译的分析结果，进一步确认漏洞，同时还可能对 App 的程序进程进行注入攻击，获取 App 运行时在内存中的数据，甚至修改 App 运行时生成的数据，以达到修改交易金额、修改转账账户等攻击目的。

除了可能面临攻击者静态和动态两个方面的攻击威胁，App 的运行环境也是值得开发者关注的。如本书第 1 章所述，Android 程序的沙箱设计可以限制 App 在本地的行为，防止 App 发起本地攻击行为。但是一旦使用者对 Android 系统进行 ROOT，攻击者就可以通过在本地驻留恶意 App 等方式获取系统最高权限，对本地其他 App 进行攻击。

针对 App 在程序代码方面面临的上述安全问题，本章会针对 App 程序代码进行健壮性安全评估，包括对 App 运行环境的安全性进行检测，以及对防反编译、防篡改、防调试、防注入等防御攻击的能力进行测试，如图 4-1 所示。

图 4-1　程序代码安全测试的 5 个维度

(1) 运行环境检测。检测客户端的程序是否对已经 ROOT 的 Android 系统、Android 模拟器和逆向框架进行检测。

(2) 防反编译测试。检测客户端的程序是否进行代码加密、代码混淆和代码加固，是否易被逆向并泄露程序的设计原理和运行流程。

(3) 防篡改测试。检测客户端的程序是否对程序自身进行校验，在客户端程序被黑客篡改后是否依然能够正常运行，是否存在被黑客修改成为手机木马或钓鱼软件的风险。

(4) 防调试测试。检测客户端的程序是否可以被外部程序进行动态调试并输出敏感信息，是否存在账户信息和交易信息等敏感信息泄露的风险。

(5) 防注入测试。检测客户端的程序是否存在进程保护和内存保护，防止被外部程序动态代码注入，以及任意修改、转储客户端内存代码等行为。

4.1　安全测试要求

本节将对 App 代码安全的运行环境、防反编译、防篡改、防调试、防注入 5 个维度涉及的安全问题进行解析，相应的安全要求如下：

- ❑ 运行环境要求进行 ROOT 检测、模拟器环境检测和挂钩框架检测；
- ❑ 防反编译要求进行反编译工具检测、代码混淆检测、混淆强度检测和关键代码检测；
- ❑ 防篡改要求进行文件防篡改检测和内存数据防篡改检测；
- ❑ 防调试要求进行调试工具防护检测、调试行为防护和内存防护检测；
- ❑ 防注入要求进行进程保护检测。

4.1.1　运行环境

针对 App 运行环境的安全检测主要包括对已经 ROOT 的 Android 系统、Android 模拟器和逆向框架进行检测。

本节所说的运行环境是指 App 安装运行时所处的环境，一般用户的手机未经过 ROOT，是相对比较安全的，但是一些用户为了体验更好的使用效果，会将手机进行 ROOT。系统一旦被 ROOT，App 就获得了管理员权限，相当于拿到了一把万能钥匙，可以开其他 App 的房门，进入其他 App 的房间。假如拥有万能钥匙的这个 App 是恶意的，那么它进入其他 App 的房间后，就可以进行信息窃取、内容篡改甚至留下后门等攻击行为，将对其他 App 及使用者造成极大的安全风险。

Android 模拟器是能在计算机上模拟 Android 操作系统的一种虚拟机，支持 App 的安装、运行、卸载等基本功能，它能让你在计算机上模拟在真实设备中操作使用 Android 系统的全过程。除了谷歌公司发布的原生 Android 模拟器之外，网络中还涌现了各种各样的模拟器。如果 App 在运行时没有对模拟器进行检测和防护，就容易让"刷单党""薅羊毛党"利用模拟器对 App 实现"多开"操作，利用大批量模拟器中的"虚拟用户"伪装成正常用户来骗取 App 运营者提供的促销福利。更有甚者，攻击者将 App 安装到模拟器上，通过篡改模拟器中 GPS 传感器的经纬度信息来模拟真实用户的运动效果，满足某些运动健身类型的 App 通过用户上传 GPS 信息计算达到一定实际距离的奖励要求，达到骗取 App 运营者利益的目的。

Xposed 框架是一种挂钩框架，可以理解为一种程序逆向调试框架，用于帮助开发人员或者安全测试人员将自定义的程序模块挂载到 Android App 上。这一方面有助于深入理解 App 运行时的每一步动作以及所释放出的数据内容，另一方面有助于在 App 运行时修改程序执行流程。Xposed 框架的技术原理是替换 Android 系统/system/bin/路径下的 app_process 二进制程序文件。app_process 是启动 Android 初始 Zygote 进程的程序，当 Android 系统启动时，系统 init 进程会运行/system/bin/app_process，随后启动 Zygote 进程，最终我们可以通过 Xposed 框架挂钩由 Zygote 进程孵化出的任何进程。除了 Xposed 框架之外，常见的挂钩框架还有 Cydia Substrate、Frida 等。挂钩框架大大提升了攻击者对 App 的动态逆向能力，针对安全加固后的 App，攻击者利用挂钩框架可以开发出脱壳工具，破解得到加固前的 App 反编译代码文件，还可以对目标 App 的任意函数进行运行时的动态分析，窃取 App 运行时产生的业务数据，给 App 带来更多的安全风险。

针对以上 App 所在运行环境中可能出现的安全风险，我们要求 App 运行时对 ROOT 环境、模拟器和挂钩框架这 3 个方面进行检测。

1. Android ROOT 环境

Android 系统 ROOT 后就代表手机开放了管理员权限，ROOT 用户是手机里拥有最高操作权限的管理员用户，称为根用户。手机 ROOT 后，普通使用者可以卸载系统自带软件，禁用不需要后台运行的程序，更改字体，提升手机电池使用率，改善人机交互体验。对于安全测试人员而言，手机 ROOT 是必需的，只有在系统 ROOT 后才可以任意静默安装 apk 测试文件，导入或导出系统路径下的文件，查看应用路径下的数据，进行动态调试，使用挂钩框架等安全测试工具。但从系统安全性的角度分析，手机 ROOT 在提供一些便利的同时，也会被木马病毒恶意利用，攻击手机系统或手机里安装的其他 App，例如删除系统重要文件、劫持 App、窃取 App 的信息、篡改 App 运行时数据等，给使用者带来不必要的安全威胁。

2. Android 模拟器

在 Android App 运营的过程中，防作弊一直是困扰 App 运营者的头疼问题，市场上出现的一些"外挂""刷单党""刷流量""薅羊毛"等现象会使企业蒙受大量的经济损失。如前所述，一些人会使用 Android 系统模拟器伪装成正常用户来欺骗 App 运营者进而谋取利益。因此，对 Android 系统模拟器的检测也要作为 App 运营者建立安全风控体系的一个重要环节。

3. Android 挂钩框架

Android 挂钩框架是一套开源的框架服务，可以在不修改 apk 文件的情况下通过修改系统来影响 App 运行过程和运行结果。攻击者利用开源的挂钩框架可以开发出自定义的攻击模块，实现程序挂钩、算法破解、敏感 API 监控、网络通信过程监控等。前面提到，目前使用比较广泛的挂钩框架有 Xposed、Cydia Substrate 和 Frida。从技术角度分析，这 3 种挂钩框架存在如下区别。

- □ Xposed 框架主要针对 Java 层代码函数进行挂钩操作。
- □ Cydia Substrate 框架支持对 Java 层和 Native 层代码函数进行挂钩操作。
- □ Frida 框架是一个动态代码执行工具包，可用于把一段 JavaScript 代码注入一个进程中，或者把一个动态库程序加载到一个进程中。

例如，攻击者如果想破解 App 与服务器端之间的通信数据，通常情况下可以利用 Wireshark、Fiddler 等网络抓包工具抓取通信过程中的数据包，解析还原出原始通信数据。但是，如果该通信过程是加密的，那么抓取的数据报文就是加密后的密文。在无法获取通信加密密钥的情况下，攻击者就无法解密 App 与服务器端通信的有效信息，抓取数据包就无法实现攻击目标了。此时，攻击者可能会选择利用挂钩框架跟踪 App 的运行过程以及 App 与服务器端通信过程中涉及数据加密的程序指令，定位 App 中用于加密通信数据的程序代码，分析程序代码中的加密函数，最终得到加密密钥，进而解密通信数据，达成攻击目标。

4.1.2　防反编译

Android App 反编译是指通过反编译工具或者反汇编工具将 apk 文件中不可读的二进制文件代码进行逆向还原，得到具备可读性的反编译代码或者反汇编指令，有助于通过阅读分析代码或指令来了解 App 的实现原理。

这里的反编译指的是将文件的二进制代码转换成 App 开发过程中所使用的编译语言，如 Java、Objective-C、smali 等；反汇编指的是将文件的二进制代码转换成汇编指令，如 ARM 指令、X86 指令等。简单起见，本节将反编译和反汇编的过程统称为"反编译"。防反编译是反逆向工程最基本的安全防护措施，如采用代码混淆、代码隐藏等技术手段，防范攻击者对 App 进行反编译处理后获得 App 的程序代码。因此，App 的防反编译安全要求主要是从反编译工具、代码混淆、混淆强度、关键代码这 4 个方面提出的。

1. 反编译工具

Android App 主要由 Java 语言编写开发完成，通过打包工具将资源文件、字节码文件和清单文件打包到一个以"apk"为扩展名的 zip 格式压缩包文件中，以该文件作为分发 App 的载体，安装到手机等移动设备中。每个 apk 文件中的代码视为一个 App。App 打包过程如图 4-2 所示。

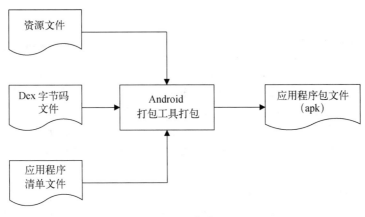

图 4-2 App 打包过程

由于 Java 字节码的特殊性，它非常容易被反编译。对于 Android App 的 apk 文件而言，除了全量配置文件和资源文件外，App 核心的可执行文件的代码会存储在 classes.dex 文件或动态库 so 文件中。攻击者可通过 Apktool、dex2jar、JEB 等反编译工具将 dex 文件反编译成 Java 源代码，通过 IDA 工具将 so 文件反汇编成易读的汇编指令代码。

综上所述，App 防反编译工具的安全要求主要涉及以下两个方面：

❑ 在 App 代码中添加防反编译工具的功能代码，防止通用的 Apktool 等反编译工具对 apk 文件中的 classes.dex 文件进行反编译；

❑ 在 App 代码中添加防反汇编工具的功能代码，防止通用的 IDA 等反汇编工具对 apk 文件中的动态库 so 文件进行反汇编。

2. 代码混淆

代码混淆是指在 App 开发过程中，将 App 源代码中的函数、变量、类等代码名称改写成不具可读性且不具代表性的随机名称，例如，由单个或多个字母、特殊字符组成，如 a、b、ac、"—"符号等。App 的源代码经过代码混淆后打包生成的 apk 文件会增加攻击者反编译的难度。因为攻击者利用反编译工具对混淆后的 apk 文件进行反编译后获得的代码文件仍然是经过代码混淆的，难于阅读和分析理解，从而增加了逆向破解 App 的难度。

3. 混淆强度

App 源代码经过代码混淆工具混淆后，虽然增加了攻击者反编译 App 的难度，但是攻击者如果破解了代码混淆工具，或者通过混淆代码的调用关系和代码结构破译了混淆代码，那么仍然能够获得 App 源代码的反编译结果。

因此，对于对安全性要求高的 App 而言，仅仅使用代码混淆工具对 App 的源代码进行混淆无法完全保证源代码的安全，还要进行高强度的代码混淆技术保护，例如，在对 apk 关键的包名、类名、资源文件名称等进行代码混淆的基础上再进行数据加密保护，进一步增加反编译的难度。

4. 关键代码

关键代码在这里指的是 App 的核心功能代码，主要包括业务逻辑和数据保护两个方面。

不同类型的 App 具有不同的核心功能，例如，导航类 App 的核心功能是为用户实时提供地理位置服务，金融类 App 的核心功能是为用户提供支付、转账、贷款等金融服务，网约车 App 的核心功能是为用户提供约车服务。虽然 App 的核心功能千差万别，但是它们遵循各自行业的业务规范，这些业务规范反映在 App 的业务逻辑代码中，这就属于 App 的关键代码。攻击者一旦通过反编译得到这些关键代码，就可以分析 App 业务流程中存在的安全漏洞，攻击 App 的核心功能。

不管是什么类型的 App，在为用户提供信息服务时，一般会涉及用户账户、密码、身份、实名、地理位置等用户个人信息数据的采集和使用，因此开发者需要特别重视用户数据保护的问题。为了防止攻击者通过反编译获得 App 的关键代码，开发者要对关键代码进行重点保护，确保业务逻辑部分和数据保护部分的代码经过了混淆和加密处理，防止攻击者能够轻易获取关键代码，破解 App 的业务逻辑，甚至窃取用户个人信息。

4.1.3　防篡改

App 防篡改是指防止攻击者恶意修改 App 的程序名称、安装图标、运行界面等资产信息，或者在 App 中添加具有恶意扣费、信息窃取等恶意行为的攻击代码，或者伪装成原有 App 的钓鱼 App 来诱骗用户安装并实施攻击。App 防篡改的安全要求主要包含程序文件防篡改和内存数据防篡改两个方面。

1. 程序文件防篡改

在 Android 系统中，谷歌公司允许开发者使用 Keytool、jarsign 等工具对 App 进行签名打包，生成的 apk 文件能够在 Andorid 设备上正常运行，并可以在应用商店上架发布。

App 自签名的机制给攻击者提供了可乘之机，利用 Apktool 等具有 Android 代码反编译和 apk 打包功能的工具，攻击者就可以对 App 的 apk 文件进行反编译，对 App 的程序代码、图片文件、权限配置、界面布局等程序资产进行篡改，还可以往程序代码中植入恶意代码。攻击者如果使用工具对篡改后的反编译文件进行自签名，就可以生成可正常运行的攻击样本。虽然目前国内应用商店普遍开始重视 App 软件著作权，要求开发者上架原创 App，降低通过篡改后的攻击样本在应用商店上架的概率，但是在技术上，攻击者仍可以实现对正版 App 的篡改攻击，并通过非应用商店等其他 App 推送渠道进行传播。

攻击者篡改 App 的主要方式是对 App 的安装包文件进行篡改。在 Android 系统中，App 的安装包文件后缀为 apk，由 META-INF、res、AndroidManifest.xml、classes.dex、resources.arsc 等文件或文件夹组成。本节所要求的 App 程序文件防篡改就是指 apk 文件能够防止攻击者反编译文件、篡改文件内容、通过工具二次打包生成恶意 apk 文件等篡改行为。

2. 内存数据防篡改

玩过电子竞技游戏的读者一定知道"游戏修改大师"等手机游戏破解工具或外挂工具,这些工具通过修改手机内存中的数据来达到游戏过关、任务升级的目的。手机内存数据的篡改在游戏类 App 里是比较常见的,通过内存数据修改器可以轻松地定位和修改游戏里的 BOSS 血量、金钱、主角战力等游戏指标,绕过游戏付费环节实现升级。这些游戏 App 的外挂修改器技术实现非常简单,就是锁定游戏运行过程中的某些指标数据,在手机内存中查找到相同数值的变量范围,再通过反复运行游戏对变量范围进行跟踪对比,确定内存中某个变量的变化与游戏中某个指标的变化保持一致,修改这个变量就能够实现游戏数据的修改。

虽然修改游戏 App 运行过程中的指标数据尚未造成严重的安全风险,但是攻击者如果利用相同的方式篡改手机银行、证券交易、手机支付等金融类 App 运行过程中在内存中的转账金额、交易账号、支付对象等重要数据,就可以达到盗取用户资金的目的。那么,如果这些金融类 App 不对运行在内存中的数据进行保护,就会存在用户资金失窃的重大安全隐患。

因此,App 内存数据防篡改要求 App 在内存释放数据的过程中采取安全防护措施。在 App 运行期间,一方面要防止 App 在内存中暴露业务逻辑代码和关键业务的明文信息,更重要的另一方面是要防止攻击者任意篡改 App 在内存中释放的业务逻辑代码和关键业务数据。

4.1.4　防调试

前面介绍的 App 防反编译和防篡改安全要求,主要是针对攻击者通过静态分析的方式逆向破解 App 的程序文件或代码来实施攻击提出的防护要求。接下来要介绍的 App 的防调试和防注入安全要求,则主要是针对攻击者通过动态分析方式实施攻击提出的防护要求。其中,App 防调试的安全要求是指 App 在启动运行过程中要防止被攻击者使用调试工具进行动态调试攻击。动态调试攻击指的是攻击者利用调试工具对 App 运行时的目标进程进行动态跟踪和逆向分析,达到破解程序逻辑、获取运行过程的中间数据等目的。动态调试的过程与开发者在 App 开发过程中为了满足用户需求而进行程序调试的过程很类似。App 防调试的安全要求主要包括调试工具防护、调试行为防护和内存防护这 3 个方面。

1. 调试工具防护

与 4.1.1 节所述运行环境安全要求中的 Android 挂钩框架环境检测要求类似,调试工具防护是要求 App 在启动运行时检测运行环境中是否存在来自 App 程序调试工具的调试信号,一旦发现调试信号就会启动拒绝调试、关闭进程、退出程序等防护机制。

常用的 IDA、gdb 等调试工具是依赖于 Linux 内核中的 ptrace 系统调用来实现程序调试的,那么对于 App 防调试的要求就可以落实到对 ptrace 函数的检测防护上。例如,App 可以建立双向 ptrace 保护措施,阻止其他进程对本进程进行 ptrace 调试操作,或者通过轮询的方式检测自身进程是否处于调试状态,一旦发现处于调试状态就立即退出。

2. 调试行为防护

调试行为防护的安全要求指的是 App 在运行期间能够阻止攻击者对 App 的核心功能进行调试，防止暴露关键代码和业务逻辑。对于不同行业不同类型的 App 客户端，攻击者通过动态调试进行攻击的目的也有所差异，有的是为了获取账号、密码等用户信息，有的是为了修改转账金额、交易对象等支付信息。因此，调试行为防护相比调试工具防护而言，是一个动态博弈的过程，是安全防护措施在性能上的进一步优化，开发者不能盲目地进行全局防护，而是要针对 App 中最关键的代码和数据进行重点防护。

3. 内存防护

内存防护也称内存数据防转储防护，目的是防止攻击者使用 gdb 调试工具挂载 App 的程序进程，利用 gcore 指令转储内存空间中 gdb 所附加的 App 进程中的 core 文件。在 Android App 加固技术发展初期，攻击者通过该方法还能够从内存中导出 App 的可执行代码和数据，但是随着加固技术的升级和发展，该方法已逐渐失去作用。不过，App 内存防护仍然值得开发者重视，防止攻击者利用程序注入工具在 App 运行时从内存中转储文件。

以下是一个早期的 App 注入攻击实现内存转储的示例，是对一个加壳的恶意 App 进行脱壳的过程，脱壳的目的是获取恶意 App 运行时在内存中的原始 dex 文件。

(1) 将编译好的 gdb 导入手机的/data/local/tmp 路径下，并给 gdb 进程赋予执行权限。

(2) 将被测 App 样本安装到测试手机中运行，通过系统 ps 命令查看被测 App 样本的程序进程，如图 4-3 所示。

```
app_30    15083 20307 290576 42120 ffffffff 400144f0 S com.example.sockettest
app_30    15099 15083 64060  29796 ffffffff 400173b4 S com.example.sockettest
app_30    15101 15099 8056   1860  ffffffff 40016588 S com.example.sockettest
```

图 4-3　查看进程

(3) 通过命令 `ls /proc/pid/task` 查看线程信息，如图 4-4 所示。本例中 App 的线程 ID 为 pid=15083。

```
shell@android:/data/local/tmp # ls /proc/15083/task
15083
15085
15087
15089
15090
15091
15092
15093
15094
15095
15100
15105
15116
```

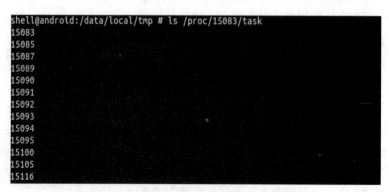

图 4-4　查看线程

(4) 执行命令`./gdb -p 线程 ID`。本例中将 gdb 附加到编号为 15116 的线程中，附加完之后，调用 `gcore` 命令转储 App 在内存运行的文件，如图 4-5 所示。

```
(gdb) gcore
warning: Memory read failed for corefile section, 1048576 bytes at 0x514e6000.
Saved corefile core.15116
(gdb)
```

图 4-5　转储内存过程

可以看到，App 的内存数据已经保存到了名为“core.15116”的文件中。理论上来讲，加壳该 App 的明文 dex 文件也存在于 core.15116 中。那么如何找到加壳 App 的明文 dex 呢？我们可以借助 010Editor 这个工具，搜索“dex.035”，如图 4-6 所示，就可以找到加壳 App 的明文 dex。


```
09416ee0h: 64 65 78 0A 30 33 35 00 CD 26 01 55 53 23 B9 C7 ; dex.035.?.US#骨
09416ef0h: 6C 4D 57 CC 08 2D E5 48 62 9C 49 5F B6 E4 58 72 ; lMW?-鍻b淏_朵Xr
09416f00h: 44 5D 07 00 70 00 00 00 78 56 34 12 00 00 00 00 ; D]..p...xV4.....
09416f10h: 00 00 00 00 74 5C 07 00 C6 14 00 00 70 00 00 00 ; ....t\..?..p...
09416f20h: DA 02 00 00 88 53 00 00 DA 03 00 00 F0 5E 00 00 ; ?..坾..?..餢..
09416f30h: 6C 04 00 00 28 8D 00 00 D4 11 00 00 88 B0 00 00 ; l...(?.?..埌..
09416f40h: 9D 01 00 00 28 3F 01 00 7C EA 05 00 C8 72 01 00 ; ?..(?..|?.萶..
09416f50h: C8 72 01 00 CA 72 01 00 CD 72 01 00 D0 72 01 00 ; 萶..蕆..蛂..衦..
09416f60h: D4 72 01 00 DA 72 01 00 DF 72 01 00 F6 72 01 00 ; 詒..趓..遰..鰎..
```

图 4-6　查找 classes.dex 起始位置

此时，执行以下命令即可将明文 dex 文件取出来，结果如图 4-7 所示。

```
dd if=core.15116bs=1count=482628skip=155283168of=bang.dex
```

`count` 是 dex 文件的大小，`skip` 是 dex 文件在 core.15116 中的偏移。

```
wang@wang-virtual-machine:~$ dd if=core.15116 bs=1 count=482628 skip=155283168 o
f=bang.dex
记录了482628+0 的读入
记录了482628+0 的写出
482628字节(483 kB)已复制，0.981448 秒，492 kB/秒
wang@wang-virtual-machine:~$
```

图 4-7　dex 文件提取过程

至此，我们就得到了明文的 dex 文件。

4.1.5　防注入

App 的防调试和防注入这两个安全要求是分别针对攻击者动态调试 App 获取信息和植入代码这“一出一进”两个数据流向的要求。由于 Android 系统没有禁止用于程序调试的 ptrace 系统调用，攻击者在获得 ROOT 权限的情况下，就可以制作攻击样本，使用调试 API 对目标进程的内存数据和寄存器数值进行修改，以达到执行 shellcode、注入恶意代码的攻击目的。在安全测评中，防注入是防止第三方程序动态注入 so 文件到指定进程。App 可以通过建立双向 ptrace 保护措

施，阻止外部对本进程进行代码注入攻击。

在 Windows 系统中，攻击者可利用 Windows 钩子功能，将恶意的 DLL 文件注入系统内存的其他地址空间中，对其他 App 实施攻击。同样地，在 Android 系统中，攻击者可以利用 inject 之类的注入工具将第三方的动态库 so 文件注入目标 App 的进程空间中，使得目标进程加载第三方的动态库 so 文件，改变 App 原进程的运行过程，并按照攻击者的意图执行程序。值得注意的是，实现程序注入攻击的前提条件是所处的 Android 系统环境必须先进行 ROOT。

进程注入攻击的基本过程一般有以下 4 个步骤：

(1) 使用 inject 工具挂载目标 App 的程序进程；

(2) 让目标进程的执行流程跳转到由 mmap 函数事先分配的内存空间中；

(3) 使用 inject 工具向目标 App 中动态加载第三方 so 文件；

(4) 将目标 App 的进程运行流程跳转至第三方 so 文件代码的内存空间处执行。

因此，App 进程保护的安全要求就是 App 在运行过程中能够阻止攻击者通过动态注入的方式向所属进程空间注入恶意 so 文件。

4.2　安全测试方法

本节将结合 App 代码安全的运行环境、防反编译、防篡改、防调试、防注入 5 个过程中涉及的安全问题进行测评，判定 App 是否符合安全要求。如果符合，则本项测试结果为"通过"；否则为"不通过"，同时给出本项安全的修复建议，让开发者做到防患于未然。

4.2.1　运行环境

1. Android ROOT 环境检测

● **检测目的**

检测 App 运行时是否对 Android ROOT 环境运行检测。

● **检测方法与步骤**

(1) 将被测 App 安装在 Android ROOT 的运行环境中；

(2) 运行 App，确认是否能够正常运行并提示用户。

测试方法 1：反编译 App 源代码，查看是否存在检测 ROOT 运行环境的代码。通常要在 ROOT 设备上找到 su 文件，文件检测是最常见的检测方法，包括检查 busybox 并尝试打开 su 文件，具体操作如下。

1) 在设备的/system/bin 和/system/xbin 目录下检查是否存在可执行文件 su。

```
public static boolean isROOTed(){
    // 设备系统路径
    String[] paths = { "/system/xbin/", "/system/bin/", "/system/sbin/", "/sbin/", "/vendor/bin/",
        "/su/bin/" };
    try{
        for(int i = 0; i < paths.length; i++){
            String path = paths[i] + "su";
            if(new File(path).exists()){
                return "设备已经被ROOT";
            }
        }
    }
}
```

2) 检查 su 是否在 PATH 上。

```
public static boolean checkROOT(){
    for(String pathDir: System.getenv("PATH").split(":")) {
        if(new File(pathDir, "su").exists()) {
            return true;
        }
    }
    return false;
}
```

3) 执行 su 和其他命令。

SuperSU 是目前最流行的 ROOT 工具，运行一个名为 daemonsu 的守护进程，这个进程是 ROOT 设备的一个标志。

```
public boolean checkRunningProcesses(){
    boolean returnValue = false;
    List<RunningServiceInfo> list = manager.getRunningServices(300);
    if(list != null){
        String tempName;
        for(int i=0;i<list.size();++i){
            tempName = list.get(i).process;
            if(tempName.contains("supersu") ||
                tempName.contains("superuser")) {
                returnValue = true;
            }
        }
    }
    return returnValue;
}
```

测试方法 2：在真机中安装并运行 App，查看 App 是否对 ROOT 运行环境进行检测，是否提示用户 App 在不安全环境下运行，让用户自行选择，ROOT 环境检测效果如图 4-8 所示。

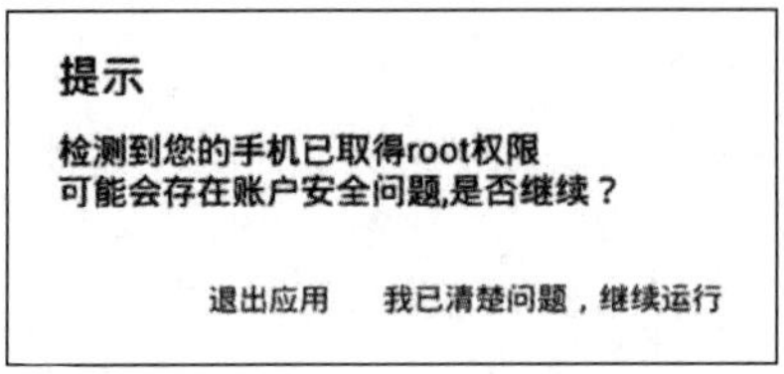

提示

检测到您的手机已取得root权限
可能会存在账户安全问题,是否继续?

退出应用   我已清楚问题,继续运行

图 4-8   ROOT 环境检测效果

- **检测结论**

在步骤(1)后,如果 App 无法安装,或在步骤(2)后,如果 App 在 ROOT 系统环境中运行,存在 ROOT 环境提示,则本项测试结果为"通过",否则为"不通过"。

- **修复建议**

通过多种方法检测 ROOT 环境,如果发现 App 在 ROOT 环境中运行,弹窗提示用户 App 在不安全环境下运行,或者禁止安装和运行。

2. Android 模拟器环境检测

- **检测目的**

检测 App 运行时是否对 Android 模拟器环境运行检测。

- **检测方法与步骤**

(1) 将被测 App 安装在 Android 模拟器中;

(2) 运行 App,确认是否能够正常运行并提示用户。

在模拟器中安装并运行 App,一旦发现运行环境是模拟器,将提示用户请勿在模拟器、虚拟机中运行 App,检测效果如图 4-9 所示。

提示

请勿在虚拟机上运行APP,容易导致数据泄露

我知道了

图 4-9   模拟器环境检测效果

- **检测结论**

在步骤(1)后,如果 App 无法安装,或在步骤(2)后,App 在模拟器上无法运行,并存在模拟器检测提示,则本项测试结果为"通过",否则为"不通过"。

- **修复建议**

App 运行时对模拟器环境进行检测,如果发现在模拟器环境中运行,弹窗提示用户 App 在不安全环境下运行，或者禁止在模拟器中安装或运行。

3. Android 挂钩框架环境检测

● **检测目的**

检测 App 是否存在逆向框架检测机制。

● **检测方法与步骤**

(1) 将被测 App 安装在装有逆向框架的环境中；

(2) 运行 App，确认是否能够正常运行并提示用户。

测试方法 1：反编译 App 源代码，查看在 App 代码中是否存在检测逆向框架的代码。用 PackageManager 类检测包名来判断是否安装了逆向框架。

```
if(item.packageName.equals("de.robv.android.xposed.installer")) {
    Log.d("HookTest", "检测到您的设备已安装 Xposed 框架");
}
if(item.packageName.equals("com.saurik.substrate")) {
    Log.d("HookTest ", "检测到您的设备已安装 substrate 框架");
}
```

测试方法 2：在已安装逆向框架的手机上安装并运行 App，查看是否提示用户 App 在不安全环境下运行，如图 4-10 所示。

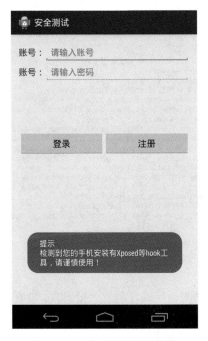

图 4-10　逆向框架检测效果

- **检测结论**

在步骤(1)后，如果 App 无法安装，或在步骤(2)后，如果存在逆向框架的检测提示，则本项测试结果为"通过"，否则为"不通过"。

- **修复建议**

在 App 代码中实现检测逆向框架的机制，一旦检测到手机中安装了逆向框架，弹出提示框告知用户运行环境不安全，让用户选择是否继续运行。

4.2.2 防反编译

1. 反编译工具检测

- **检测目的**

检测 App 是否可以防止反编译工具，是否具有防逆向保护措施。

- **检测方法与步骤**

(1) 通过反编译工具对 apk 文件进行反编译，查看是否具有防逆向保护措施。

JEB 是一款为安全专业人士设计的功能强大的 Android App 反编译工具，用于逆向工程或审计 apk 文件。将 apk 文件拖到 JEB 中，如果 App 没有防逆向保护措施，就会出现反编译后的源代码，如图 4-11 所示。

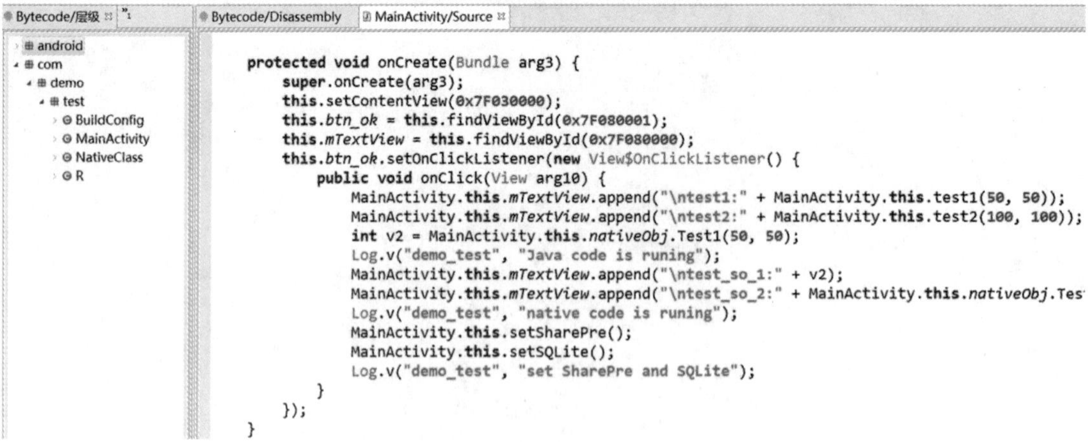

图 4-11　JEB 反编译

如果 App 具有反编译工具功能，反编译后就会报异常，如图 4-12 所示。但这种简单的防范不能有效地防止反编译，攻击者只需更新 Apktool 版本即可进行反编译。目前，市场上有多家安全加固厂商，例如梆梆、爱加密、360 等，已经可以有效地防止反编译工具。

```
D:\apktool>java -jar apktool.jar d -f test.apk
I: Using Apktool 2.2.2 on test.apk
I: Loading resource table...
I: Decoding AndroidManifest.xml with resources...
I: Loading resource table from file: C:\Users\sks\AppData\Local\apktool\framewor
I: Regular manifest package...
I: Decoding file-resources...
I: Decoding values */* XMLs...
I: null reference: m1=0x00000000(reference), m2=0x00000ace(string)
I: null reference: m1=0x00000000(reference), m2=0x00000b83(string)
I: null reference: m1=0x00000000(reference), m2=0x00000b95(string)
I: null reference: m1=0x00000000(reference), m2=0x00000b13(string)
I: null reference: m1=0x00000000(reference), m2=0x00000ae3(string)
I: null reference: m1=0x00000000(reference), m2=0x00000bef(string)
```

图 4-12   反编译报错

(2) 通过 IDA Pro 等反汇编工具对动态库 so 文件进行反汇编，查看 App 是否具有防反汇编的能力。

一些开发者为了提高 App 的安全性，通常会将核心功能放在 Native 层实现，因此，防止动态库反汇编也是非常有必要的，常用的防范方法是将 so 文件导出函数加密，如图 4-13 和图 4-14 所示。

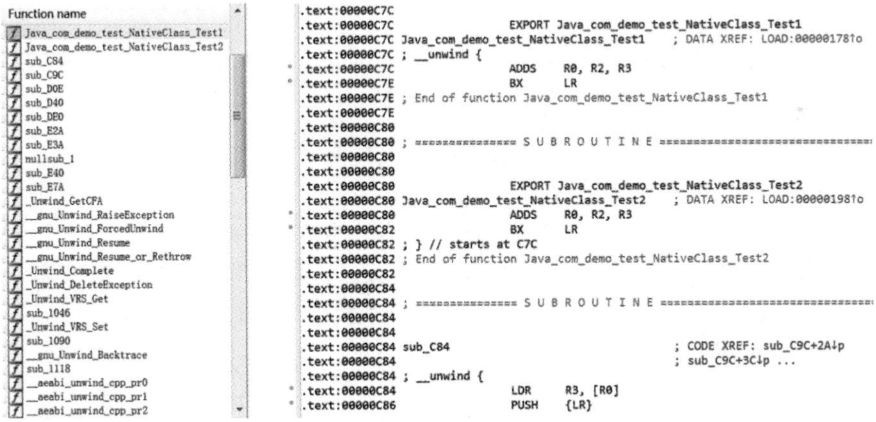

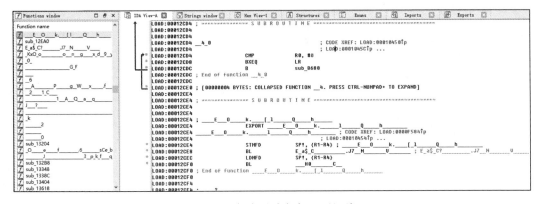

图 4-13   加密前动态库 so 反汇编

图 4-14   加密后动态库 so 反汇编

- **检测结论**

在步骤(2)后，如果 App 的 dex 文件和 so 文件无法正常反编译或 App 经过加固处理，则本项测试结果为"通过"，否则为"不通过"。

- **修复建议**

对 App 文件结构进行变形或加密，让反编译工具无法识别，或者对 App 文件进行加固处理。

2. 代码混淆检测

- **检测目的**

检测 App 反编译后的源代码是否经过混淆处理。

- **检测方法与步骤**

通过反编译工具对 App 进行反编译，查看代码中的类、字段和方法是否经过混淆处理。

- **检测结论**

如果反编译后的源代码的类、字段和方法使用 a、b、c、d 等无意义的字符重命名（如图 4-15 所示），则本项测试结果为"通过"，否则为"不通过"。

图 4-15　代码混淆

- **修复建议**

对 App 源代码进行混淆处理。

3. 混淆强度检测

- **检测目的**

检测 App 反编译后源代码的混淆强度，查看是否能够有效地保护代码安全。

● **检测方法与步骤**

(1) 检测 dex 文件代码中所有的类名、函数名、字段、方法，是否都经过混淆处理，例如反编译后无法正常识别 Java 层函数功能。

(2) 检测 so 文件中所有的类名、函数名、字段、方法，是否都进行了混淆处理，例如反汇编后无法正常识别 Native 层函数功能。

● **检测结论**

在步骤(2)后，如果反编译后代码能够识别出 App 函数的功能，则本项测试结果为"不通过"，否则为"通过"。

● **修复建议**

针对 dex 文件和 so 文件的类名、函数名、字段、方法进行高强度混淆。

4. 关键代码（敏感逻辑和数据保护）检测

● **检测目的**

检测 App 是否对关键代码和数据实施有效的保护措施，是否暴露业务逻辑。

● **检测方法与步骤**

通过反编译工具对 App 进行反编译，结合 manifest.xml 配置文件，分析 App 注册、登录、支付过程、加密算法、数据通信等关键功能代码，查看相关代码逻辑是否有明显的暴露。

对 App 进行反编译后，如果 App 没有对关键代码和数据进行保护，相关业务字符串将会以明文显示，容易暴露业务逻辑，如图 4-16 所示。

```
public final void onClick(View arg5) {
    LoginActivity.a(this.a, LoginActivity.f(this.a).getText().toString());
    LoginActivity.a(this.a, LoginActivity.g(this.a).trim());
    if("".equals(LoginActivity.g(this.a))) {
        if(LoginActivity.h(this.a)) {
            Toast.makeText(this.a, "登录失败，请输入用户名", 0).show();
        }
        else {
            Toast.makeText(this.a, "登陆失败，请输入手机号", 0).show();
        }

        LoginActivity.i(this.a).startAnimation(LoginActivity.j(this.a));
        return;
    }
}
```

图 4-16　代码未混淆保护

● **检测结论**

如果关键代码未暴露，并且关键数据经过加密和隐藏保护处理，则本项测试结果为"通过"，否则为"不通过"。

● **修复建议**

将 App 关键代码进行隐藏、混淆、加壳等处理，从而无法逆向出重要的代码信息。

4.2.3 防篡改

1. 程序文件防篡改检测

- **检测目的**

检测 App 启动时是否进行了完整性的校验，是否对客户端代码、资源文件进行修改，是否具有防篡改机制。

- **检测方法与步骤**

(1) 使用反编译工具 Apktool 对目标文件进行反编译。

使用命令 apktool d -f 测试 App，如图 4-17 所示。

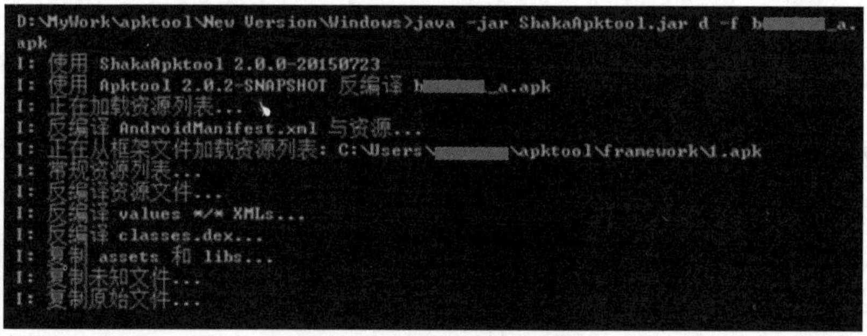

图 4-17 反编译 App 截图

(2) 修改相关代码，篡改 AndroidManifest.xml、assets 文件、res 文件配置文件等。

例如，修改 string.xml 文件，将菜单名替换成 TEST，如图 4-18 所示。

```
<string name="mian_menu1">TEST</string>
<string name="mian_menu2">TEST</string>
<string name="mian_menu3">TEST</string>
<string name="mian_menu4">TEST</string>
<string name="mian_menu5">TEST</string>
<string name="mian_menu6">TEST</string>
<string name="mian_menu7">TEST</string>
<string name="mian_menu8">TEST</string>
<string name="mian_menu9">TEST</string>
```

图 4-18 替换字符串

(3) 使用 Apktool 重新打包签名后再运行 App，查看运行结果。

例如，使用命令 apktool b -f 测试 App，并进行二次打包，重新运行查看结果，如图 4-19 和图 4-20 所示。

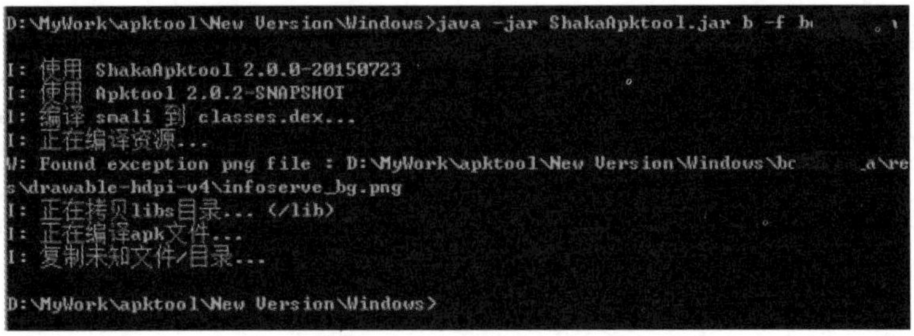

```
D:\MyWork\apktool\New Version\Windows>java -jar ShakaApktool.jar b -f b
I: 使用 ShakaApktool 2.0.0-20150723
I: 使用 Apktool 2.0.2-SNAPSHOT
I: 编译 smali 到 classes.dex...
I: 正在编译资源...
W: Found exception png file : D:\MyWork\apktool\New Version\Windows\bc    .a\re
s\drawable-hdpi-v4\infoserve_bg.png
I: 正在拷贝libs目录... (/lib)
I: 正在编译apk文件...
I: 复制未知文件/目录...

D:\MyWork\apktool\New Version\Windows>
```

图 4-19　重打包过程

图 4-20　运行效果

- **检测结论**

在步骤(3)后，如果 App 签名后能够正常运行，则本项测试结果为"不通过"，否则为"通过"。

- **修复建议**

采用完整性校验技术对安装包进行校验，校验的对象包括原包中代码、资源文件、配置文件等所有文件，一旦校验失败，立即退出。

2. 内存数据防篡改检测

- **检测目的**

检测 App 运行时，内存中的关键代码和敏感数据是否能够被篡改。

- **检测方法与步骤**

(1) 将被测 App 安装到被测的移动智能终端上，并与服务器端进行连接；

(2) 动态分析调试代码逻辑，修改 App 运行期间内存中的数据，查看运行结果，比如修改登录逻辑、任意密码是否能够登录成功。

- **检测结论**

在步骤(2)后，如果在 App 运行期间，能够动态篡改内存中的敏感数据，或者修改数据能够改变代码逻辑，则本项测试结果为"不通过"，否则为"通过"。

- **修复建议**

增加内存保护措施，防止攻击者修改内存数据达到不正当的目的。

4.2.4 防调试

1. 调试工具防护检测

- **检测目的**

检测 App 是否可以利用动态调试工具加载调试。

- **检测方法与步骤**

(1) 安装并运行 App，通过动态调试工具加载调试，查看是否可以正常调试。

例如，通过 IDA Pro 动态调试 App 的 dex 文件，查看是否存在调试工具防护功能，调试方法如图 4-21 所示。

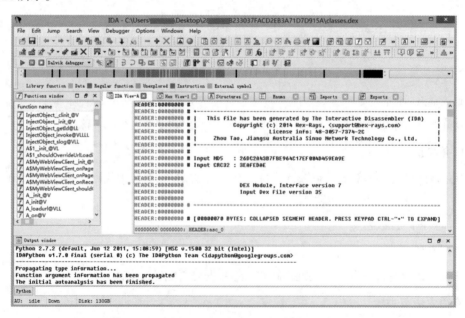

图 4-21 classes.dex 反编译

(2) 解压测试 App，把 classes.dex 拖到 IDA Pro 中，点击"OK"。

(3) 接着，选择"Debugger"→"Debugger Options"→"Set specific options"，根据 Androidmanifest 文件找到该 apk 的入口 Activity "com.exam.t103.A"进行设置，如图 4-22 所示，设置好之后点击"OK"。

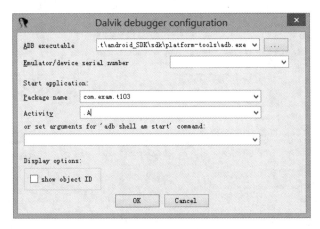

图 4-22 调试设置

(4) 在 com.exam.t103.A 中的 onCreate 函数处下断点，当然你也可以在想调试的函数处下断点，如图 4-23 所示。

```
CODE:000021F0 # Source file: A.java
CODE:000021F0 protected void com.exam.t103.A.onCreate(
CODE:000021F0        android.os.Bundle paramBundle)
CODE:000021F0 this = v4
CODE:000021F0 paramBundle = v5
CODE:000021F0              const/4               v3, 1
CODE:000021F2              .prologue_end
CODE:000021F2              .line 24
CODE:000021F2              const                 v1, 0x7F06000C
CODE:000021F8              invoke-virtual        {this, v1}, <ref A.getString(int) (Ksp:A _def_A_getString@I)>
CODE:000021FE              move-result-object    v1
CODE:00002200              invoke-virtual        {this, v1}, <ref A.getSystemService(ref) imp. @ _def_A_getSystemService@LL>
CODE:00002206              move-result-object    v1
CODE:00002208              check-cast            v1, <t: DevicePolicyManager>
CODE:0000220C              iput-object           v1, this, A_policyManager
CODE:00002210              .line 25
CODE:00002210              new-instance          v1, <t: ComponentName>
CODE:00002214              const-class           v2, <t: L>
CODE:00002218              invoke-direct         {v1, this, v2}, <void ComponentName.<init>(ref, ref) imp. @ _def_ComponentName__init
CODE:0000221E              iput-object           v1, this, A_componentName
CODE:00002222              .line 26
CODE:00002222              invoke-super          {this, paramBundle}, <void Activity.onCreate(ref) imp. @ _def_Activity_onCreate@UL>
CODE:00002228              .line 27
CODE:00002228              const/high16          v1, 0x7F030000
CODE:0000222C              invoke-virtual        {this, v1}, <void A.setContentView(int) imp. @ _def_A_setContentView@UI>
CODE:00002232              .line 28
CODE:00002232              invoke-virtual        {this}, <void A.init() A_init@V>
```

图 4-23 在 onCreate 函数处下断点

(5) 在 IDA 中点击 F9 快捷键执行程序，程序会自动断到刚才下断点的地方，如图 4-24 所示。

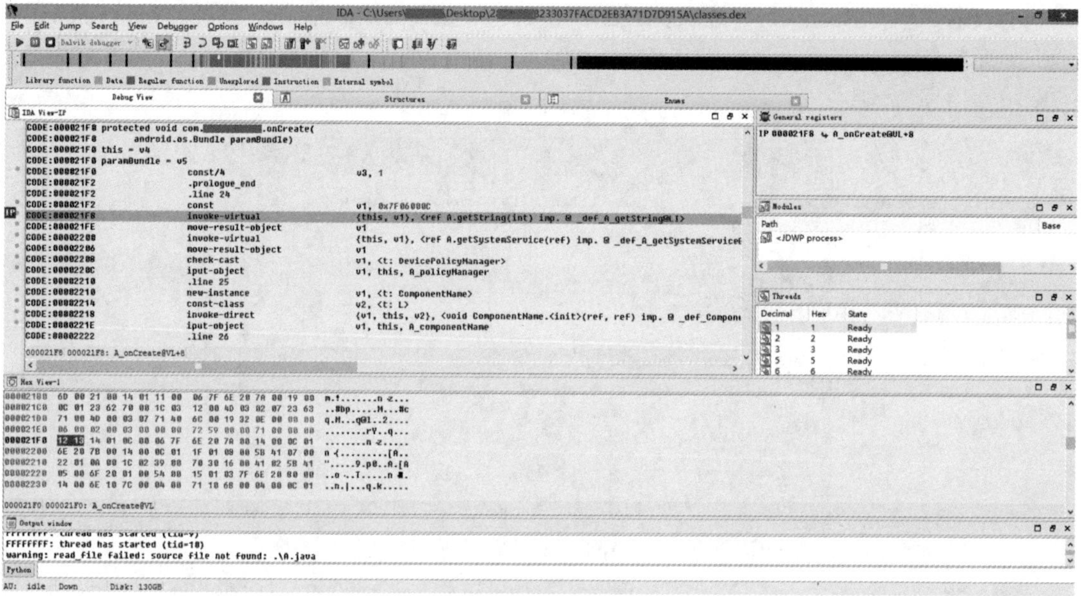

图 4-24　程序调试过程

此时，就可以动态调试 App 代码了。

注意，根据 Android 官方文档，如果要调试 apk 中的 dex 代码，必须满足下面两个条件之一。

❑ 根据 App 的 manifest 来进行，如果<Application>项中包含了 android：debuggable="true"，具有 android:debuggable="true"属性，那么该 apk 就处于可调试状态。

❑ 当 VM 从 framework 中启动，系统属性 ro.debuggable 为 1 时，即可对系统中的所有 App 进行调试，也就是 default.prop 中 ro.debuggable 的值为 1。

● 检测结论

在步骤(1)后，如果 App 能够被调试工具调试，则本项测试结果为"不通过"，如果调试过程异常，则本项测试结果为"通过"。

● 修复建议

增加反调试工具功能，例如，通过判定查看 TracerPid 是否有数值，一旦发现 TracerPid 不为 0，就退出进程。

2. 调试行为防护检测

● 检测目的

检测 App 是否可以防止通过动态调试方法调试出代码的关键代码和敏感数据。

● **检测方法与步骤**

(1) 在真机上安装测试 App，动态调试 dex 文件，查看能否调试出敏感的数据或者核心的逻辑代码。

1) 利用上一节的方法，通过 IDA 调试 App 代码；

2) 模拟用户注册过程，如图 4-25 所示。动态调试出 App 注册过程，获取注册号码，在寄存器中查看，如图 4-26 所示。

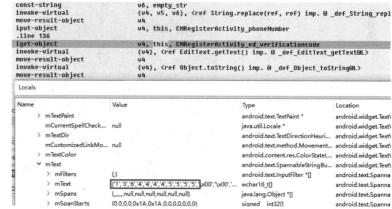

图 4-25 模拟注册过程　　　　　　　　图 4-26 获取注册号码

此时，可以在内存中看到用户输入的注册号码，也就是用户的手机号码。

(2) 在真机上安装测试 App，动态调试 so 文件，查看能否调试出敏感的数据或者核心的逻辑代码。

例如，用测试程序实现一个简单的两数相加的算法，具体实现是在 so 文件中，这里通过 IDA 动态调试出 so 文件的关键函数实现。

1) 把 IDAPro6.6/dbgsrv/android_server 放入手机目录 data/local/tmp 中，并给予权限。

```
> adb shell push android_server data/local/tmp
> adb shell chmod755data/local/tmp/android_server
```

2) 安装 apk，然后执行 android_server 命令。

```
> adb  shell  /data/local/tmp/android_server
```

3) 新开一个 cmd 终端，转发端口。

```
> adb forward tcp: 23946tcp: 23946
```

4) 使用 adb shell am start -D -n 包名或者"包名 + 类名"，或者打开手机自带的等待调试器功能，通过调试模式启动 Activity。

```
> adb shell
#am start -D -n com.demo.test /com.demo.test.MainActivity
```

手机界面会弹出等待调试框，如图 4-27 所示。

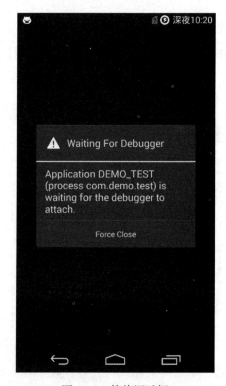

图 4-27   等待调试框

5) 打开 Eclipse，然后打开 IDA 开始附加进程。依次打开 "Debugger" → "Attach" → "Remote ARMLinux/Android debugger"，弹出设置的界面，如图 4-28 所示。

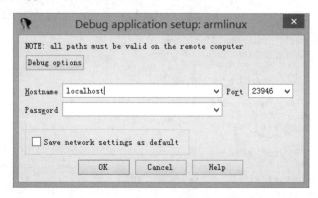

图 4-28   localhost 设置

设置调试选项"Debug Options",如图 4-29 所示。

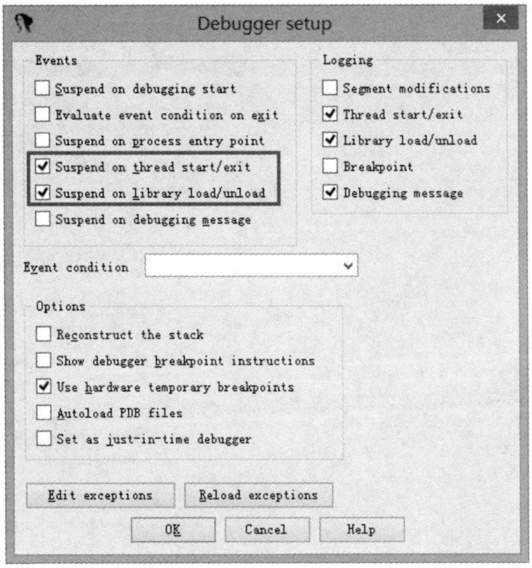

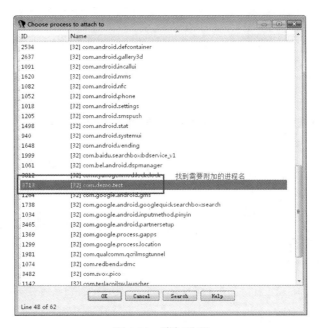

图 4-29 Debug Options 设置

点击"OK",就会弹出"Choose process to attach to"对话框,选择我们调试的进程名,如图 4-30 所示。

图 4-30 附加进程

进入 IDA 后，会停留在 libc.so 领空，如图 4-31 所示。

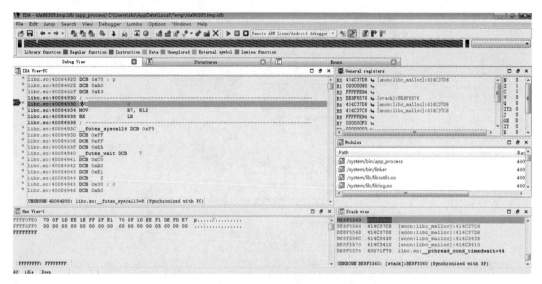

图 4-31　libc.so 调试领空

接着在 libdvm.so 中的_Z17dvmLoadNativeCodePKcP6ObjectPPc()函数起始处下断点，如图 4-32 所示，按 F9 运行。

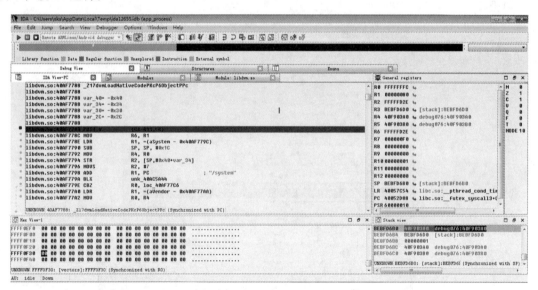

图 4-32　_Z17dvmLoadNativeCodePKcP6ObjectPPc()函数下断点

启动 Eclipse，查看进程 PID，如图 4-33 所示。

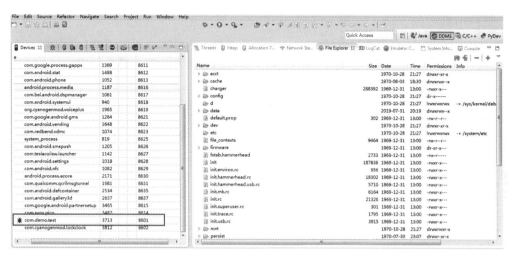

图 4-33　查看进程 PID

6) 在新的 cmd 终端执行 jdb 命令，如图 4-34 所示，port 参数就是上一步查看的进程 PID。

```
> jdb -connect com.sun.jdi.SocketAttach: hostname =localhost, port=8601
```

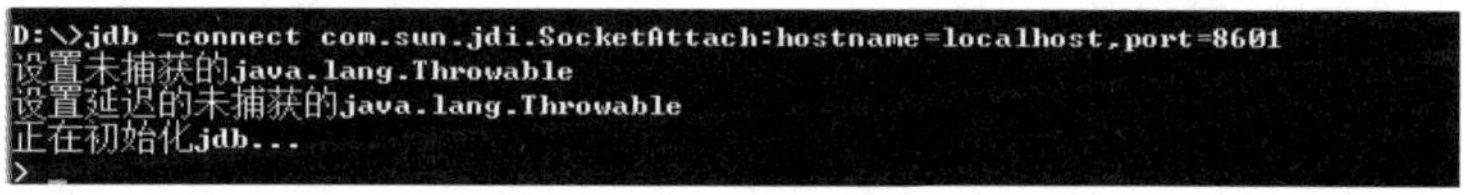

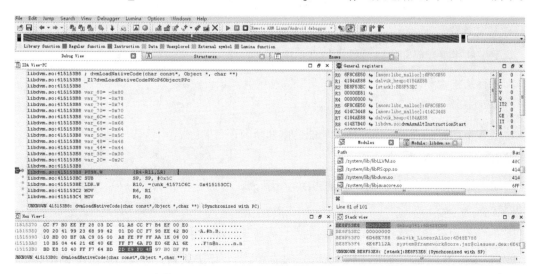

图 4-34　执行 jdb 命令

此时，IDA 就断在_Z17dvmLoadNativeCodePKcP6ObjectPPc()函数起始处，如图 4-35 所示。

图 4-35　程序停在_Z17dvmLoadNativeCodePKcP6ObjectPPc()函数起始处

目前测试程序的 libcom_demo_test_NativeClass.so 文件还没有加载到系统中,所以一直按 F9,当我们在 IDA 的 module 模块中看到 so 文件加载进来后,在 libcom_demo_test_NativeClass.so 文件的关键函数中下断点。当 IDA 断下来之后,即可开始分析目标 so 文件,如图 4-36 所示。

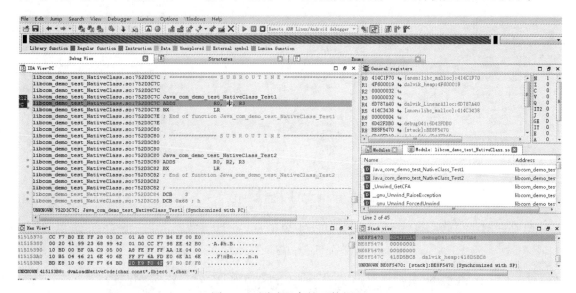

图 4-36　测试程序的函数领空

- **检测结论**

在步骤(2)后,如果 App 核心代码没有进行加密或隐藏,通过动态调试技术能调试出核心代码内容,则本项测试结果为"不通过",否则为"通过"。

- **修复建议**

对关键的逻辑代码和敏感数据进行高强度算法加密,以免泄露代码内容。

3. 内存防护检测

- **检测目的**

检测 App 内存是否具有内存防护功能,例如防内存转储。

- **检测方法与步骤**

启动 App,使用 ps 命令查看进程 PID,使用 gdb -p 命令挂载 App 进程,再使用 gcore 指令转储内存。

图 4-37 为内存转储成功的示例。如果内存有防护,那么转储将会失败,如图 4-38 所示。

注意,如果在内存转储过程中出现大量的警告,可以忽略警告,警告只是内存权限问题,并不是内存转储防护。

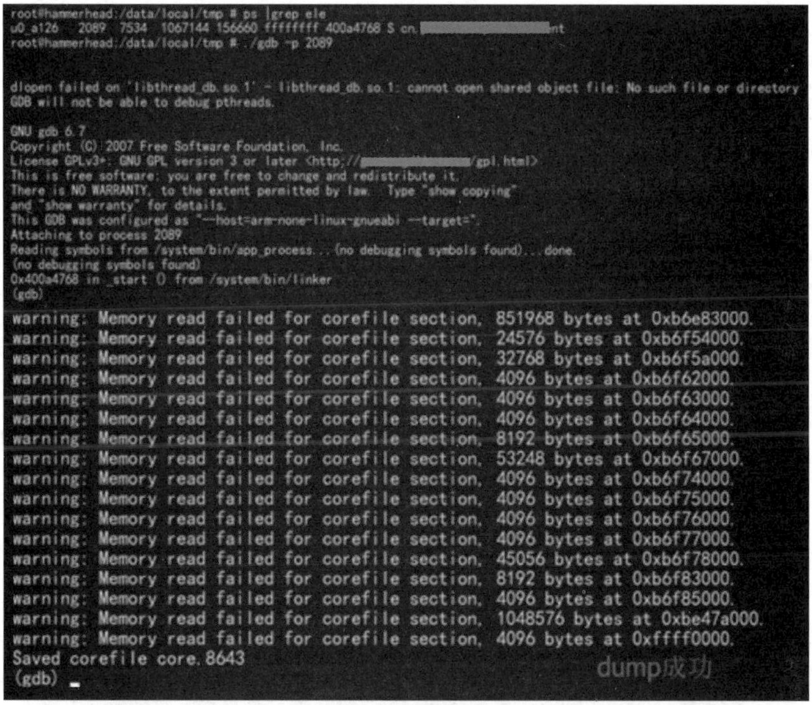

图 4-37　内存转储成功

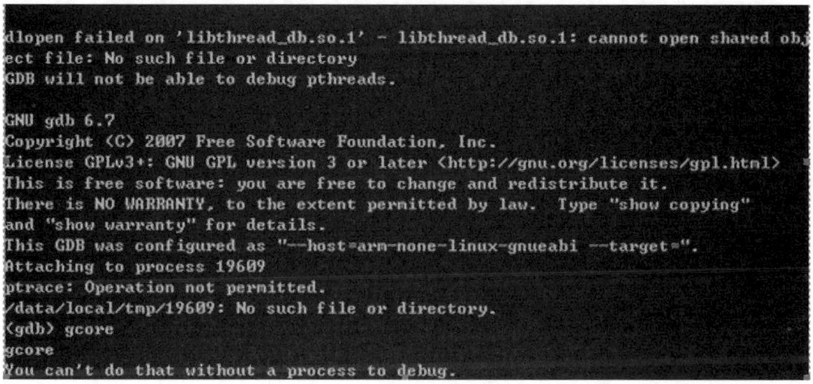

图 4-38　内存转储失败

- **检测结论**

如果能够内存转储成功，生成 corefile 文件，则本项测试结果为"不通过"，否则为"通过"。

- **修复建议**

通过监控/proc/pid/mem 与/proc/pid/pagemep 来防止内存转储。

4.2.5　防注入

1. 进程保护检测

● 检测目的

检测 App 进程空间是否可以被注入第三方动态库 so 文件。

● 检测方法与步骤

(1) 将被测 App 安装到被测移动智能测试终端，并启动应用进程；

(2) 通过注入工具或脚本，将第三方动态库文件注入 App 的进程空间，查看第三方 so 文件是否在进程的内存空间中。

图 4-39 为进程注入成功的示例，可以看到，libhello.so 文件加载到了进程空间中。

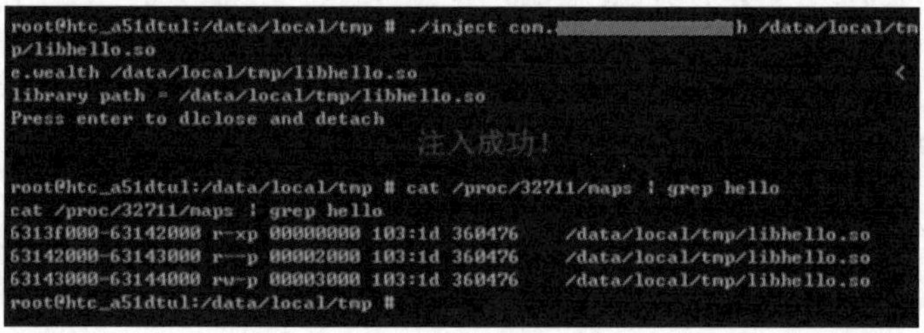

图 4-39　进程注入过程

● 检测结论

在步骤(2)后，如果第三方动态库能够注入目标进程空间，则本项测试结果为"不通过"，否则为"通过"。

● 修复建议

❑ 增加 ptrace 函数的检测功能，使第三方无法使用该函数附加进程。

❑ 修改 linker 中的 dlopen 函数，防止第三方进行 so 加载。

❑ 定时检测 App 加载的第三方 so 库，如果发现是被注入的 so 文件，程序进程立即报异常。

4.3　小结

本章从程序代码安全方面介绍了 App 安全测试要求和安全测试方法，包括运行环境、防反编译、防篡改、防调试和防注入这 5 个要点，一共有 13 个安全测试项。要求开发者在开发过程中避免程序代码相关的安全风险，一方面可以在 App 开发中增加相应的校验机制，从根源上解决安全问题，另一方面可以在 App 发布前使用安全加固方案，最终保证上线后 App 代码层面的安全。下一章我们从 App 的服务交互层面了解相关的安全问题。

第 5 章

服务交互安全测试

App 在运行过程中会同时扮演"服务者"和"被服务者"的角色，与用户、本地其他 App、云端服务器进行频繁交互，不安全的交互就会存在攻击点。根据 3.2 节的描述，App 与外界进行交互主要是通过程序进程、前端界面和接口端口等信息资产实现的。本章将进行 4 个方面的安全测试，如图 5-1 所示。

图 5-1 App 服务交互安全测试

5.1 安全测试要求

本节将结合 App 交互过程中的进程间交互、屏幕交互、WebView 交互、接口端口交互等 4 个过程中涉及的安全问题进行解析，分别描述相应的安全要求。

- ❑ 进程间交互要求进行进程间通信数据安全检测；
- ❑ 屏幕交互要求进行界面劫持检测、防截屏检测、防录屏检测；
- ❑ WebView 交互要求进行克隆攻击检测、WebView 安全检测、addJavascriptInterface 漏洞检测、Fragment Injection 注入漏洞检测；
- ❑ 接口端口交互要求进行对象反序列化检测、外部输入安全检测、不对外输出敏感信息检测。

5.1.1 进程间交互

由于 Android App 之间不能共享内存，因此为了实现在不同程序之间跨进程通信，Android SDK 提供了 4 种跨进程通信方式，对应 Android 系统中的 4 种组件：Activity、Content Provider、

BroadCast 和 Service。其中 Activity 可以跨进程调用其他 App 的 Activity；Content Provider 可以跨进程访问其他 App 的数据，并进行增、删、改、查；BroadCast 可以跨进程向其他 App 发送广播；Service 和 Content Provider 类似，也可以通过跨进程访问其他 App 的数据。使用没有安全性的进程通信机制可能会导致 App 泄露敏感数据。

本测试项主要涉及以下 4 个方面的安全评估，检测跨进程通信中是否存在不安全的程序组件。

- ❑ 在 AndroidManifest.xml 文件中查看 Activity 的 exported 属性是否为 ture，如果为 ture，则可以被第三方 App 启动，绕过登录等其他界面，直接查看该界面信息，容易暴露用户敏感数据。
- ❑ 在 AndroidManifest.xml 文件中查看 Content Provider 的 exported 属性是否为 ture，如果为 ture，则可以被第三方 App 调用，实现增、删、改、查。
- ❑ 在 AndroidManifest.xml 文件中查看 BroadCast 的 exported 属性是否为 ture，如果为 ture，则可以接收第三方 App 发送的广播消息。
- ❑ 在 AndroidManifest.xml 文件中查看 Service 的 exported 属性是否为 ture，如果为 ture，则可以被第三方 App 启动。

进程间通信数据安全检测的目的就是要求 App 对用于实现跨进程通信的组件进行安全检测，不仅要保证通信数据的安全，而且要禁止对外开放多余的组件，以免被其他 App 非法调用，给用户隐私数据带来安全隐患。

5.1.2　屏幕交互

屏幕交互是指 App 界面展示用户信息的过程。为了确保 App 在展示用户信息过程中具有防护措施，可以从界面劫持、防截屏、防录屏等方面对 App 进行检测。攻击者可以通过伪造钓鱼界面、透明界面对 App 正常界面进行覆盖替换，诱骗用户输入敏感信息，进而进行窃取。当运行至关键界面时，攻击者可能对 App 进行截屏、录屏，窃取输入和展示用户信息的界面。

1. 界面劫持

界面劫持是指攻击者可以伪装 App 关键界面或者编写透明界面，对登录、支付等界面进行覆盖，诱骗用户输入账号、密码等敏感信息，从而窃取用户信息。其实就是当用户运行 App 的时候，还有一个恶意 App 在后台监测该 App 的运行情况，当运行到登录、支付等关键 Activity 界面时，启动仿冒界面或者透明界面，替换当前界面，诱骗用户输入个人信息，进而窃取用户输入的登录账号、密码等敏感信息。

本测试项主要涉及编写透明界面，对客户端 App 的登录、支付界面进行覆盖，查看是否具有风险提示。

2. 防截屏/录屏

防截屏/录屏是指客户端 App 为了防止通过截取手机屏幕或者录制屏幕影像的方式窃取用户

手机屏幕显示 App 的运行信息而采用的一种防护措施。如果用户输入键盘有回显，按键有明显按下特征，或者包含用户敏感信息的界面未进行模糊处理，攻击者均可通过截屏/录屏的方式窃取包含用户敏感信息的截屏图像和影像，致使用户信息泄露。

本项要求是用户在 App 中输入敏感信息或者运行至显示用户敏感信息的界面时，对当前界面进行截屏或者在后台启动录屏操作，窃取屏幕中显示的用户隐私信息，达到测试 App 是否具有截屏/录屏防护措施的目的。本测试项主要涉及以下两个方面：

- 在用户在 App 中输入敏感信息时，检测是否可以通过截屏/录屏的方式窃取用户输入的信息；
- 在用户使用 App 的过程中，检测是否可以对包含用户隐私的程序界面进行截屏/录屏窃取用户隐私信息。

5.1.3　WebView 交互

WebView 交互是指 App 使用 WebView 加载展示功能页面。如果在使用过程中存在漏洞风险，App 就可能被攻击者利用，加载恶意代码，窃取用户信息。例如利用克隆攻击漏洞，攻击者可以加载恶意代码，窃取 App 中所有的本地数据；利用 addJavascriptInterface 漏洞，攻击者可以通过 Java 和 JavaScript 交互进行挂马等操作；利用 Fragment Injection 注入漏洞，如果未对传入的参数进行验证，攻击者就可以注入恶意代码。因此在使用 WebView 进行交互时，需要对加载链接进行检测验证，防止被攻击者非法利用。

1. 克隆攻击

克隆攻击是指客户端使用的 WebView 控件将 setAllowFileAccessFromFileURLs 或 setAllow-UniversalAccessFromFileURLs API 设置为 true，开启了 file 域访问，且允许 file 域访问 HTTP 域，但并未对 file 域的路径做严格限制。

本测试项主要涉及以下两个方面：

- 检测客户端使用的 WebView 控件是否将 setAllowFileAccessFromFileURLs 或 setAllow-UniversalAccessFromFileURLs API 设置为 true；
- 检测客户端是否对 file:// 路径进行严格的限制。

2. WebView 安全

WebView 安全是指 App 在使用 WebView 控件加载外部资源时需要确认是否具有安全风险。例如，在加载网页时，除非明确要求，否则在 WebView 中禁用 JavaScript，以免 JavaScript 执行恶意代码；WebView 加载的资源要进行完整性验证，以免加载恶意资源；通信过程中尽量使用安全通信协议，禁用具有潜在风险的程序功能，例如发送短信、拨打电话等。

本测试项主要涉及以下 3 个方面：

- □ 检测 WebView 加载的页面在未明确要求下，是否使用了 JavaScript；
- □ 检测 WebView 加载的资源的完整性，是否加载被篡改后的恶意资源文件；
- □ 检测 WebView 中使用的协议是否是安全通信协议，是否包含具有潜在风险的程序功能。

3. addJavascriptInterface 漏洞

addJavascriptInterface 漏洞是指客户端是否使用 WebView 组件的接口函数 addJavascriptInterface，是否存在远程代码执行漏洞。

在 Android 4.2 版本以下，WebView 默认添加 searchBoxJavaBridge 到 mJavaScriptObjects 中，这可能导致通过信任的客户端获取用户手机上的数据。如果客户端存在 addJavascriptInterface 漏洞，远程攻击者利用此漏洞可实现本地 Java 和 JavaScript 的交互，对 Android 移动终端进行网页挂马等恶意操作，从而控制受影响设备。

本测试项主要涉及以下 4 个方面：

- □ 检测客户端是否仅在访问可信页面数据时才使用 addJavascriptInterface；
- □ 检测客户端在 Android 系统版本低于 4.2 时，是否使用 JavascriptInterface 代替 addJava-scriptInterface；
- □ 检测客户端是否限制了接口的使用来源，只允许可信来源访问该接口；
- □ 检测客户端在 Android 系统版本低于 4.2 时，是否调用 removeJavascriptInterface ("searchBoxJavaBridge_")，移除"searchBoxJavaBridge_"。

4. Fragment Injection 注入漏洞

为了适应大屏设备，Android 3.X 后的界面引入了 Fragment，能够实现在同一屏幕同时显示多个 Activity，界面开发更加灵活。开发者可以重构 PreferenceActivity，采用 Fragment 实现界面加载，根据传入的参数 EXTRA_SHOW_FRAGMENT 动态创建 Fragment 显示相应的界面。但 Fragment 却被曝出存在漏洞，可被攻击者利用进行注入攻击。如果在 PreferenceActivity 中没有检查传入的参数，就会导致具有 Fragment 注入漏洞。

本测试项主要涉及以下两个方面：

- □ 检测 Android 系统版本，Android 4.3 及之前版本是否重写了 isValidFragment 方法；
- □ 检测继承 PreferenceActivity 的 Activity 的 exported 属性是否设置为 false。

5.1.4　接口端口交互

1. 对象反序列化

序列化是将对象或数据结构转化为字节序列的过程，反序列化是将字节序列恢复为原始对象的过程。App 要具有反序列化功能，并确保使用安全的 API 来实现该功能，以免造成用户信息泄露。Android 中的序列化操作有两种方式：实现 Serializable 接口和实现 Parcleable 接口。

2. 外部输入安全

外部输入安全是指来自外部的输入（包括通过 UI 接收的数据、IPC 机制、自定义 URL 和网络来源等）和用户的所有输入都要经过验证，并在必要时进行消毒，以免对用户信息造成威胁。

本测试项主要涉及以下 3 个方面：

- ❑ 客户端 IPC 机制，如果组件必须接收消息，检测组件是否进行了权限控制；
- ❑ 自定义 URL 用于从浏览器或其他 App 中启动本 App，通过指定的 URL 字段，让 App 在被调起后直接打开某些特定页面，自定义的模块也可用于向 App 发送数据，如果数据从外部发送到 App 中处理，则自定义 URL 可能具有风险，因此需要对输入数据进行验证；
- ❑ 客户端通过网络来源接收的外部输入数据是否进行了校验，是否过滤与客户端 App 不符合的功能代码等。

3. 不会对外输出敏感信息

不会对外输出敏感信息功能是指 App 自定义的 URL 方案是否对外输出敏感参数，导致接收方的 App 在解析数据时具有潜在风险。另外，IPC 机制在进行数据传输时，对外输出的数据是否安全，是否明确了接收传输信息的 App。再者就是 App 自身的某些功能模块是否具有潜在风险，避免非法获取用户敏感信息的行为。

本测试项主要涉及以下 3 个方面：

- ❑ 检测自定义 URL 是否向其他 App 发送数据，发送的数据是否进行了验证；
- ❑ IPC 机制对外输出敏感信息，是否明确了接收数据的 App；
- ❑ App 的代码是否存在潜在风险，是否非法获取用户敏感信息。

4. Wormhole 漏洞

Wormhole 漏洞可以说是一个后门程序，是 App 在设备上设置的一个本地 HTTP 服务器，用来监控通过 Socket 的消息。App 开放一个端口（如 40310）响应数据请求，服务器将接收和解析从远程客户端发送的消息，一旦有新的 HTTP 请求，就会获取和解析消息头和消息体，执行自己的恶意功能，从而导致推送钓鱼网页、插入任意联系人、发送伪造短信、上传本地文件到远程服务器、未经用户授权安装任意 App 到 Android 设备等风险。这是一个典型的命令与控制（C&C）攻击模式，与传统的 C&C 攻击唯一不同的是，在这种情况下，服务器在用户端，而攻击客户端可以在任何地方。

同时，由于本地 HTTP 服务中没有进行身份认证，攻击行为可以由任何其他人来触发，攻击者只需要一个命令，就可以远程控制感染的设备。此外，攻击者只需要使用 nmap 进行全网段扫描，测试开发 TCP 端口（如 40310）的状态，就可能远程控制端口状态为 OPEN 的所有 Android 设备。

本测试项主要涉及以下两个方面：

□ 检测 App 代码中是否开启 HTTP 服务，是否进行身份认证；

□ 检测 App 代码中是否开放某个 TCP 端口。

5.2　安全测试方法

本节将对进程间交互、屏幕交互、WebView 交互、接口端口交互等 4 个 App 交互过程中涉及的安全问题进行测评，判定 App 在上述过程中是否符合安全要求，如果满足安全测试要求，则本项测试结果为"通过"，反之则判定为"不通过"，同时给出本项安全的修复建议。

5.2.1　进程间交互

进程间通信数据安全检测

● **检测目的**

检测进程间数据通信是否具有泄露用户信息的风险。

● **检测方法与步骤**

(1) 在 AndroidManifest.xml 文件中查看 Activity 的 exported 属性是否为 ture，如图 5-2 所示。如果为 ture，则可以被第三方 App 启动，绕过登录等其他界面，直接查看该界面信息，容易暴露用户敏感数据。

```
<activity
    android:exported="true"
    android:name=".MainActivity"
    android:label="@string/app_name" >
    <intent-filter>
        <action android:name="android.intent.action.MAIN" />

        <category android:name="android.intent.category.LAUNCHER" />
    </intent-filter>
</activity>
```

图 5-2　Activity 的 exported 属性设置

(2) 在 AndroidManifest.xml 文件中查看 Content Provider 的 exported 属性是否为 ture，如图 5-3 所示。如果为 ture，则可以被第三方 App 调用，实现增、删、改、查。

```
<provider
    android:authorities="com.test.provider"
    android:name=".provider"
    android:exported="true">

</provider>
```

图 5-3　Content Provider 的 exported 属性设置

(3) 在 AndroidManifest.xml 文件中查看 BroadCast 的 exported 属性是否为 ture，如图 5-4 所示。如果为 ture，则可以接收第三方 App 发送的广播消息。

```
<receiver
    android:name="com.test.Receiver"
    android:exported="true">

</receiver>
```

图 5-4　BroadCast 的 exported 属性设置

(4) 在 AndroidManifest.xml 文件中查看 Service 的 exported 属性是否为 ture，如图 5-5 所示。如果为 ture，则可以被第三方 App 启动。

```
<service
    android:name="com.test.Service"
    android:exported="true">

</service>
```

图 5-5　Service 的 exported 属性设置

- **检测结论**

客户端 App 用于跨进程通信的 4 种组件分别为：Activity、ContentProvider、BroadCast 和 Service。在未明确要求的情况下，只要以上 4 个步骤中存在任一 exported 属性为 ture，则本项测试结果为"不通过"，否则为"通过"。

- **修复建议**

在未明确要求的情况下，在 AndroidManifest.xml 配置文件中设置该组件的 exported 属性为 false，或者对组件进行权限控制和参数校验，以免被第三方 App 调用，造成用户信息泄露。

5.2.2　屏幕交互

1. 界面劫持检测

- **检测目的**

App 是否具有防界面劫持（也称透明 UI 欺骗）功能，防止黑客伪造界面对原有界面进行覆盖，窃取用户账户和密码等敏感信息。

- **检测方法与步骤**

(1) 通过 JEB 工具反编译 dex 文件的源代码，查看客户端 App 是否具有检测程序进入后台运行的代码。

图 5-6 为分析客户端 App 源代码的示例。当程序不是因为触摸返回键和 HOME 键进入后台运行时，便提示具有被劫持的风险。

```
@Override
public boolean onKeyDown(int keyCode, KeyEvent event) {
    //判定程序进入后台运行是否为触摸返回键和HOME键造成
    if((keyCode==KeyEvent.KEYCODE_BACK ||
        keyCode==KeyEvent.KEYCODE_HOME) &&
        event.getRepeatCount()==0){
        falg = false;
    }
    return super.onKeyDown(keyCode, event);
}
@Override
protected void onPause() {
    //程序进入后台如果不是触摸返回键和HOME键身造成的，则进行劫持风险提示
    if(falg) {
        //弹出警示信息
        Toast.makeText(getApplicationContext(),
        "程序已进入后台运行，具有劫持的风险！",
        Toast.LENGTH_SHORT).show();
    }
    super.onPause();
}
```

图 5-6　检测 App 进入后台运行代码

(2) 编写透明界面，当运行至登录、支付等界面时进行覆盖，查看是否具有风险提示。

图 5-7 为编写透明界面的示例。当程序运行至登录界面时，使用指令 adb start -n 包名/透明 Activity 来启动劫持程序的透明界面以进行覆盖，查看被劫持的程序是否具有劫持风险提示，如果具有如图 5-8 所示的风险提示，说明实现了防劫持。

```
<activity
    android:name=".JcMainActivity"
    android:label="@string/app_name"
    android:theme="@android:style/Theme.Translucent.NoTitleBar">
    <intent-filter>
        <action android:name="android.intent.action.MAIN" />

        <category android:name="android.intent.category.LAUNCHER" />
    </intent-filter>
</activity>
```

图 5-7　编写透明界面的源代码

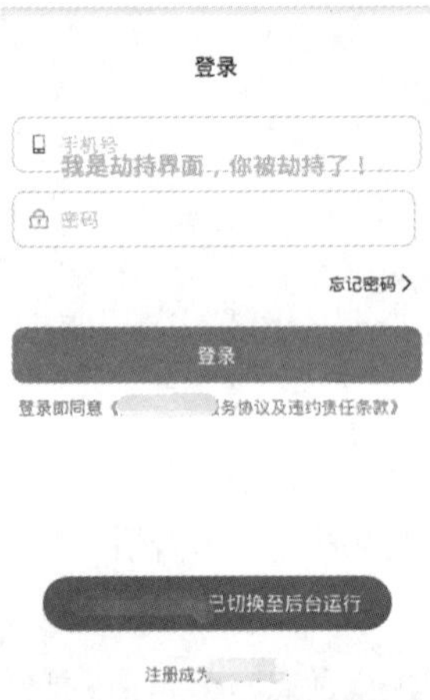

图 5-8　防界面劫持的风险提示

- 检测结论

在步骤(2)后，如果客户端 App 被透明界面覆盖，进入后台运行时具有风险提示，则本项测试结果为"通过"，否则为"不通过"。

- 修复建议

对客户端 UI 界面进行校验，强制将自身 UI 时刻设置成顶层显示，其中 HOME 键除外，或当自身 UI 界面进入后台运行后弹窗提示用户 App 已进入后台运行，有界面劫持风险等字样。

2. 防截屏检测

- 检测目的

App 运行后是否存在防截屏保护措施。

- 检测方法与步骤

(1) 通过 screencap 命令进行连续截屏。如果如图 5-9 所示，可以获取用户输入信息，说明 App 未采取防截屏措施，具有通过连续截屏的方式窃取用户信息的风险；如果如图 5-10 所示，截取的图片为做过处理的图片，无法获取用户输入信息，说明采取了防截屏措施，能够保护用户输入信息。

图 5-9　没有实现防截屏处理的效果

图 5-10　实现了防截屏处理的效果

(2) 通过 screencap 命令进行截屏。如果如图 5-11 所示，可以获取包含用户敏感信息的界面，说明程序未采取防截屏措施，具有通过截取包含敏感信息的界面窃取用户信息的风险；如果如图 5-12 所示，截取的包含用户敏感信息的界面为黑屏效果，无法获取用户信息，说明采取了防截屏措施，能够保护包含敏感信息的界面。

图 5-11   没有实现防截屏处理效果   图 5-12   实现了防截屏处理效果

● **检测结论**

在步骤(2)后，如果客户端 App 通过截屏的方式无法获取用户敏感信息，则本项测试结果为"通过"，否则为"不通过"。

● **修复建议**

App 要实现防截屏机制，保护用户输入的敏感信息和包含用户敏感信息的界面，以免通过截屏的方式被窃取。

3. 防录屏检测

● **检测目的**

App 运行后是否存在防录屏保护措施。

● **检测方法与步骤**

(1) 通过 screenrecord 命令进行录屏。如果如图 5-13 所示，可以获取用户输入信息，说明程序未采取防录屏措施，具有窃取用户信息的风险；如果如图 5-14 所示，录屏视频进行了处理，无法获取用户输入信息，说明采取了防录屏措施，能够保护用户输入信息。

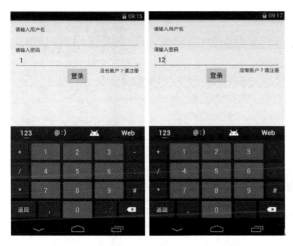 

图 5-13 没有实现防录屏处理的效果　　　　　图 5-14 实现了防录屏处理的效果

5

(2) 通过 screenrecord 命令进行录屏。如果如图 5-15 所示,可以获取包含用户敏感信息的界面,说明程序未采取防录屏措施,具有通过录屏获取包含敏感信息的界面窃取用户信息的风险;如果如图 5-16 所示,录屏获取的包含用户敏感信息的界面为黑屏效果,无法获取用户信息,说明采取了防录屏措施,能够保护包含敏感信息的界面。

图 5-15 没有实现防录屏处理的效果　　　　　图 5-16 实现了防录屏处理的效果

● **检测结论**

在步骤(2)后,如果 App 通过录屏的方式无法获取用户敏感信息,则本项测试结果为"通过",否则为"不通过"。

- **修复建议**

App 要实现防录屏机制，保护用户输入的敏感信息和包含用户敏感信息的界面，以免通过录屏的方式被窃取。

5.2.3　WebView 交互

1. 克隆攻击检测

- **检测目的**

检测 App 中是否存在设置为可被导出的 Activity 组件，并且组件中包含 WebView 调用，存在导致敏感信息泄露的风险。

- **检测方法与步骤**

(1) 通过 JEB 工具反编译 dex 文件的源代码，查看客户端是否使用了 WebView 控件，并将 setAllowFileAccessFromFileURLs 或 setAllowUniversalAccessFromFileURLs API 设置为 true，如图 5-17 所示。

```
private void a() {
    WebSettings v0 = this.k.getSettings();
    v0.setSupportZoom(false);
    v0.setDefaultTextEncodingName("utf-8");
    v0.setUseWideViewPort(true);
    v0.setLoadWithOverviewMode(true);
    v0.setBuiltInZoomControls(false);
    this.k.removeJavascriptInterface("searchBoxJavaBridge_");
    this.k.removeJavascriptInterface("accessibility");
    this.k.removeJavascriptInterface("accessibilityTraversal");
    v0.setAllowFileAccess(false);
    if(Build$VERSION.SDK_INT >= 16) {
        v0.setAllowUniversalAccessFromFileURLs(true);
        v0.setAllowFileAccessFromFileURLs(true);
    }
}
```

图 5-17　存在克隆攻击漏洞的 WebView 控件设置代码

(2) 通过 JEB 工具反编译 dex 文件的源代码，检测 file 域的路径是否做了严格限制。

- **检测结论**

在步骤(2)后，若 App 使用 WebView 控件，并将 setAllowFileAccessFromFileURLs 或 setAllowUniversalAccessFromFileURLs API 设置为 false，则本项测试结果为通过；若 App 使用 WebView 控件，setAllowFileAccessFromFileURLs 或 setAllowUniversalAccessFromFileURLs API 设置为 true，并且 file 域的路径做了严格限制，则本项测试结果为"通过"；否则为"不通过"。

- **修复建议**

❑ 严格限制包含 WebView 调用的 Activity 组件的导出权限，关闭导出权限或者限制导出组件的发起者。

❑ 对于功能要求必须导出的 Activity 组件，显式设置 `setAllowFileAccess`（false）或 `setAllowFileAccessFromFileURLs`（false）或 `setAllowUniversalAccessFromFileURLs`（false）。

❑ 当必须使用 file URL 对 HTTP 域进行访问时，可对传入的 URL 路径范围严格控制，例如建立 URL 白名单，设置允许访问的 URL 列表。

2. WebView 安全检测

● **检测目的**

App 使用的 WebView 控件加载的外部资源是否存在潜在风险。

● **检测方法与步骤**

(1) 通过 JEB 工具反编译 dex 文件的源代码，查看客户端是否使用了 WebView 控件，如果使用了 WebView 控件，加载的 HTML 代码中是否在未明确要求的情况下使用了 JavaScript；

(2) 通过 JEB 工具反编译 dex 文件的源代码，查看客户端是否对 WebView 控件加载的资源文件进行了校验，过滤风险代码；

(3) 检测 WebView 加载的程序是否使用 HTTPS 安全通信协议进行通信，是否包含发送短信、拨打电话等具有敏感行为操作的代码。

● **检测结论**

在步骤(2)后，App 使用 WebView 控件加载的 HTML 未明确要求使用 JavaScript，未对加载文件进行校验，或者未使用安全的通信协议，并在 WebView 加载的程序中有实现发送短信、拨打电话等敏感行为的操作代码，存在以上行为中的任何一种，则本项测试结果为"不通过"，否则为"通过"。

● **修复建议**

❑ WebView 加载的 HTML 页面，在未明确要求的情况下，禁用 JavaScript；
❑ 对 WebView 加载的外部文件进行校验；
❑ 采用 HTTPS 安全通信协议，不要在 WebView 加载的外部文件中实现例如发送短信、拨打电话等敏感操作行为的代码。

3. addJavascriptInterface 漏洞检测

● **检测目的**

App 是否使用 WebView 组件的接口函数 addJavascriptInterface，是否存在远程代码执行漏洞。

● **检测方法与步骤**

(1) 通过 JEB 工具反编译 dex 文件的源代码，查看客户端使用 WebView 组件的接口函数 addJavascriptInterface，确保客户端仅在访问可信页面数据时才使用 addJavascriptInterface；

(2) 通过 JEB 工具反编译 dex 文件的源代码，查看客户端是否在 Android 系统版本低于 4.2 时，使用 WebView 组件的接口函数 JavascriptInterface 代替 addJavascriptInterface；

(3) 通过 JEB 工具反编译 dex 文件的源代码，查看客户端是否对加载的 URL 进行了检测，以确保 URL 为可信来源；

(4) 通过 JEB 工具反编译 dex 文件的源代码，查看客户端在 Android 系统版本低于 4.2 时，是否调用 removeJavascriptInterface（"searchBoxJavaBridge_"），移除 "searchBoxJavaBridge_"。

图 5-18 是在 Android 系统版本低于 4.2 时，移除 "searchBoxJavaBridge_" 的示例。

```
if(Build$VERSION.SDK_INT < 17) {
        goto label_106;
}

try {
    v0_3 = this.a.getSettings().getClass().getMethod("setDomStorageEnabled", Boolean.TYPE);
    if(v0_3 == null) {
        goto label_106;
    }

    v0_3.invoke(this.a.getSettings(), Boolean.valueOf(true));
}
catch(Exception v0) {
}

try {
label_106:
    this.a.removeJavascriptInterface("searchBoxJavaBridge_");
    this.a.removeJavascriptInterface("accessibility");
    this.a.removeJavascriptInterface("accessibilityTraversal");
}
```

图 5-18　移除 "searchBoxJavaBridge_" 代码

- **检测结论**

在步骤(4)后，App 在使用 WebView 组件的接口函数 addJavascriptInterface 时，需要对运行的 Android 系统版本进行过滤，确保高于 4.2 版本；或者在低于 4.2 版本的系统下使用 JavascriptInterface 代替 addJavascriptInterface，移除 "searchBoxJavaBridge_"，确保只允许可信来源访问该接口，则本项测试结果为 "通过"，否则为 "不通过"。

- **修复建议**

❑ 过滤 App 运行系统版本，低于 4.2 版本使用 JavascriptInterface 代替 addJavascriptInterface，移除 "searchBoxJavaBridge_"；

❑ 对 WebView 加载的外部来源进行过滤，确保只加载可信来源。

4. Fragment Injection 注入漏洞检测

- **检测目的**

检测 App 是否存在 Fragment Injection 注入漏洞。

● **检测方法与步骤**

(1) 通过 JEB 工具反编译 dex 文件的源代码，查看客户端源代码是否在过滤 Android 系统版本，在 Android 4.3 及之前版本，继承 PreferenceActivity 的 Activity 中是否重写了 isValidFragment 方法。

图 5-19 所示是在继承 PreferenceActivity 的 Activity 中重写 isValidFragment 方法的一个示例。

```java
public class TestActivity extends PreferenceActivity{

    @Override
    protected boolean isValidFragment(String fragmentName) {
        // TODO Auto-generated method stub
        //对fragmentName进行检验
        return super.isValidFragment(fragmentName);
    }

    @Override
    protected void onCreate(Bundle savedInstanceState) {
        // TODO Auto-generated method stub
        super.onCreate(savedInstanceState);

        String fragmentname = getIntent().getStringExtra(":android:show_fragment");
        isValidFragment(fragmentName);
    }
}
```

图 5-19 重写 isValidFragment 方法

(2) 通过 JEB 工具反编译 dex 文件的源代码，查看客户端源代码继承 PreferenceActivity 的 Activity 的 exported 属性是否设置为 false。

图 5-20 所示是继承 PreferenceActivity 的 Activity 的 exported 属性设置为 false 的一个示例。

```xml
<activity
    android:name="com.ceshi.TestActivity"
    android:exported="false">

</activity>
```

图 5-20 PreferenceActivity 的 exported 属性设置

● **检测结论**

在步骤(2)后，客户端 App 过滤系统版本，在 Android 4.3 以及 4.3 之前，继承 PreferenceActivity 的 Activity 中重写了 isValidFragment 方法，并且 Activity 的 exported 属性设置为了 false，则本项测试结果为"通过"，否则为"不通过"。

● **修复建议**

❑ 在继承 PreferenceActivity 的 Activity 中重写了 isValidFragment 方法；
❑ 继承 PreferenceActivity 的 Activity 的 exported 属性设置为 false。

5.2.4 接口端口交互

1. 对象反序列化检测

● **检测目的**

检测 App 是否使用安全的 API 实现序列化和反序列化，是否存在反序列化漏洞。

● **检测方法与步骤**

(1) 通过 JEB 工具反编译 dex 文件的源代码，查看客户端 App 是否具有实现序列化和反序列化的源代码；

(2) 检测实现序列化和反序列化的 API 是否具有潜在风险和漏洞。

● **检测结论**

在步骤(2)后，如果客户端不具有实现序列化和反序列化的代码，或者实现序列化和反序列化的 API 不具有潜在风险和漏洞，则本项测试结果为"通过"，否则为"不通过"。

● **修复建议**

App 采用安全框架的 API 实现序列化和反序列化。

2. 外部输入安全检测

● **检测目的**

检测 App 外部输入的数据是否进行了限制和过滤，以保证输入数据的安全。

● **检测方法与步骤**

(1) 对于客户端 IPC 机制，如果组件必须接收消息，检测组件是否进行了权限控制。

对于客户端 IPC 机制，在跨进程通信时，如果 Android 组件 Activity、Content Provider、BroadCast 和 Service 必须接收消息，需要进行权限控制。如果其他第三方应用调用 MainActivity，必须添加权限，给组件定义权限，如图 5-21 所示。

```
<activity
    android:exported="true"
    android:name="com.ceshi.MainActivity"
    android:permission="com.ceshi.permission.MainActivity"
    android:label="@string/app_name" >
    <intent-filter>
        <action android:name="android.intent.action.MAIN" />

        <category android:name="android.intent.category.LAUNCHER" />
    </intent-filter>
</activity>
```

图 5-21 给指定组件设定权限

(2) 客户端 App 自定义 URL 的执行操作行为是否具有危害。当自定义 URL 从外部发送数据到 App 并在 App 中处理时，是否对发送的数据进行了验证。

检测客户端 App 自定义 URL 的具体操作行为，确保其无恶意行为，例如发送短信、拨打电话等恶意操作。

当自定义 URL 从外部发送数据到 App，并在 App 中处理（例如 myApp://someaction/?var0=string＆var1=string）时，如果没有对发送的参数进行验证，就可能存在风险，例如解析获取输入的参数、执行相对应的恶意操作等。

(3) 客户端通过网络来源接收的外部输入数据是否进行了校验，是否过滤了与客户端 App 自身不符合的功能代码等。

客户端通过网络来源接收的外部数据是否对加载的网络链接 URL 进行了过滤验证，以免加载保护恶意代码的链接 URL，造成用户信息的泄露。

客户端通过网络来源接收的外部数据是否进行了校验，以免加载被攻击者篡改、获取挂马后的网络数据，导致用户信息的泄露。

- 检测结论

在步骤(3)后，当客户端进行跨进程通信时，对接收信息的组件进行了权限限制，避免了接收其他第三方的非法数据；对自定义 URL 的操作行为和自定义 URL 输入的参数进行了验证，以免执行恶意操作；并对接收的网络来源数据进行了校验，避免加载恶意链接 URL 或者被篡改、挂马的网络数据，则本项测试结果为"通过"，否则为"不通过"。

- 修复建议

❑ 在未明确要求的情况下，在 AndroidManifest.xml 配置文件中设置该组件的 exported 属性为 false，若必须被第三方程序调用，则对组件进行权限限制。
❑ 对网络加载的链接 URL 进行过滤，添加白名单等；对网络加载的数据进行校验，以免被篡改、嵌入恶意代码等。

3. 不会对外输出敏感信息检测

- 检测目的

检测 App 对外输出的数据是否进行了限制和过滤，以保证输出数据安全。

- 检测方法与步骤

(1) 检测自定义 URL 用于向应其他用程序发送数数据，发送的数据是否进行了验证。

若自定义 URL 会对外输出数据到其他 App，并在其他 App 中处理（例如 myApp://someaction/?var0=string＆var1=string），则需要对参数进行严格限制，以免造成用户信息泄露。

(2) 对于检测 IPC 机制，在跨进程通信时，Android 组件 Activity、Content Provider、BroadCast 和 Service 对外输出数据，是否明确了接收数据的 App。

对于客户端 IPC 机制，在跨进程通信时，Android 组件 Activity、Content Provider、BroadCast 和 Service 对外输出消息，需要进行权限控制，接收消息的第三方 App 必须申请自定义的权限方可接收输出的消息，以确保用户信息的安全。

(3) 检测 App 代码是否存在潜在风险，具有非法获取用户敏感信息的行为。

通过 JEB 工具反编译 dex 文件的源代码，查看客户端源代码是否具有后台、漏洞等，依据 App 安全相关标准[①]，分析是否存在恶意行为，是否在用户未知情的情况下对外输出用户信息。

- **检测结论**

在步骤(3)后，对自定义 URL 输出的数据进行验证，以免执行恶意操作泄露用户信息；App 进行跨进程通信时，对组件进行权限限制，明确接收数据的第三方 App；并依据 App 安全相关标准对 App 进行检测，确保不会非法对外输出用户信息，则本项测试结果为"通过"，否则为"不通过"。

- **修复建议**

❑ 对 App 对外输出的数据进行严格限制和验证，以免造成用户信息泄露；
❑ 在 App 开发过程中要对源代码进行严格审核，以免具有漏洞、后门等，对用户信息造成严重的威胁。

4. Wormhole 漏洞检测

- **检测目的**

检测 App 是否存在 Wormhole 漏洞。

- **检测方法与步骤**

(1) 检测 App 是否私自开启 HTTP 服务，是否进行身份认证；

(2) 通过 nmap 工具扫描，检测 App 代码中是否开放某个 TCP 端口。

- **检测结论**

在步骤(2)后，如果 App 私自开启了 HTTP 服务，开放了某个 TCP 端口，同时该服务并没有身份认证，则本项测试结果为"不通过"，否则为"通过"。

- **修复建议**

App 关闭 HTTP 服务和开放 TCP 端口，增加 App 的访问权限控制机制。

[①] 相关的国家标准和行业标准主要有《信息安全技术 移动互联网应用（App）收集个人信息基本规范（草案）》、YD/T 2439—2012《移动互联网恶意程序描述格式》、YD/T 3437—2019《移动智能终端恶意推送信息判定技术要求》、YD/T 3438—2019《移动智能终端隐私窃取恶意行为判定技术要求》。

5.3 小结

　　本章从服务交互方面介绍了 App 安全测试要求和安全测试方法，包括进程间交互、屏幕交互、WebView 交互和接口端口交互 4 个要点，一共有 12 个安全测试项。要求开发者在 App 进程间通信过程中保证数据安全，防止 App 在运行时核心的交互界面被劫持，以及用户在输入敏感数据时避免录屏/截屏的风险，最后还介绍了目前常见的几种安全漏洞，如克隆攻击漏洞、WebView 漏洞、addJavascriptInterface 漏洞、Fragment Injection 注入漏洞、序列化漏洞，保证 App 在服务交互场景中的安全。下一章我们会从本地数据安全方面介绍相关的安全问题。

5

第 6 章

本地数据安全测试 6

移动互联、数据为王、"手机成为大数据核心"等观点充分说明用户数据在移动互联网应用中的重要性。面向用户开展的移动互联网应用服务最终都落脚于对用户需求的把握，而用户数据则是分析和把握用户需求的关键与核心。因此，获取和运用用户数据对移动 App 开发者而言显得尤为重要。

开发者通过 App 获取到用户数据以后，用户数据就会进入 App 本地，开发者会将相关数据回传至远端云服务器进行大数据分析。在这个过程中，如何保护用户数据是值得每个开发者思考的问题。当 App 用户量达到一定的规模，与用户数据相关的一个小问题就可能会引发信息泄露、数据拖库的安全风险，甚至造成无法挽回的损失。

一般而言，App 中涉及的数据生命周期分为 6 个阶段，如图 6-1 所示。下面我们对这 6 个阶段进行详细说明。

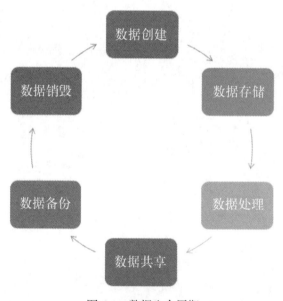

图 6-1　数据生命周期

(1) 数据创建。这是数据生命周期的起点，开发者通过多种方式获取用户信息，例如通过数据采集，获取用户终端、地理位置、手机号、生物识别等信息；通过数据输入，获取用户通过键盘、麦克风和摄像头输入的信息；通过数据生成，获取用户使用 App 过程中产生的行为记录等信息。用户数据通过注册、登录和使用等步骤，开启了数据生命周期，然后将进入存储、处理、共享、备份阶段，最后进入销毁阶段。

(2) 数据存储。在对用户数据进行处理之前，开发者一般会在终端存储用户数据，如用户的登录鉴权信息、个人身份信息、购物记录、支付账户等敏感信息，一般会存储在本地文件、本地数据库或者外部 SD 卡中。

(3) 数据处理。开发者对 App 运行过程中产生的数据和服务器端反馈的数据进行处理，生成用户所需的数据和服务，满足用户的使用功能需求和用户体验。

(4) 数据共享。开发者通过自主开发或者集成第三方软件开发套件 SDK 等方式，为用户提供了诸多分享功能，满足用户在不同的 App 之间进行分享数据、文字、照片、视频等多媒体信息的需求。

(5) 数据备份。为了便于回看或者留存用户在使用 App 过程中产生的数据，开发者一般会将有价值的数据进行备份，例如通讯录、短信、聊天记录等用户备份频率比较高的数据。这些数据虽然是使用过的历史数据，但对用户来说依然很有价值，因此开发者需要为用户提供长期的历史数据备份功能。

(6) 数据销毁。数据销毁是指当用户执行卸载、退出、后台执行 App 等操作时，存储在手机本地文件、数据库或者运行时内存中的用户数据应及时清理，避免因未及时清理而导致用户数据泄露。

为了保护用户数据不被泄露，基本的原则是：可公开的、未涉及敏感信息的数据可正常存储，但是不适合公开的、涉及敏感信息的数据需要进行加密存储。除存储外，数据生命周期中的其他环节也面临着安全问题，本章将基于数据生命周期中的 6 个阶段，具体说明如何对 App 本地数据进行安全测试，如图 6-2 所示。

图 6-2　App 本地数据安全测试

6.1   安全测试要求

本节将解析 App 本地数据生命周期中各个阶段涉及的安全问题，并分别描述相应的安全测试要求。

(1) 数据创建要求进行用户协议检测、数据采集检测、数据输入检测、数据生成检测；

(2) 数据存储要求进行访问控制检测、数据加密检测；

(3) 数据处理要求进行用户协议检测、敏感数据使用不当检测；

(4) 数据共享要求进行第三方 SDK 用户协议检测、与第三方 SDK 数据共享检测；

(5) 数据备份要求进行敏感数据备份检测、备份数据加密强度检测；

(6) 数据销毁要求进行后台运行检测、敏感数据清除检测。

6.1.1   数据创建

在数据创建阶段，开发者会通过多种方式获取 App 中的用户信息，例如用户终端 IMEI 号码、IMSI 号码、位置、手机号、生物识别等，部分 App 还会嵌入第三方 SDK，还可能在用户未知情的情况下，私自上传用户终端或个人信息到第三方 SDK 的服务器端。本节主要从用户协议、数据采集、数据输入、数据生成 4 个维度提出安全要求。

1. 用户协议

App 安装或者更新后，在用户启动 App 并开始使用前，一般会有一个用户使用协议，对 App 的主要功能、信息保密条款、法律声明、信息收集等进行说明。用户协议安全要求主要是 App 要存在用户协议，在协议中声明用户信息的用途以及保护措施。

2. 数据采集

数据采集是指开发者因功能需求需要收集用户手机 IMEI、IMSI、版本等信息，但如果过度收集用户个人信息，且对用户个人隐私保护不当，就容易造成用户个人信息泄露甚至被任意售卖和传播。数据采集安全要求 App 申请权限采用最小权限机制，避免过度申请如发送短信、读取短信、读取联系人等敏感权限，在使用敏感权限时要告知用户，让用户自己选择，收集的数据需加密后传输。

3. 数据输入

数据输入是指 App 客户端与服务器端进行通信信息交互时，App 采用登录界面、支付界面等方式获取用户输入的账户、密码、手机号、身份证号等信息。在用户输入期间，如果 App 对上述信息保护不当，就容易造成用户个人信息泄露。数据输入安全要求主要有以下 5 个方面：

❑ 客户端采用自定义的软键盘，避免采用系统自带的软键盘，避免黑客利用 Android 系统键盘 Event 事件记录机制，造成用户输入信息泄露；

- □ 客户端采用自定义的软键盘，要求按键无特效、无回显，否则容易被截屏、录屏，造成输入的内容泄露；
- □ 客户端采用自定义的软键盘，要求在用户每次输入启用键盘时，按键数字随机分布，否则容易通过记录点击坐标计算得到用户输入数据，造成敏感信息泄露；
- □ 关键的登录、支付、认证等界面，要求输入登录密码、支付密码、银行卡账户的 Edit 框，禁用复制粘贴功能；
- □ 客户端登录、支付、认证等界面，要求增加验证码校验，防止被轻易爆破，同时要求验证码不返回客户端。

4. 数据生成

App 在安装运行过程中生成的数据分为结构化数据和非结构化数据。结构化数据是存储在数据库里、可以用二维表结构来表达实现的数据；非结构化数据是不方便用数据库二维表来表现的数据，包括所有格式的办公文档、文本、图片、XML、HTML、各类报表、图像和音视频信息等。在 Android 系统中，结构化数据采用 SQLite 数据库存储，非结构化数据采用文件存储，如 XML 文件。数据生成过程中对数据安全的要求是结构化数据和非结构化数据均必须加密后存储。

6.1.2　数据存储

App 在终端存储的数据包括账号、密码、订单等用户敏感信息，如果存储不当，就很容易造成信息泄露，所以终端存储文件的访问控制和敏感数据加密处理直接影响着终端数据存储的安全。针对数据存储，我们主要从访问控制和数据加密两个维度提出安全要求。

1. 访问控制

访问控制是指 App 客户端在本地生成的文件是否具有适当的访问权限限制。部分开发者在开发过程中未对本地生成的数据文件、xml 文件等设置适当的权限限制，把只限于当前程序访问的文件权限设置为了允许其他 App 访问，就会造成用户数据泄露。访问控制的安全要求是 App 本地存储的 file、xml、cache、db 等文件，均不允许外部程序访问。

2. 数据加密

目前 App 客户端常用的加密算法有 AES、DES、RSA、SHA、MD5、Base64 等。整体可以分为对称加密算法、非对称加密算法和数字摘要算法，其中 Base64 不算加密算法，只是对数据进行编码。各个加密算法的优缺点如下。

(1) 对称加密算法

高级加密标准（advanced encryption standard，AES）和数据加密标准（data encryption standard，DES）是常用的对称加密算法，使用密钥加密的块算法。优点是加密速度快、效率高，缺点是加解密为同一个密钥，一旦密钥泄露，安全性得不到保证。

(2) 非对称加密算法

RSA 加密是一种非对称加密算法，采用公钥、私钥进行加解密，优点是不可逆，缺点是加密内容有长度限制。

(3) 数字摘要算法

❑ MD5 加密即消息摘要算法（message-digest algorithm），优点是不可逆、可压缩、不容易修改，容易计算，缺点是存在碰撞破解的风险。

❑ SHA 加密即安全哈希算法（secure hash algorithm），优点是破解难度高、不可逆，缺点是可以通过穷举进行破解。

用户数据的保护能力直接关系到用户信息的安全，根据测评过程中发现的目前 App 常用的数据存储加密保护方式，对数据加密安全的测评主要涉及以下 5 个方面：

❑ App 在本地生成的文件（包含 xml、file、db、cache）要求加密后存储；

❑ 如果使用对称加密算法对数据进行加密存储，加密密钥不可明文存储或仅进行简单的加密存储，否则会存在泄露加密密钥、用户数据被破解的风险；

❑ 如果对数据进行加密存储的加密算法需要用到随机数，随机数强度要高，不要使用 Random 类来获取随机数；若使用 SecureRandom 来获取随机数，不要给 SecureRandom 设置种子，以保证生产随机数的安全性；

❑ 对数据进行加密存储的算法不要过于单一，如果多个过程均采用同一种加密算法，一旦被破解，则会泄露所有数据；需要使用多种加密算法组合，并且对不同的数据采用不同的加密算法，以保证用户数据存储的安全性；

❑ 对数据进行加密存储的算法要使用恰当，配置正确，避免使用不安全的加密算法，如 AES128、RSA2048、SHA-256 等加密算法被相关部门通报已不再安全。

6.1.3　数据处理

在数据处理阶段，开发者会对 App 运行过程中产生的数据以及服务器端反馈的数据进行处理，生成用户所需的数据和服务，满足用户的使用需求，保证用户体验。如果对程序产生的数据使用不当，就容易泄露用户信息。针对数据处理，我们主要从程序日志、敏感数据不当使用、反序列化这 3 个维度提出了安全要求。

1. 程序日志

程序日志是指 App 客户端在运行过程中后台打印的 log 日志和调试信息，通过程序日志信息可分析代码逻辑，泄露用户敏感信息。程序日志安全要求主要涉及以下两个方面：

❑ App 静态逆向分析时，要求调试代码中无敏感信息；

❑ App 动态调试分析时，要求调试日志中无敏感信息。

2. 敏感数据不当使用

敏感数据不当使用是指 App 客户端在用户未知情的情况下，私自搜集、上传用户信息，从而造成用户敏感数据的泄露。

6.1.4　数据共享

App 在使用过程中收集和使用用户信息是一个很重要的环节，是否获得了用户授权将直接影响用户隐私信息的安全。

1. 第三方 SDK 用户协议

目前，很多 App 会在代码中嵌入第三方 SDK，用于收集信息和计数等。在用户协议声明中会阐述 App 的主要功能、信息保密条款、法律声明等。本节主要关注用户协议中是否阐述收集用户信息的用途和存储方式，有没有共享给第三方 SDK 的协议声明。

2. 与第三方 SDK 数据共享

一些开发者为了增强 App 的功能或者减少开发成本，会在 App 中嵌入第三方 SDK。第三方 SDK 可能私自收集用户手机号码和固件信息，给用户造成信息泄露的风险。

6.1.5　数据备份

对于 App 使用过程中产生的数据，开发者一般要将有价值的数据进行备份，例如通讯录、短信、聊天记录等用户备份频率比较高的数据。针对数据备份，我们主要从敏感数据的备份和备份数据加密强度两个维度提出安全要求。

1. 敏感数据的备份

Android 可以备份 App 的数据到远程云存储。需要数据备份的 App 要先注册使用谷歌公司备份服务 App，然后在 AndroidManifest.xml 指定其键值，也就是 AndroidManifest.xml 文件中的 allowBackup 标志设置为 true。

2. 备份数据加密强度

App 备份的数据不仅要进行加密处理，而且要提高加密强度，禁用开源或已经公开的加密算法。安全要求主要涉及以下两个方面：

- ❑ App 备份的数据采用对称算法加密，要求对称算法的密钥必须安全存储，加密算法可采用多种算法加密，例如 AES256、MD5、HASH、DES、BASE64 等；
- ❑ App 备份的数据采用 TLS 2.0 以上的非对称算法加密，要求客户端与服务器端进行单向或双向证书校验，数据传输中采用多重加密算法进行加密。

6.1.6   数据销毁

当用户执行卸载、退出、后台执行 App 等操作时，应及时销毁存储在手机本地的文件、数据库或者运行时内存中的用户数据。针对数据销毁，我们主要从后台运行数据和敏感数据清除两个维度提出安全要求。

1. 后台运行数据

后台运行数据是指 App 在运行过程中保存的用户配置信息和缓存信息。App 在后台运行时，手机中的存储文件、数据库、配置文件和缓存文件的内容要及时清理。

2. 敏感数据清除

在 App 退出或被卸载时，要彻底删除在手机本地存储的文件、数据库、缓存、配置信息等。

6.2   安全测试方法

本节针对数据创建、数据存储、数据处理、数据共享、数据备份、数据销毁等 6 个过程中涉及的安全问题进行测评，判定 App 在此过程中是否符合安全要求。如果符合，则本项测试结果为"通过"，否则为"不通过"，同时给出本项安全的修复建议。

6.2.1   数据创建

1. 用户协议检测

- **检测目的**

检测 App 是否存在用户协议声明。如果存在，是否对使用用户信息用途以及保护措施进行声明，是否存在违规行为。

- **检测方法与步骤**

(1) 安装并运行要检测的 App 客户端，试用 App 的所有主要功能，并通过抓包工具进行抓包，通过数据包和源代码了解其行为特征；

(2) 查看 App 是否存在用户协议；

(3) 当 App 存在用户协议时，查看用户协议内容是否明确声明 App 需要收集用户的个人信息，并根据步骤(1)得出结论，判定是否符合 App 安全相关标准的规定。

例如，在用户服务协议中，明确声明了用户在使用 App 提供的服务时，同意收集"用户姓名、照片、手机号码、手机位置"等个人信息，如图 6-3 所示。

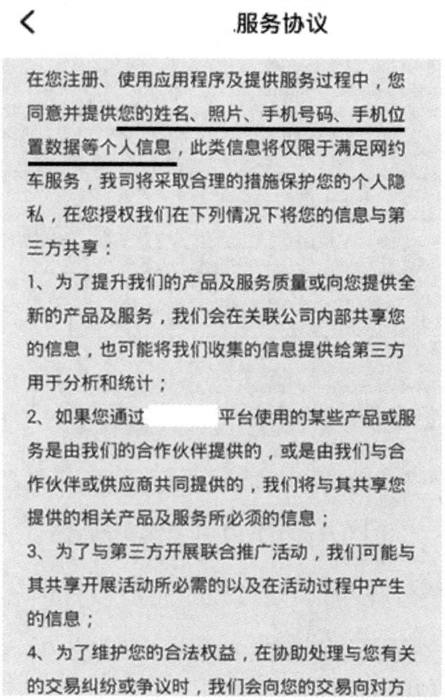
服务协议

在您注册、使用应用程序及提供服务过程中，您同意并提供您的姓名、照片、手机号码、手机位置数据等个人信息，此类信息将仅限于满足网约车服务，我司将采取合理的措施保护您的个人隐私，在您授权我们在下列情况下将您的信息与第三方共享：

1、为了提升我们的产品及服务质量或向您提供全新的产品及服务，我们会在关联公司内部共享您的信息，也可能将我们收集的信息提供给第三方用于分析和统计；

2、如果您通过 平台使用的某些产品或服务是由我们的合作伙伴提供的，或是由我们与合作伙伴或供应商共同提供的，我们将与其共享您提供的相关产品及服务所必须的信息；

3、为了与第三方开展联合推广活动，我们可能与其共享开展活动所必需的以及在活动过程中产生的信息；

4、为了维护您的合法权益，在协助处理与您有关的交易纠纷或争议时，我们会向您的交易向对方

图 6-3　用户服务协议

6

- **检测结论**

在步骤(3)后，如果 App 存在用户服务协议，且声明了用户信息用途以及保护措施，则本项测试结果为“通过”，否则为“不通过”。

- **修复建议**

App 收集用户个人信息前，必须在用户服务协议中声明，需要收集用户设备的哪些信息、具体用途，以及保护用户信息的安全措施和具体承诺。

2. 数据采集检测

- **检测目的**

检测 App 是否过度申请系统敏感权限，使用该权限时，是否提示用户授权，是否过度收集用户数据，数据传输过程是否安全。

- **检测方法与步骤**

(1) 分析 App 所申请的系统权限，是否存在过度申请的敏感权限。

例如，App 本身并不具备某些功能，但在 Androidmanifest.xml 配置文件中申请了“允许访问通讯录、允许访问短信息”等大量敏感权限，存在过度申请系统敏感权限的行为，如图 6-4 所示。

```
<manifest android:installLocation="preferExternal" android:versionCode="500" android:versionName="5.0.0"
    <uses-sdk android:minSdkVersion="8" android:targetSdkVersion="15" />
    <supports-screens android:anyDensity="true" android:largeScreens="true" android:normalScreens="true"
    <uses-feature android:glEsVersion="65537" />
    <uses-permission android:name="android.permission.INTERNET" />
    <uses-permission android:name="android.permission.WRITE_EXTERNAL_STORAGE" />
    <uses-permission android:name="android.permission.ACCESS_NETWORK_STATE" />
    <uses-permission android:name="android.permission.ACCESS_WIFI_STATE" />
    <uses-permission android:name="android.permission.RECEIVE_BOOT_COMPLETED" />
    <uses-permission android:name="android.permission.MODIFY_AUDIO_SETTINGS" />
    <uses-permission android:name="android.permission.WRITE_EXTERNAL_STORAGE" />
    <uses-permission android:name="android.permission.RECEIVE_USER_PRESENT" />
    <uses-permission android:name="android.permission.READ_CONTACTS" />          允许访问通讯录权限
    <uses-permission android:name="android.permission.INTERNET" />
    <uses-permission android:name="android.permission.READ_PHONE_STATE" />
    <uses-permission android:name="android.permission.READ_SMS" />               允许访问短信息权限
    <uses-permission android:name="android.permission.WRITE_SETTINGS" />
    <uses-permission android:name="android.permission.VIBRATE" />
    <uses-permission android:name="android.permission.RECEIVE_SMS" />
    <uses-permission android:name="android.permission.ACCESS_NETWORK_STATE" />
    <uses-permission android:name="android.permission.GET_TASKS" />
    <uses-permission android:name="android.permission.WRITE_SMS" />
    <uses-permission android:name="android.permission.SEND_SMS" />
```

图 6-4　App 申请的权限列表

(2) 查看 App 调用系统的敏感权限时，是否提示用户授权。

　　例如，App 申请"发送短信权限、允许访问通讯录权限"时，弹窗提示用户授权，用户点击"确认"后方可使用，如图 6-5 和图 6-6 所示。

```
<uses-permission android:name="android.permission.BLUETOOTH_ADMIN"/>
<uses-permission android:name="android.permission.RECORD_AUDIO"/>
<uses-permission android:name="android.permission.SEND_SMS"/>    发送短信权限
<uses-permission android:name="android.permission.GET_TASKS"/>
<uses-permission android:name="android.permission.SYSTEM_ALERT_WINDOW"/>
<uses-permission android:name="android.permission.CAMERA"/>    允许访问通讯录权限
<uses-permission android:name="android.permission.READ_CONTACTS"/>
<uses-permission android:name="android.permission.ACCESS_NETWORK_STATE"/>
<uses-permission android:name="android.permission.INTERNET"/>
<uses-permission android:name="android.permission.READ_PHONE_STATE"/>
<uses-permission android:name="android.permission.ACCESS_WIFI_STATE"/>
```

图 6-5　App 调用的权限列表

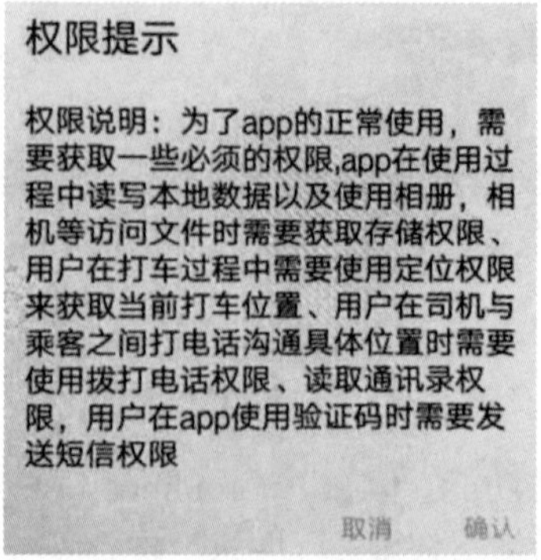

权限提示

权限说明：为了app的正常使用，需要获取一些必须的权限,app在使用过程中读写本地数据以及使用相册，相机等访问文件时需要获取存储权限、用户在打车过程中需要使用定位权限来获取当前打车位置、用户在司机与乘客之间打电话沟通具体位置时需要使用拨打电话权限、读取通讯录权限，用户在app使用验证码时需要发送短信权限

取消　　确认

图 6-6　用户授权弹窗

(3) 分析 App 源代码及数据包内容，查看是否过度收集在用户协议声明范围以外的用户数据，确认数据传输过程中的安全性。

首先查看 App 是否在用户协议中明确声明要收集的用户信息，如图 6-7 所示。

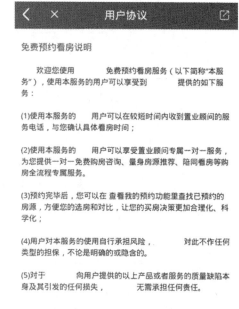

图 6-7　用户协议声明

其次分析 App 的源代码，查看源代码中是否存在私自收集用户信息的行为，如图 6-8 所示。

```
try {
    v5.put("name", v3.getSSID());//wifi名称
    v5.put("id", v4);//获取BSSID
    v5.put("level", v3.getRssi());//接收信号的强度
    v5.put("hidden", v3.getHiddenSSID());//
    v5.put("ip", v3.getIpAddress());//获取IP地址
    v5.put("speed", v3.getLinkSpeed());
    v5.put("networkId", v3.getNetworkId());//获取网络ID
    v5.put("mac", v3.getMacAddress());//获取MAC地址
    DhcpInfo v0_3 = ((WifiManager)v0_2).getDhcpInfo();
    if(v0_3 == null) {
        goto label_71;
    }

    JSONObject v3_1 = new JSONObject();
    v3_1.put("dns1", v0_3.dns1);//获取DNS
    v3_1.put("dns2", v0_3.dns2);//获取备用DNS
    v3_1.put("gw", v0_3.gateway);//获取网关
    v3_1.put("ip", v0_3.ipAddress);//获取IP地址
    v3_1.put("mask", v0_3.netmask);//获取网络掩码
    v3_1.put("server", v0_3.serverAddress);//获取服务器地址
    v3_1.put("leaseDuration", v0_3.leaseDuration);
    v5.put("dhcp", v3_1);
}
```

图 6-8　App 收集用户个人信息的代码片段

最后分析 App 与服务器端交互的数据包，查看是否私自上传用户个人信息到指定服务器端，如图 6-9 和图 6-10 所示。

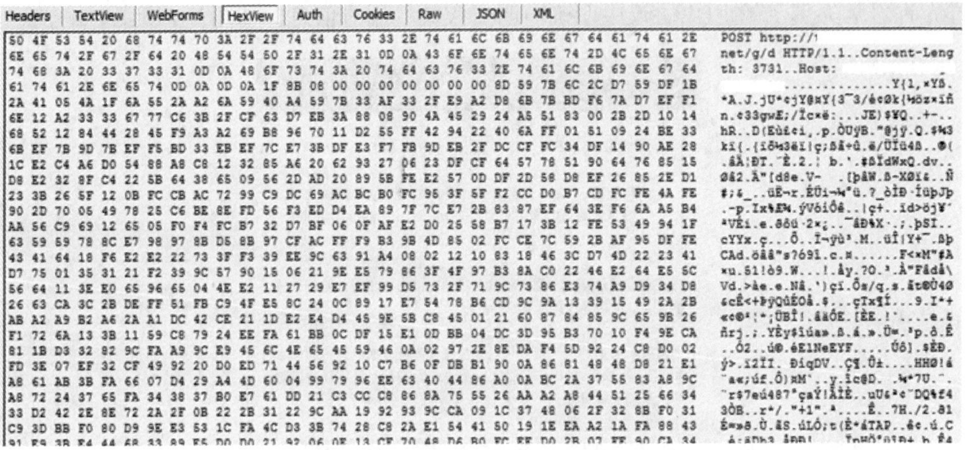

图 6-9 App 上传用户信息的数据包

手机当前已连接上的wifi信息：wifi名称、BSSID、接收信号的强度、IP地址、网络ID、MAC地址、DNS、备用DNS、网关、网络掩码、服务器地址

手机扫描到的所有wifi的信息：BSSID、wifi名称、信号强度、频率

图 6-10 数据包解密后的内容

- **检测结论**

在步骤(3)后，如果 App 没有过度申请系统敏感权限，并且在使用该权限时，提示用户授权，同时没有过度收集用户数据，则本项测试结果为"通过"，否则为"不通过"。

- **修复建议**

App 发布时需要删除不需要的系统敏感权限，在申请系统敏感权限时，需要提示用户授权，不得私自上传在协议中未声明的用户信息。

3. 数据输入检测

● **检测目的**

检测 App 是否实现了自带的安全键盘，在自带软键盘重新启动时键盘数字是否随机分布，关键的输入框是否禁用复制粘贴功能，是否存在验证码校验机制，验证码是否安全。

● **检测方法与步骤**

(1) 检测 App 是否实现了自带的软键盘，要求实现自定义的软键盘。

如果 App 未实现自带的软键盘，而是使用 Android 系统键盘，那么攻击者可利用系统键盘 Event 事件记录的机制，获取用户输入信息，如图 6-11 和图 6-12 所示。

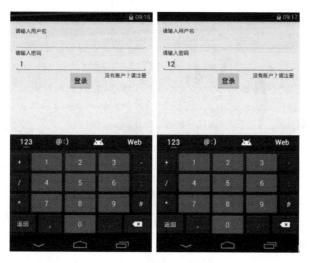

图 6-11　系统键盘效果

图 6-12　系统键盘被窃听示例

(2) 检测 App 实现的自定义软键盘，要求键盘按键不存在按键阴影、按键回显等特效。

如果 App 实现了自带软键盘，但是输入按键有阴影、回显等明显特征，就会存在被攻击者利用录屏、截屏的方式窃取用户输入信息的风险。按键存在阴影或回显特效的效果如图 6-13 和图 6-14 所示。

图 6-13　按键存在阴影特效

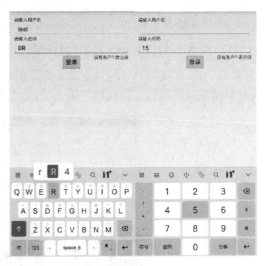

图 6-14　按键存在回显特效

(3) 检测 App 客户端自定义的软键盘，每次用户输入需启用键盘时，按键数字随机分布，否则容易被攻击者通过记录点击坐标，计算得到输入数据，造成敏感信息泄露。

按键数字随机分布的效果如图 6-15 所示。

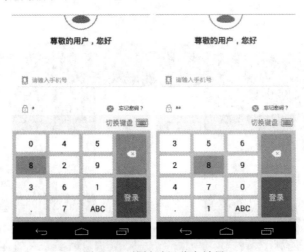

图 6-15　按键随机分布效果

(4) App 关键的登录、支付、认证等界面，要求输入登录密码、支付密码、银行卡账户的 Edit 框禁用复制粘贴功能。

在输入密码信息时，如果存在复制粘贴功能，那么在 App 退出时，粘贴板还存在用户刚输入的敏感信息，存在信息泄露的风险，如图 6-16 所示。

图 6-16　密码输入框可复制粘贴

(5) 检测客户端在登录、支付、认证过程中，验证码是否由图形验证码或短信验证码组成，是否通过服务器端返回到客户端。

在用户登录时使用短信验证码并且验证码的发送过程进行加密传输的效果如图 6-17 和图 6-18 所示。

图 6-17　登录界面

```
POST https://ap                              HTTP/1.1
Content-Type: application/x-www-form-urlencoded
Content-Length: 171
Host: ap          com
Connection: Keep-Alive
Accept-Encoding: gzip
User-Agent: okhttp/3.3.0

mobile=XP79tif-mUpijGpmgVdbgo5LPC5LmnANB-HWCdqlenNtO_Ok6X-kfH5wTqoJoqsH&appid=zcde31a34eb5
&sign=601465CAAB1C4D206F608CD010DC6B90
```

图 6-18　验证码加密数据包

● **检测结论**

在步骤(5)后，如果 App 实现了自定义的软键盘，键盘数字实现了随机分布，具有安全的验证码，同时密码输入框禁用了复制粘贴功能，则本项测试结果为"通过"，否则为"不通过"。

● **修复建议**

❑ App 客户端实现自定义的软键盘，软键盘数字每次启动时都要随机分布，并且按键没有回显、阴影等特效。

❑ 要求输入登录、支付密码、银行卡账户等 Edit 框禁用复制粘贴功能，也就是设置为 android:longClickable="false"，关闭其功能。

❑ 增加复杂图形验证或短信验证码，且在传输过程中对数据进行加密。

4. 数据生成检测

● **检测目的**

检测 App 生成数据的存储形式是结构化还是非结构化，数据是否经过加密后存储。

● **检测方法与步骤**

(1) 检测 App 生成的结构化数据，要求数据内容加密后存储。

例如，测试 App 在本地生成的结构化数据 nava.db 文件中保存用户名和密码，明文存储，如图 6-19 和图 6-20 所示。

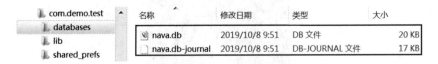

图 6-19　nava.db 本地存储

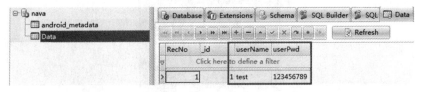

图 6-20　nava.db 内容

(2) 检测 App 生成的非结构化数据，要求数据内容加密后存储。

例如，测试 App 在本地生成的非结构化数据 User_data.xml 文件中保存用户名和密码，明文存储，第三方无权限访问，如图 6-21 和图 6-22 所示。

图 6-21　User_data.xml 本地存储

```
User_data.xml
1  <?xml version='1.0' encoding='utf-8' standalone='yes' ?>
2  <map>
3  <string name="Name">test</string>
4  <string name="Pwd">123456789</string>
5  </map>
```

图 6-22　User_data.xml 内容

● **检测结论**

在步骤(2)后，如果本地存储的数据经过加密处理，则本项测试结果为"通过"，否则为"不通过"。

● **修复建议**

不管生成的数据是采用结构化还是非结构化形式存储，都要求加密后存储。

6.2.2　数据存储

1. 访问控制检测

● **检测目的**

检测 App 是否具备完善的权限管理机制，是否能够与其他 App 隔离，是否在权限允许的范围之外存在数据被其他应用客户端访问的风险。

● **检测方法与步骤**

(1) App 本地存储 file 文件，不允许外部程序访问，如图 6-23 所示。

```
root@mako:/data/data/co              c # ls -al files
ls -al files
-rw-rw----  u0_a149  u0_a149        656 2016-05-17 10:54 cer_file
drwx------  u0_a149  u0_a149            2016-05-17 09:25 cfg
drwx------  u0_a149  u0_a149            2016-05-17 10:50 descfile
-rw-------  u0_a149  u0_a149     229728 2016-05-17 09:25 libjiagu.so
drwx------  u0_a149  u0_a149            2016-05-17 11:10 lldt
drwx------  u0_a149  u0_a149            2016-05-17 11:04 offstore-resource
drwx------  u0_a149  u0_a149            2016-05-17 11:10 ofld
-rw-rw----  u0_a149  u0_a149         48 2016-05-17 10:54 rns2_file
-rw-------  u0_a149  u0_a149          6 2016-05-17 09:25 ver.dat
```

图 6-23　file 文件权限列表

(2) App 本地存储 xml 文件, 不允许外部程序访问, 如图 6-24 所示。

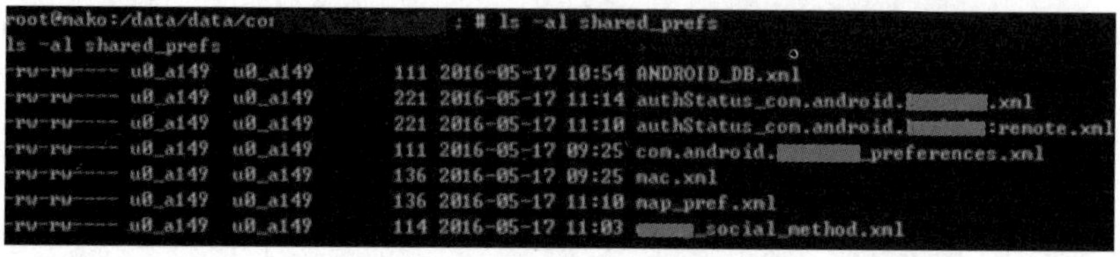

图 6-24   xml 文件的权限列表

(3) App 本地存储 cache 文件, 不允许外部程序访问, 如图 6-25 所示。

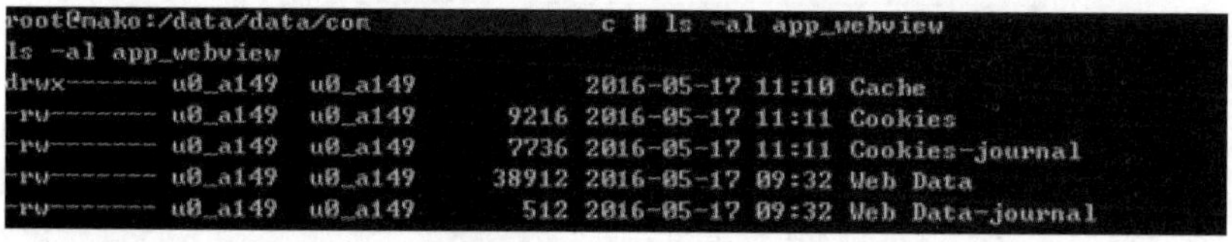

图 6-25   cache 权限列表

(4) App 本地存储 db 文件, 不允许外部程序访问, 如图 6-26 所示。

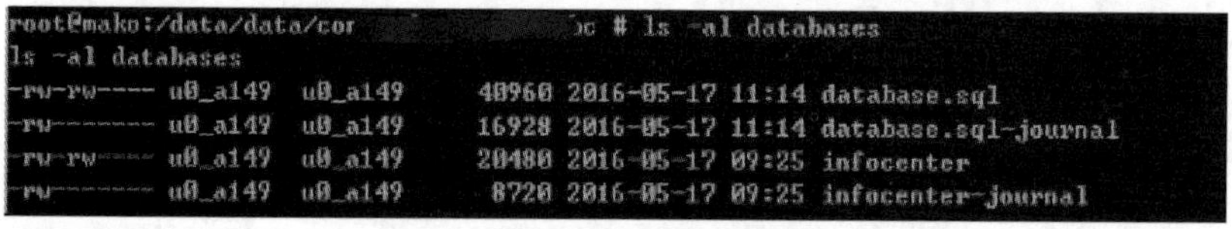

图 6-26   数据库 db 文件权限列表

- **检测结论**

在步骤(4)后, 如果客户端具备完善的权限管理机制, 以最小权限为原则, 则本项测评结果为 "通过", 否则为 "不通过"。

- **修复建议**

App 客户端严格控制本地生成的敏感数据访问权限, 避免被第三方 App 非法访问导致用户信息泄露。

2. 数据加密检测

- **检测目的**

检测 App 在本地存储的用户信息是否经过了加密处理, 加密密钥是否进行了保护, 加密算法是否合理, 生成的随机数强度是否较高, 避免造成用户信息泄露的风险。

- **检测方法与步骤**

(1) 检测 App 在本地生成的数据文件是否加密。

例如，运行测试 App1，模拟点击注册、登录功能，App1 将会在本地生成 User_data.xml 和 nava.db 文件，如图 6-27 和图 6-28 所示。

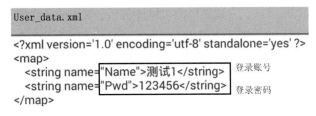

图 6-27　User_data.xml 加密前文件内容

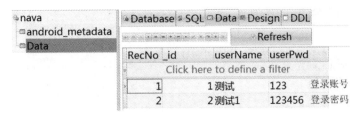

图 6-28　nava.db 加密前文件内容

运行测试 App2，模拟点击注册、登录功能，App2 将会在本地生成 User_data.xml 和 nava.db 文件，如图 6-29 和图 6-30 所示。

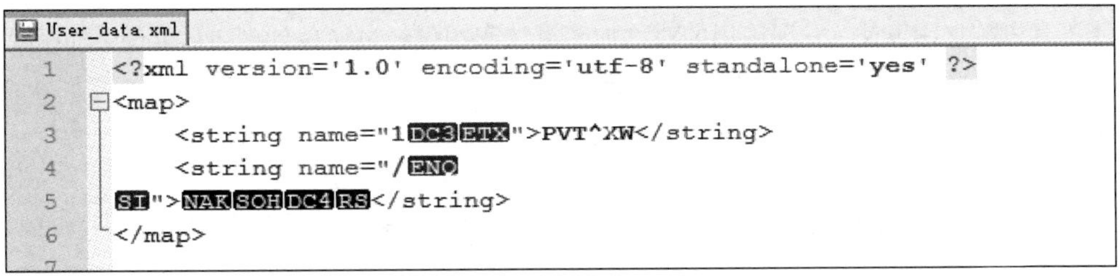

图 6-29　User_data.xml 加密后文件内容

图 6-30　nava.db 加密后文件内容

(2) 检测 App 在本地存储的文件，如果使用对称加密算法进行加密存储，加密密钥是否明文存储，或仅进行简单的加密存储。

例如，分析客户端加密算法，发现使用的对称加密算法密钥明文存储，存在加密算法被破解从而泄露用户信息的风险，代码如下所示：

```
static{
    a.aFK = "zh*********@chu%x";
    a.aFL = null
}
public a(){
    super();
}
public static final String bI(String arg2){
    String v0_1;
    try{
        v0_1 = a.y(a.e(arg2.getBytes(),a.aFK));
    }catch(Exception v0){
        v0_1 =null;
    }
    return v0_1;
}
public static byte[] e(byte[] arg4, String arg5) throws Exception {
    Cipher v0 = Cipher.getInstance("AES");
    v0.init(1, new SecretKeySpec(arg5.getBytes(), "AES"));
    return v0.doFinal(arg4);
}
```

分析客户端加密算法，发现使用的对称加密算法密钥仅经过简单处理之后存储，加密算法易被分析破解，存在泄露用户信息的风险，代码如下所示：

```
public static final String bI(String arg3){
    String v0_1;
    try{
        v0_1 = a.y(a.e(arg3.getBytes(),new JSONObject e.bM("aes_config.cer")).optString("aeskey")));
    }catch(Exception v0){
        v0_1 = null;
    }
    return v0_1;
}
public static byte[] e(byte[] arg4, String arg5) throws Exception{
    Cipher v0 = Cipher.getInstance("AES");
    v0.init(1, new SecretKeySpec(arg5.getBytes(), "AES"));
    return v0.doFinal(arg4);
}
public static a xg(){
    if(a.aFK == null){
        a.aFK = new a();
    }
}
```

(3) 检测 App 在本地存储的文件，如果对数据进行加密存储的加密算法需要用到随机数，查看随机数强度是否较高。

逆向分析客户端源代码，查看是否使用 Random 类来获取随机数，如果是则存在风险。逆向分析客户端源代码，查看是否使用 SecureRandom 来获取随机数，如果是，并且给 SecureRandom 设置种子，则存在风险；如果不设置种子，则为默认设置，安全性较高。

(4) 检测 App 在本地存储的文件，查看对数据进行加密存储的算法是否过于单一，多个过程是否采用同一种加密算法。

例如，分析客户端加密算法，发现使用了 AES 加密算法和 MD5 加密算法组合对用户信息进行加密存储，以免泄露用户信息，代码如下所示：

```
public static byte[] e(byte[] arg4, String arg5) throws Exception{
    Cipher v0 = Cipher.getInstance("AES");
    v0.init(1, new SecretKeySpec(arg5.getBytes(), "AES"));
    return v0.doFinal(arg4);
}
public static String a(String arg6, c arg7, String arg8){
    ArrayList v3 = new ArrayList(arg7.xb().entrySet());
    Collections.sort(((List)v3), b.aGb);
    StringBuilder v4 = new StringBuilder();
    if(arg6 != null){
        if(arg6.startsWith("https://")){
            arg6 = arg6.replace("https://", "");
        }else if(arg6.startsWith("http://")){
            arg6 = arg6.replace("http://", "");
        }
    }
    v4.append(arg6).append("?");
    int v2;
    for(v2 = 0; v2 < ((List)v3).size(); ++v2){
        Object v0 = ((List)v3).get(v2);
        v4.append(((Map$Entry)v0).getkey() + "=" + ((Map$Entry)v0).getValue() + "&");
    }
    v4.append(arg8);
    return MD5Utils.md5(v4.toString());
}
```

(5) 检测 App 在本地存储的文件，对数据进行加密存储的算法是否使用恰当，配置正确并且未使用不安全的加密算法。

使用反编译工具对客户端的 dex 文件进行反编译获取源代码，分析客户端使用的加密算法，是否有 NSA 告示的不安全加密算法（例如 AES128、RSA2048、SHA-256 等）。

● **检测结论**

在步骤(5)后，如果本地数据进行了加密处理，加密密钥进行了保护处理，并且采用多种加密算法组合加密，对不同的数据采用不同的加密算法，采用安全的方式生成随时数，则本项测试结果为"通过"，否则为"不通过"。

● **修复建议**

❑ 对 App 在本地存储的用户信息进行加密处理；

❑ 对对称加密算法的加密密钥进行加密保护和隐藏处理；

❑ 对 App 在本地存储的用户信息进行多重加密，并对用户数据采用多种加密方式；

❑ 避免使用不安全的随机数生成类；

❑ 避免使用不安全的加密算法。

6.2.3　数据处理

1. 程序日志检测

● **检测目的**

检测 App 源代码中的调试信息是否关闭，在调试信息中是否写入敏感信息。

● **检测方法与步骤**

(1) 静态分析 App 客户端的源代码，查看是否存在日志调试代码，要求不得存在日志调试代码。

例如，反编译测试 App，在源代码中可以发现用户登录、注册的账号、密码的调试信息，如下所示：

```
private void save(){
    String mName = etUsername.getText().toString();
    String mPwd = etPwd.getText().toString();
    mEditor.putString("Name", mName);
    mEditor.putString("Pwd", mPwd);
    mEditor.commit();
    Log.d("TEST","本地存储"+"\n"+"用户名: "+mName+","+"密码: "+mPwd);
    User user = new User();
    user.setName(mName);
    user.setPassword(mPwd);
    long id = insert(user);
    if(id >0){
        Toast.makeText(this, "注册成功", 0).show();
        Log.d("TEST", "注册成功: "+id+":"+"用户名: "+user.getName()+"\n"+"密码: "+user.getPassword());

    }else {
        Toast.makeText(this, "注册失败", 0).show();
        Log.d("TEST", "注册失败: 用户名已存在");
    }
}
```

(2) 动态运行 App 客户端，查看后台打印日志是否存在用户敏感信息，要求后台不得打印日志调试信息。

例如，运行测试 App，执行注册、登录等操作后，利用 logcat 将日志信息打印出来，可以看到用户的登录账号和登录密码，如下所示：

```
15:54:52.564: D/***TEST(12058): 登录失败，请检测用户密码
15:54:58.380: D/***TEST(12058): 登录失败，请检测用户密码
15:55:10.994: D/***TEST(12058): 本地存储
15:55:10.994: D/***_TEST(12058): 用户名：测试1,密码：123456
15:55:11.014: D/***_TEST(12058): 注册成功：1:用户名：测试1
15:55:11.014: D/***_TEST(12058): 密码：123456
15:55:27.521: D/***_TEST(12058): 用户：测试1登录成功
```

● **检测结论**

在步骤(2)后，如果 App 关闭了源代码中的调试信息，则本项测试结果为"通过"，否则为"不通过"。

● **修复建议**

App 发布时应删除源代码中的日志调试代码。

2. 敏感数据不当使用检测

● **检测目的**

检测 App 源代码和行为特征是否符合 App 安全相关标准的规定。

● **检测方法与步骤**

(1) 静态分析测试 App 源代码，查看是否私自收集用户敏感信息。

例如，通过对测试 App 源代码进行反编译，发现源代码具有获取并收集用户短信和通讯录的行为。获取短信息的代码片段如下所示：

```
Cursor v3 = arg14.getContentResolver().query(Uri.parse("content://sms"),new String[]{"_id",
    "address","person", "body", "date", "type", "thread_id"}, null, null, "date");
ArrayList v1 = new ArrayList();
while(v3.moveToNext()){
    int v0_1 = v3.getColumnIndex("person");
    int v2 = v3.getColumnIndex("address");
    int v4 = v3.getColumnIndex("body");
    int v5 = v3.getColumnIndex("date");
    int v6 = v3.getColumnIndex("type");
    int v7 = v3.getColumnIndex("thread_id");
    String v8 = v3.getString(v0_1);
    String v9 = v3.getString(v2);
    String v0_2 = v3.getString(v4);
    ...
}
```

获取通讯录的代码片段如下所示：

```
public static ArrayList a(Context arg12){
    int v8;
```

```
int v6;
String[] v2 = null;
ArrayList v9 = new ArrayList();
// 获取通讯录信息
Cursor v10 = arg12.getContentResolver().query(ContactsContract$Contacts.CONTENT_URI, v2,
    ((String)v2), v2, ((String)v2));
if(v10.getCount() > 0){
    int v1 = v10.getColumnIndex("_id");
    v6 = v10.getColumnIndex("display_name");
    ...
}
}
```

(2) 通过工具抓取网络交互数据包，检测 App 是否私自上传用户隐私信息（例如通话记录、短信记录、通讯录和地理位置等）。

● **检测结论**

在步骤(2)后，逆向分析源代码内容和数据包，如果符合 App 安全相关标准的规定，则本项测评结果为"通过"，否则为"不通过"。

● **修复建议**

App 源代码要进行严格审核处理，禁止在用户未知情的情况下私自收集用户信息。

6.2.4　数据共享

1. 第三方 SDK 用户协议检测

● **检测目的**

检测在 App 用户服务协议中是否声明第三方 SDK 收集用户信息的用途，是否过度收集用户个人信息。

● **检测方法与步骤**

(1) 查看 App 源代码，是否存在第三方 SDK 通过抓包工具进行抓包，通过第三方 SDK 的源代码和数据包了解 SDK 的行为特征；

(2) 查看 App 是否存在用户协议；

(3) 当存在用户协议时，查看协议内容是否明确声明会共享用户信息给第三方 SDK，并根据步骤(1)得出结论，判定是否符合 App 安全相关标准的规定。

如图 6-31 和图 6-32 所示，在用户服务协议中，明确声明了会在用户授权的情况下共享用户信息给第三方 SDK，目的是用于分析统计、开展联动活动等。

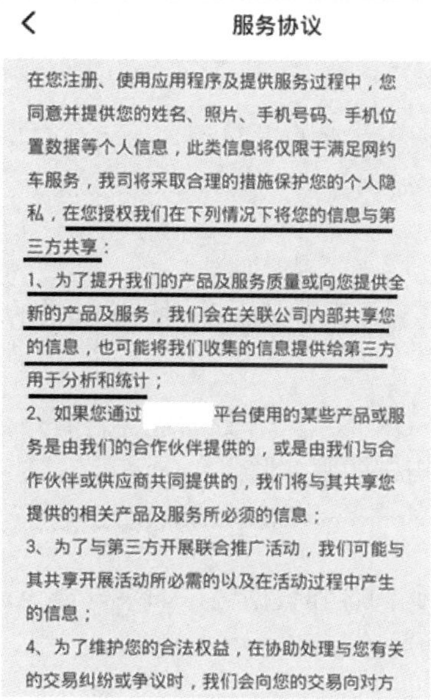

图 6-31 服务协议

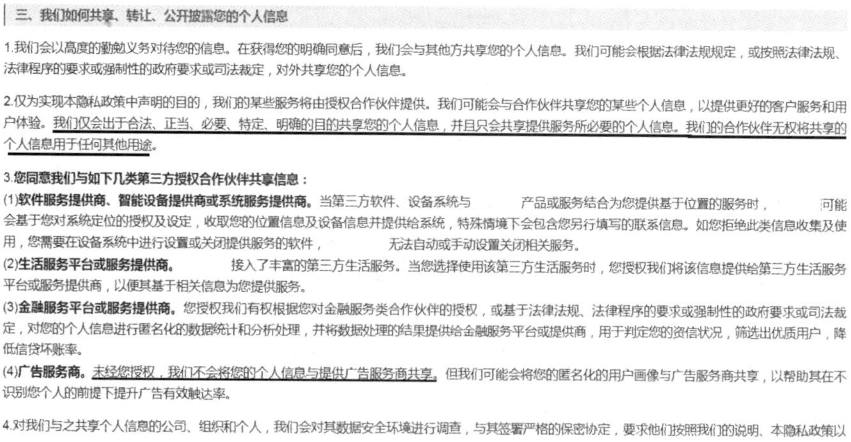

图 6-32 共享声明

- **检测结论**

在步骤(3)后，如果用户协议中明确声明 App 信息与第三方共享情况，则本项测试结果为"通过"，否则为"不通过"。

- **修复建议**

App 要明确声明是否会与第三方共享用户信息，以及共享用户信息的具体用途。

2. 与第三方 SDK 数据共享检测

- **检测目的**

App 是否在用户未知情的情况下，私自共享用户个人信息给第三方 SDK，以及第三方 SDK 是否私自收集用户个人信息到指定服务器。

- **检测方法与步骤**

(1) 分析 App 的源代码和数据包，查看是否在用户未知情的情况下，将收集的用户信息私自上传至第三方服务器；

(2) 分析 App 嵌入的第三方 SDK 源代码和数据包，查看是否存在第三方 SDK 在用户未知情的情况下，私自上传用户信息到指定的服务器。

- **检测结论**

在步骤(2)后，逆向分析源代码内容和数据包，如果符合 App 安全相关标准的规定，则本项测试结果为"通过"，否则为"不通过"。

- **修复建议**

在 App 共享数据给第三方 SDK 的服务协议之外，禁止 App 和第三方 SDK 私自采用短信或数据包等形式，收集用户个人信息并上传到指定服务器。

6.2.5　数据备份

1. 敏感数据备份检测

- **检测目的**

检测 App 应用数据是否可以备份，是否能够防止攻击者复制 App 数据。

- **检测方法与步骤**

反编译 App，查看 Androidmanifest.xml 中的 allowBackup 标志是否为 true。

例如，在测试 App 中，Androidmanifest.xml 文件中的 allowBackup 标志为 true，导致 App 数据可以备份和恢复，代码如下所示：

```
<application
    android:allowBackup="true"
    android:icon="@drawable/ic_launcher"
    android:label="@string/app_name"
    android:theme="@style/AppTheme" >
    <activity
        android:name="com.demo.test.activity.MainActivity"
        android:label="@string/app_name"
        android:theme="@android:style/Theme.Holo.Light.NoActionBar" >
        <intent-filter>
```

```
            <action android:name="android.intent.action.MAIN" />
            <category android:name="android.intent.category.LAUNCHER" />
        </intent-filter>
    </activity>
</application>
```

- 检测结论

在 App 不具备备份功能的情况下，如果将 Androidmanifest.xml 中的 `allowBackup` 设置为 `true`，则本项测试结果为"不通过"，否则为"通过"。

- 修复建议

在 App 不具备备份功能的情况下，将 App 的 AndroidManifest.xml 文件中的 `allowBackup` 标志设置为 `false`，防止恶意攻击者复制 App 数据。

2. 备份数据加密强度检测

- 检测目的

检测 App 备份的数据是否进行加密处理，并且要求使用复杂的、加密强度高的算法。

- 检测方法与步骤

(1) 如果采用对称算法加密，则判断对称算法的密钥是否存储安全，加密算法的源代码是否可以被破解，是否可以通过逆向工程还原其算法。

(2) 如果采用 TLS 1.0 以上等非对称算法加密，则判断客户端和服务器端是否存在证书校验机制，通信过程中的数据是否经过加密处理，并判断其加密算法的加密强度，是否可以通过逆向工程还原其算法。

- 检测结论

在步骤(2)后，如果 App 备份的数据进行了加密处理，则本项检测结果为"通过"，否则为"不通过"。

- 修复建议

采用多种混合算法加密，例如 AES256、MD5、HASH、DES、BASE64 等。

6.2.6 数据销毁

1. 后台运行数据检测

- 检测目的

检测 App 客户端在切入后台运行时是否对手机存储的文件、数据库、配置文件、缓存文件等内容进行及时清理。

- **检测方法与步骤**

(1) 在 App 切入后台运行时，查看本地生成的 db 文件、xml 文件或者内存中的数据是否进行了删除。

例如，测试 App 在运行时会在本地生成 db 数据库文件，该文件存储了用户的登录账号和密码。当 App 切入后台运行时，导出 db 数据文件，查看其中的数据，发现并没有及时清除，如图 6-33 所示。

同理，查看测试 App 在本地生成的 xml 文件，如图 6-34 所示。

图 6-33　db 数据文件内容　　　　　　　图 6-34　xml 数据文件内容

(2) 模拟操作客户端 App，导出本地的缓存信息文件，查看是否有敏感信息暴露。

例如，客户端在本地 cache 路径下生成缓存文件，查看发现存在敏感信息暴露，如图 6-35 所示。

ank-portal/loginController/toLogin.action","forwardType":"1","parentCode":"6050","createTime":"2016-03-02
18:53:15","title":"云账单","hasTitle":"1","isShare":"0"},{"bannerCode":"5101","bannerName":"延期还款","bannerOrder":"16","bannerImage":"https://
cn.　　　　　　　ge/yahk2.jpg","addImage":"https://mba　　　　　le/image/null","bannerIsLogin":"Y","isBindCard":"Y","ocodeType":"N","forwardTy
pe":"1","parentCode":"6022","createTime":"2016-03-02
19:33:38"}]},{"floorCode":"3020","floorName":"卡片信息","floorImage":"https://mban　　　　　　　　:image/002-1.png","floorOrder":"2","hasMore":"Y","t
emplateName":"4008","templateName":"卡片信息"},{"bannerCode":"5088","bannerName":"积分明细",　　　　　/image/null","bannerIsLogin":"Y","isBindCard":"Y","ocodeTyp
e":"N","forwardType":"1","parentCode":"6029","createTime":"2016-03-02
19:05:32"},{"bannerCode":"5089","bannerName":"刷卡金查询",　　　　　　　　/image/null","bannerIsLogin":"Y","isBindCard":"Y","ocodeType":"N","forwardType":"1","parentCode":"6030","createTime":"2
016-03-02
19:06:38"},{"bannerCode":"5091","bannerName":"交易限额设置","bannerOrder":"40","bannerImage":"https://mb　　　　　　/image/jyxess2.png","addIma
ge":"https://mb　　　　　　/image/null","bannerIsLogin":"Y","isBindCard":"Y","ocodeType":"N","forwardType":"1","parentCode":"6033","createTime"
:"2016-03-02
19:10:30"},{"bannerCode":"5086","bannerName":"查询密码重置","bannerOrder":"50","bannerImage":"https://mb　　　　　　/image/cxmmcc2.png","addIma
ge":"https://mb　　　　　　/image/null","bannerIsLogin":"Y","isBindCard":"N","ocodeType":"N","forwardType":"1","parentCode":"6027","createTime"
:"2016-03-02
19:03:40"},{"bannerCode":"5087","bannerName":"交易密码修改","bannerOrder":"60","bannerImage":"https://mb　　　　　　/image/jymmxg2.png","addIma
ge":"https://mb　　　　　　le/image/null","bannerIsLogin":"Y","isBindCard":"Y","ocodeType":"N","forwardType":"1","parentCode":"6028","createTime"
:"2016-03-02
19:04:27"},{"bannerCode":"5923","bannerName":"交易凭证设置","bannerOrder":"70","bannerImage":"https://mb　　　　　　/image/pic/20161015/1476474
767030_5923.png","addImage":"https://mb　　　　　image/null","bannerIsLogin":"Y","isBindCard":"Y","ocodeType":"N","forwardUrl":"https://weix
in　　　　　　'password_forApp/setPassword.do","forwardType":"3","parentCode":"6018","key":"cf410f84904a44cc8a7f48fc4134e8f9","createTime":"2016-10-1
5
03:53:16","title":"交易凭密设置","hasTitle":"1","isShare":"0"},{"bannerCode":"5060","bannerName":"信用卡挂失","bannerOrder":"80","bannerImage":"https://m
forwardType":"1","onclickMsg":"1",　　　　image/xykgs2.png","addImage":"https://m　　　　　/image/null","bannerIsLogin":"Y","isBindCard":"Y","ocodeType":"N",
14:47:23","des":"1"},{"bannerCode":"5920","bannerName":"临时挂失","bannerOrder":"90",　　　　　/image/null","bannerIsLogin":"Y","isBindCard":"Y","ocodeType":"N","forwardUrl":"https://
476474817586_5920.png","addImage":"https://m　　　　　　　　　/image/null","bannerIsLogin":"Y","isBindCard
//weixin　　　　　　tmpReportLoss/tmpReportLoss_chooseCard_forApp.do","forwardType":"3","parentCode":"6018","key":"cf410f84904a44cc8a7f48fc4134e8f9"
,"createTime":"2016-10-15
03:54:49","title":"临时挂失","hasTitle":"1","isShare":"0"},{"bannerCode":"5090","bannerName":"损毁补发","bannerOrder":"100","bannerImage":"https://m
　　　　　　/image/shbf22.png","addImage":"https://m　　　　　　image/null","bannerIsLogin":"Y","isBindCard":"Y","ocodeType":"N","forwa
rdType":"1","parentCode":"6031","createTime":"2016-03-02

图 6-35　cache 缓存文件内容

- **检测结论**

在步骤(2)后，如果 App 在后台运行时，本地生成的临时文件 db、xml、cache 中的数据或者运行时内存中的用户数据做到了及时清理，则本项测试结果为"通过"，否则为"不通过"。

- **修复建议**

App 切入后台运行后，应及时清理本地存储的用户敏感信息和内存中的数据信息。

2.敏感数据清除检测

- **检测目的**

检测 App 在退出或被卸载时，是否彻底删除在手机本地存储的文件、数据库、缓存、配置信息等信息。

- **检测方法与步骤**

(1) 检测 App 在退出或者卸载后，是否及时清除本地的缓存信息。

例如，使用反编译工具 Apktool 对目标文件进行反编译，查看客户端 App 代码中是否具有清除缓存信息的方法 removeSessionCookie()或 deleteCookie()，代码如下所示：

```
if("ClearWebView", "webView.clearCache");
    try{
        CookieSyncManager.createInstance(this.Y.getApplicationContext());
        CookieSyncManager.getInstance().removeSessionCookie();
        CookieSyncManager.getInstance().sync();
    } catch(Exception v0_1){
}
```

- **检测结论**

如果本地生成的文件仍然存在，则本项测评结果为"不通过"，否则为"通过"。

- **修复建议**

检测 App 在退出或被卸载时，应彻底删除在手机本地存储的文件、数据库、缓存、配置信息等信息。

6.3　小结

本章从本地数据安全方面介绍了 App 安全测试要求和安全测试方法，包括数据创建、数据存储、数据处理、数据共享、数据备份和数据销毁共 6 个要点，一共有 14 个安全测试项。要求开发者在 App 数据生命周期的各个阶段全面考虑安全问题：在收集用户数据阶段，需要完整的用户协议，保证收集用户数据前，让用户知晓或同意；在数据存储和备份阶段，要求将用户数据加密后存储，防止数据泄露；在数据共享阶段，要求明确第三方 SDK 的协议声明，确保不违反相关标准规定；在数据销毁阶段，要求 App 具有销毁和数据清除机制，保证 App 在数据安全方面避免不必要的安全风险。下一章我们会从网络传输方面介绍相关的安全测试。

第 7 章

网络传输安全测试

信息系统的数据通信结构一般分为 BS（browser/server）结构和 CS（client/server）结构。在 BS 结构中，使用者通过浏览器访问信息系统，通信过程一般基于 HTTP（hypertext transfer protocol）。在 CS 结构中，信息系统的开发者定制开发了信息系统的客户端，客户端与服务器端之间可使用 HTTP 进行通信。为了提高通信效率，也可通过建立 Socket 连接来通信。

为了提升用户体验，多数 App 在运行过程中会有大量的图片、语音、视频等多媒体内容传输，因此会大量使用基于 HTTP 的连接来完成 App 与云端服务器的数据通信。对于时延敏感的即时通信 App，开发者会使用 UDP 建立数据连接；对于数据量小且需要长时间建立数据通信链路的 App，如物联网和智能家居 App，开发者会使用 TCP Socket 链路来传输数据，如图 7-1 所示。

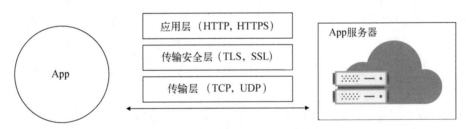

图 7-1　App 与云端服务器的数据传输过程

在 App 与服务器端进行数据传输的过程中，由于 HTTP 和 TCP 分别代表应用层和传输层的协议，即一个用于规范应用协议和数据格式，一个用于建立可靠的端到端连接，因此都不具备安全防护的功能。开发者如果不采取安全措施，应用层的 HTTP 连接和传输层的 TCP 连接所传输的数据就是明文的。在数据传输过程中，攻击者一旦劫持了通信链路，传输的数据内容就会完全暴露。TLS（transport layer security）/SSL（secure sockets layer）安全传输层处于应用层与传输层之间，通过对传输数据进行加密，提高了数据传输的安全性。在 TLS/SSL 安全传输层的基础上，HTTPS（hypertext transfer protocol secure）对 HTTP 连接中的数据进行加密，避免了明文传输数据的安全风险。

根据作者的 App 测试经验，目前一部分 App 与云端服务器通信采用的是 HTTP，没有采取数据加密等安全措施，用户信息、业务数据都以明文方式在网络中传输；还有部分 App 虽然采用了 HTTPS 与服务器端进行通信，但在具体实现过程中存在漏洞，例如所使用的 TLS/SSL 版本存在漏洞、服务器端的证书未做校验、传输的数据未加密等，同样存在数据被监听、链路被劫持甚至篡改的安全风险。

本章主要从通信链路和传输数据两个方面对 App 网络数据传输过程提出安全要求，并说明具体的测试方法。通信链路的安全性与 HTTPS 所采用的 TLS/SSL 版本有关，也与通信过程中的证书校验机制有关。传输数据的安全性与数据加密方法、数据加密强度有关，也与密钥存储管理方式有关，对传输数据加密的要求与第 6 章对数据存储过程中的数据加密要求一致。除了这两方面的测试，本章还会模拟中间人攻击的场景对 App 防御中间人攻击的能力提出要求并说明测试方法，如图 7-2 所示。

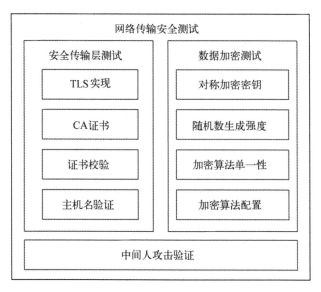

图 7-2　网络传输安全测试

7.1　安全测试要求

本节将结合 App 网络传输过程中的安全传输、数据加密、中间人攻击所涉及的安全问题进行解析，分别描述相应的安全要求。

❑ 安全传输层要求进行 TLS 实现检测、CA（certification authority）证书检测、证书校验检测和主机名验证检测；
❑ 数据加密要求在数据传输过程中进行数据加密检测；
❑ 中间人攻击要求进行 HTTP 中间人会话劫持检测、HTTPS 中间人会话劫持检测。

7.1.1　安全传输层

安全传输层在这里主要是指在客户端与服务器端进行数据通信时是采用 HTTP，还是采用 TLS/SSL 或 IPSec 等安全协议。如果采用不安全的协议进行通信，那么网络传输的数据很可能会被黑客拦截。如果没有对敏感数据进行加密，那么将直接泄露用户的各种关键数据，例如账户、密码等。如果采用 TLS/SSL 或 IPSec 等安全协议，就可以确保数据在网络上安全传输，即使传输的数据被黑客截获，他们也无法解密和还原。

1. TLS 实现

TLS 传输层安全协议用于客户端与服务器端之间，提供连接保密性和数据完整性，确保数据在传输过程中不被攻击者监听与篡改。TLS 协议由两层组成：TLS 记录协议和 TLS 握手协议。TLS 记录协议建立在可靠的传输协议（如 TCP）之上，为高层协议提供数据封装、压缩、加密等基本功能的支持；TLS 握手协议建立在 TLS 记录协议之上，用于在实际的数据传输开始前，客户端与服务器端进行身份认证、协商加密算法、交换加密密钥等。

如果采用 TLS/SSL 协议，在客户端与服务器端连接时会经过三次"握手"，进行身份认证、协商加密算法、交换加密密钥，从而保证了服务器端的唯一性。但是近年来，TLS 1.0 版本存在高危漏洞。在日常测评工作中，我们发现很多 App 虽然采用了 HTTPS，但是 TLS 版本还是 1.0。因此，为了确保通信的安全性和完整性，要求客户端与服务器端交互时不仅要使用 TLS/SSL 或 IPSec 等安全协议，TLS 版本还必须大于 1.0。

2. CA 证书

但是还存在一个问题：在客户端与服务器端建立连接时，并不知道对方是不是真正的服务器端。为了解决这个问题，需要采用 CA 证书验证来确定对方身份。CA 证书，顾名思义就是由权威机构发布的数字证书，广泛应用于加密和数字签名，以提供认证的实现，确保数据的一致性和机密性。CA 证书一般包含自定义的证书和官方认证的证书，这里要求采用官方认证的 CA 证书。

CA 机构负责审核信息，对关键信息利用私钥进行签名，公开对应的公钥，客户端可以利用公钥验证签名。申请 CA 证书基本流程如下：

(1) 申请者向第三方 CA 机构提交公钥、组织、个人信息（域名）等信息申请认证；

(2) CA 机构通过线上、线下等多种手段验证申请者提供信息的真实性，如组织是否存在、企业是否合法，是否拥有域名的所有权等；

(3) 如果信息审核通过，CA 会向申请者签发认证文件：数字证书。如图 7-3 所示。

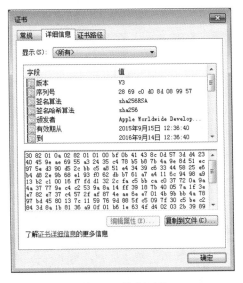

图 7-3　数字证书

数字证书中有几个比较重要的字段，特此说明如下。

❑ 颁发者（issuer）：证书的发布机构，指明这个证书是由哪个公司颁发的。

❑ 有效期（valid from，valid to）：证书的有效时间或使用期限。过了有效期限，证书就会作废。

❑ 公钥（public key）：用来对消息进行加密，数字证书中的公钥采用 RSA（2048 比特），是很长的一串数字，如图 7-3 中间的对话框所示。

❑ 使用者（subject）：证书是发布给谁的，或者说证书的所有者。一般是某个人或者某个公司名称、机构名称、公司网站等。

❑ 签名所使用的算法（signature algorithm）：数字证书的数字签名所使用的加密算法，这样就可以使用证书发布机构的证书里的公钥，根据这个算法对指纹进行解密。指纹的加密结果就是数字签名。

❑ 指纹及指纹算法（thumbprint algorithm）：用来保证证书的完整性，即确保证书没有被修改过。其原理是在发布证书时，发布者根据指纹算法计算整个证书的哈希值（指纹），并将其和证书放在一起，使用者在打开证书时，也根据指纹算法计算证书的哈希值，如果对得上，就说明证书没有被修改过。因为证书的内容被修改后，根据证书的内容计算得出的哈希值是会变化的。App 在使用 HTTPS 时，如果缺少远程端点的 X.509 证书认证，接受不信任的 CA 签名的证书，就会造成仿冒服务器端的安全风险。

3. 证书校验

证书校验即通常说的 HTTPS 的单向验证或双向验证。单向验证是指在 HTTPS 通信过程中，只有客户端验证服务器端的证书，服务器端不验证客户端的证书；双向验证要求客户端和服务器端的证书都得验证。对于双向证书验证，客户端有自己的密钥，并持有服务器端的证书，服务器端在给客户端发送数据时，需要先将证书发给客户端验证，验证通过才允许发送数据；同样，客户端在请求服务器端数据时，也需要将证书发给服务器端验证，验证通过才允许执行请求。

4. 主机名校验

如果客户端在构造 HttpClient、设置 HostnameVerifier 参数时使用 ALLOW_ALL_HOSTNAME_VERIFIER 或空的 HostnameVerifier，也就是关闭主机名校验，就容易导致黑客使用中间人攻击获取加密内容。

7.1.2　数据加密

安全传输层可以保证客户端与服务器端传输过程中的链路安全，但是并不能保证传输过程中的数据安全。根据我们的测试经验，目前一部分 App 与云端服务器通信采用的是 HTTP，在数据传输过程中，未采取数据加密或仅有简单的算法加密；另一部分 App 采用的是 HTTPS，但攻击者可通过中间人攻击的方式捕获通信数据，获取明文用户信息，如图 7-4 和图 7-5 所示，这就会导致用户信息和业务数据泄露，存在数据被监听、链路被劫持甚至篡改的安全风险。

图 7-4　HTTP 明文传输

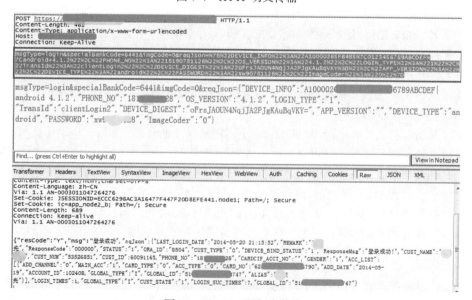

图 7-5　HTTPS 弱加密传输

因此，为了保证数据安全，要求必须使用多种复杂的算法组合加密数据，同时增加对称加密密钥复杂度和随机数生成强度，从而避免被攻击者逆向破解。

7.1.3 中间人攻击

中间人攻击（Man-in-the-Middle Attack，简称 MITM 攻击）是一种通过窃取或篡改通信物理、逻辑链路而间接完成攻击行为的网络攻击方法。它可以利用各种攻击手段进行入侵控制，或者直接以物理接入的方式操控两台通信计算机之间的主机，并通过这台主机攻击两台通信计算机中的任意一方。这个被攻击者控制的通信节点就是所谓的"中间人"。中间人攻击的方式有信息篡改、信息窃取等，攻击技术有 DNS 欺骗、会话劫持、代理服务器等。

我们需要检测 App 是否启用防 HTTP/HTTPS 网络代理监听机制，因为 App 在网络代理环境下传输的数据包容易被中间人窃听、篡改和重放，从而造成信息泄露、业务逻辑被分析、服务器端遭到恶意攻击等风险。

1. HTTP 中间人会话劫持

HTTP 会话劫持是针对电信和网通用户的 HTTP 进行的一种跟踪行为。HTTP 基本不会对客户端请求的数据与服务器端返回的数据进行加密，最多只是对账号、密码进行加密，有的甚至是明文传输，数据包是 JSON 格式。内容明文容易导致数据包被任意篡改或重放攻击。

HTTP 中间人攻击漏洞的主要问题是：

❑ 客户端与服务器端通信传输的数据没有加密处理；
❑ 客户端与服务器端没有对数据包完整性进行校验。

因此，防止 HTTP 中间人攻击，要求客户端与服务器端传的数据进行加密处理，同时对数据包的完整性进行校验，防止数据包被任意篡改后重放攻击，避免造成信息泄露的风险。

2. HTTPS 中间人会话劫持

由于客户端没有校验服务器端返回的证书，攻击者就能与通信的两端分别创建独立的连接，并交换收到的数据，使通信的两端认为他们正在通过一个私密的连接与对方直接对话，但事实上整个会话都被攻击者完全控制。在中间人攻击中，攻击者可以拦截通信双方的通话并插入新的内容。

Android 默认的 HTTPS 证书验证机制不接受不可信的连接，因而是安全的，但 Android 允许 App 服务厂商重定义证书验证方法：使用 X509TrustManager 类检查证书是否合法并且是否未过期，使用 HostnameVerifier 类检查证书中的主机名与使用该证书的服务器端的主机名是否一致。重写的 HostnameVerifier 的 Verify() 方法不对主机名验证失败做任何处理，即不对主机名进行正确校验；重写的 X509TrustManager 中的 checkServerTrusted() 方法不对验证失败做任何处理，即不对证书进行正确校验；重写的 HostnameVerifier，当被配置为接受任何服务器端的主机名时，等同于不对主机名进行校验。

因此，HTTPS 中间人攻击漏洞的主要问题是：

- □ 客户端使用自定义的 `X509TrustManager`，未实现安全校验逻辑，接受任意证书；
- □ 客户端使用自定义的 `HostnameVerifier`，没有对域名进行校验；
- □ 信任所有主机名。

7.2　安全测试方法

本节将结合 App 在网络传输过程的安全传输、数据加密、中间人攻击等 3 个过程中涉及的安全问题进行测评，判定 App 在此过程中是否符合安全要求，如果符合，则本项测试结果为"通过"，否则为"不通过"，同时给出本项安全的修复建议。

7.2.1　安全传输层

1. TLS 实现检测

- ● **检测目的**

为确保通信的安全性和完整性，检测客户端与服务器端交互核心的通信会话是否采用 HTTPS，同时是否为现有最佳实践方式。

- ● **检测方法与步骤**

(1) 将被测 App 安装到被测的移动智能终端上，并与服务器端进行连接；

(2) 使用 Wireshark、Fiddler 等抓包工具抓取网络数据包，判定用户登录、交易等私密连接是否使用 HTTPS 进行网络通信；

(3) 使用 Wireshark、Fiddler 等抓包工具抓取网络数据包，查看 TLS 的版本是否高于 1.0。

- ● **检测结论**

在步骤(2)后，如果客户端与服务器端交互核心的通信会话采用 HTTPS，在步骤(3)后，如果 TLS 的版本高于 1.0，则本项测试结果为"通过"，否则为"不通过"。

- ● **修复建议**

客户端与服务器端核心的通信会话均采用 HTTPS，同时 TLS 版本要高于 1.0。

2. CA 证书检测

- ● **检测目的**

检测客户端与服务器端建立安全通道时，客户端是否验证远程端点的 X.509 证书，是否只接受受信任的 CA 签名的证书。

● **检测方法与步骤**

检测 CA 证书的合法性，是否为受信任的 CA 签名证书，App 是否只接受受信任的 CA 签名证书。

- ❑ 开启抓包工具抓取 App 与服务器端交互的数据；
- ❑ 在截获的数据中检查证书的签发机构；
- ❑ 在代码中检查客户端是否只接受受信任的 CA 签名的证书。

● **检测结论**

如果截获的数据中的证书由可信任机构签发，并在有效期内，且访问服务器与证书绑定的一致，同时只接受受信任的 CA 签名的证书，则本项测试结果为"通过"，否则为"不通过"。

● **修复建议**

客户端验证远程端点的 X.509 证书，只接受受信任的 CA 签名的证书。

3. 证书校验检测

● **检测目的**

检测客户端和服务器端是否对证书进行双向校验。

● **检测方法与步骤**

(1) 反编译 App 代码，检测是否存在客户端验证服务器端证书的代码。

- ❑ 开启抓包工具抓取 App 与服务器端交互的数据；
- ❑ 客户端与服务器端 TLS 握手阶段，客户端发送 Server Hello 消息数据包给服务器端，服务器端会发送 Client Hello 消息数据包给客户端，并返回服务器端的签名证书，此时利用抓包工具截获客户端与服务器端交互的数据包；
- ❑ 在反编译的代码中，查看客户端是否校验服务器端返回的证书。
  - ■ 客户端验证证书内容的有效性，例如证书是否过期，域名是否一致等；
  - ■ 客户端验证证书数字摘要是否一致，证书是否被篡改。

(2) 反编译 App 代码，检测是否存在客户端发送本地证书给服务器端认证的代码。

● **检测结论**

在步骤(2)后，如果客户端对服务器端返回的证书进行了验证，同时服务器端也对客户端证书进行了校验，则本项测试结果为"通过"，否则为"不通过"。

● **修复建议**

建议一般的 App 要实现客户端对服务器端证书的单向验证，对于安全要求比较高的 App，要实现客户端与服务器端证书的双向验证。

4. 主机名校验

- **检测目的**

检测客户端是否对主机名进行校验。

- **检测方法与步骤**

反编译 App 代码，检测 App 是否对访问的主机名进行校验。

❑ 反编译 App，查找 App 通信的代码；

❑ 查看 App 是使用 setHostnameVerifier()方法接受任意域名，还是进行了主机名验证。

缺陷代码示例如下：

```
public static SSLSocketFactory getFixedSocketFactory(){
    MySSLSocketFactory v0;
    try{
        v0 = new MySSLSocketFactory(MySSLSocketFactory.getKeystore());
        ((SSLSocketFactory)v0).setHostnameVerifier(SSLSocketFactory.ALLOW_ALL_HOSTNAME_VERIFIER);
    }catch(Throwable v1){
        v1.printStackTrace();
        SSLSocketFactory v0_1 = SSLSocketFactory.getSocketFactory();
    }
    return ((SSLSocketFactory)v0);
}
```

- **检测结论**

如果 App 接受任意域名，则本项测试结果为"不通过"；如果 App 对主机名进行了校验，则本项测试结果为"通过"。

- **修复建议**

App 对主机名进行校验，不能接受任意域名。

7.2.2　数据加密

- **检测目的**

检测在客户端与服务器端通信过程中，业务数据是否以明文方式在网络中传输，数据加密的复杂度如何。

- **检测方法与步骤**

(1) 利用 Wireshark 或 Fiddler 抓包工具，对客户端与服务器端通信的登录、支付、转账等核心功能进行抓包，查看业务数据是否以明文方式在网络中传输。

在数据传输过程中，如果上行和下行数据明文显示，没有经过加密处理，就会造成用户的手机号码等信息泄露，如图 7-6 所示。

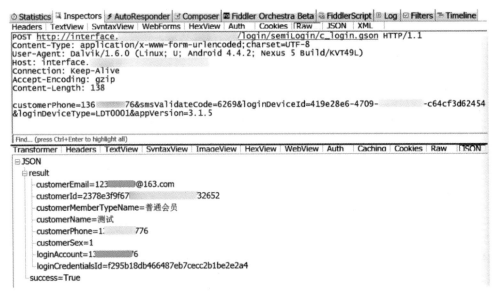

图 7-6 上行和下行数据明文传输

(2) 如果客户端与服务器端交互的数据经过了加密处理，检测数据加密方式的复杂度，是否可以轻易破解。

在数据传输过程中，如果数据仅经过简单的 URL 编码加密，就很容易被解密，造成用户的手机号码、地理位置等信息泄露，如图 7-7 所示。

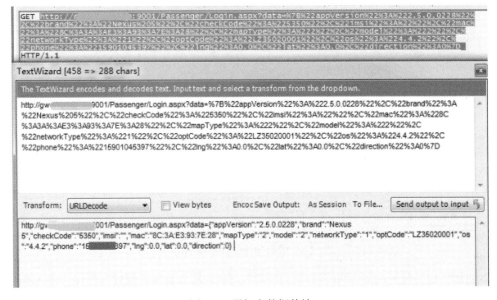

图 7-7 弱加密数据传输

- **检测结论**

在步骤(2)后，客户端与服务器端交互的业务数据经过多个复杂的算法加密，且无法破解，则本项测试结果为"通过"，否则为"不通过"。

- **修复建议**

客户端与服务器端交互的上行/下行数据要经过多个复杂算法进行加密，同时加密存储对称加密算法密钥。

7.2.3 中间人攻击

1. HTTP 中间人会话劫持检测

- **检测目的**

检测客户端与服务器端交互的数据是否可以被任意篡改，导致重放攻击漏洞。

- **检测方法与步骤**

(1) 使用抓包工具 Fiddler 截取客户端与服务器端交互的数据包，查看是否存在明文传输的数据，是否满足数据篡改的条件。

运行测试 App，模拟用户登录、支付并查看数据内容，如图 7-8 所示。

```
Headers | TextView | SyntaxView | WebForms | HexView | Auth | Cookies | Raw | JSON | XML |
POST https://mc.         /Account/Login?ReturnUrl=https%3A%2F%2Fmc         %2FAccount%2FUserInfo HTTP/1.1
Host: mc.
Connection: keep-alive
Content-Length: 54
Accept: text/html,application/xhtml+xml,application/xml;q=0.9,image/webp,*/*;q=0.8
Origin: https://mc.
User-Agent: Mozilla/5.0 (Linux; Android 4.4.2; HUAWEI MLA-AL10 Build/HUAWEIMLA-AL10) AppleWebKit/537.36 (KHTML,
like Gecko) Version/4.0 Chrome/30.0.0.0 Mobile Safari/537.36 fivebusapp
Content-Type: application/x-www-form-urlencoded
Referer: https://         /Account/Login?ReturnUrl=https%3a%2f%2fmc.         %2fAccount%2fUserInfo
Accept-Encoding: gzip,deflate
Accept-Language: zh-CN,en-US;q=0.8
Cookie: ASP.NET_SessionId=fzbayovjfuvOpg2c4hbhoxio
X-Requested-With: cn.         .clientapp

LoginType=2&UserAccount=131         360&PassWord=qqqqqq123

Find... (press Ctrl+Enter to highlight all)                                                                    Vie
Transformer | Headers | TextView | SyntaxView | ImageView | HexView | WebView | Auth | Caching | Cookies | Raw | JSON | XML |
HTTP/1.1 302 Found
Cache-Control: private
Content-Type: text/html; charset=utf-8
Location: https://mc.         /Account/UserInfo
Server: Microsoft-IIS/10.0
X-AspNetMvc-Version: 5.2
X-AspNet-Version: 4.0.30319
Set-Cookie: 755e5fc8370f990b1056e2835fece278=1; expires=Fri, 29-Mar-2019 16:25:39 GMT; path=/
Set-Cookie: dfb02576c476d399a7df98f7a6268f0a=3C23C21EAEDD62C6; expires=Fri, 29-Mar-2019 17:31:39 GMT; path=/
Set-Cookie: 336c669dc04e827c6fa15cdfc5a64e7d=A356C02A4075A83F; expires=Fri, 29-Mar-2019 17:31:39 GMT; path=/
X-Powered-By: ASP.NET
Date: Fri, 29 Mar 2019 06:25:39 GMT
Content-Length: 152

<html><head><title>Object moved</title></head><body>
<h2>Object moved to <a href="https://mc         /Account/UserInfo">here</a>.</h2>
</body></html>
```

图 7-8 模拟操作截获的数据包

(2) 使用抓包工具 Fiddler 截取客户端上传的数据包或服务器端返回的数据包，尝试修改数据后重放，查看 App 运行结果是否能够修改成功。

运行测试 App，点击登录，截取数据包，对标题进行篡改攻击，运行后修改成功，如图 7-9和图 7-10 所示。

图 7-9　篡改攻击数据包

图 7-10　篡改后的运行效果

- **检测结论**

在步骤(2)后，如果客户端与服务器端交互的数据经过加密处理，且数据无法修改，则本项测试结果为"通过"，否则为"不通过"。

- **修复建议**

❑ 采用高强度的加密算法对交互的数据进行加密或者使用 HTTPS；

❑ 对客户端请求的数据和服务器端返回的数据进行完整性校验，防止被篡改。

2. HTTPS 中间人会话劫持检测

- **检测目的**

检测 App 在使用 HTTPS 时，是否存在中间人攻击漏洞。

- **检测方法与步骤**

(1) 查看实现 X509TrustManager 接口中的 checkServerTrusted()方法实现是否为空，即不检查服务器端是否可信，示例代码片段如下所示：

```
public MySSLSocketFactory(KeyStore truststore) throws NoSuchAlgorithmException,
    KeyManagementException{
    this.sslContext = SSLContext.getInstance("TLS");
    this.sslContext.init(null, new TrustManager[]{new X509TrustManager(){
        public X509Certificate[] getAcceptedIssuers(){
            return null;
        public void checkServerTrusted(X509Certificate[] arg0,  String arg1)throws
            CertificateException {
        }
        public void checkClientTrusted(X509Certificate[] arg0,  String arg1)throws
            CertificateException {
        }
    }
    }}, null);
}
```

(2) 查看站点域名与站点证书的域名是否匹配，即查看 HostnameVerifier()方法中的 verify()函数是否存在域名校验。

verify()函数实现为 ture、不检查站点域名与站点证书的域名是否一致的示例代码片段如下所示：

```
NetworkUtils.conn = null;
NetworkUtils.is = null;
NetworkUtils.os = null;
NetworkUtils.DO_NOT_VERIFY = new HostnameVerifier(){
    public boolean verify(String s, SSLSession sslSession){
        return 1;
    }
};
```

(3) 查看 setHostnameVerifier() 方法是否接受任意域名。接受任意域名的示例代码如下所示：

```
public static SSLSocketFactory getFixedSocketFactory(){
    MySSLSocketFactory v0;
    try {
        v0 = new MySSLSocketFactory(MySSLSocketFactory.getKeystore()
        ((SSLSocketFactory)v0).setHostnameVerifier(SSLSocketFactory.ALLOW_ALL_HOSTNAME_VERIFIER);
    } catch  (Throwable v1)  {
        v1.printStackTrace();
        SSLSocketFactory v0_1 = SSLSocketFactory.getSocketFactory();
    }
    return null;
}
```

(4) 如果步骤(1)不检查服务器端是否可信，步骤(2)不进行域名校验，步骤(3)可以接受任意域名，则可利用 Fiddler 设置代理，对 App 数据包进行拦截和篡改，从而造成中间人攻击的风险。

运行测试 App，利用 Fiddler 截取数据包，修改返回数据包的字段为“测试”。运行后修改成功，如图 7-11 和图 7-12 所示。

图 7-11　修改数据包

图 7-12　修改后的运行效果

● **检测结论**

在步骤(4)后，如果客户端对服务器端返回的 SSL 证书进行强校验，则本项测试结果为"通过"，否则为"不通过"。

● **修复建议**

对 SSL 证书进行签名 CA 是否合法、证书是否自签名、主机域名是否匹配、证书是否过期等校验，详细修复方案请参照谷歌公司官方关于 SSL 的安全建议。

7.3　小结

本章从网络传输方面介绍了 App 安全测试要求和方法，包括安全传输层、数据加密和中间人攻击 3 个要点，一共有 7 个安全测试项。要求客户端与服务器端数据交互过程中采用 SSL/TLS 或 IPSec 等安全协议，同时保证客户端与服务器端进行 CA 证书双向校验；在数据传输时，数据必须经过加密处理，防止数据泄露；保证客户端与服务器端会话进行安全校验，防止攻击者进行流量劫持，任意篡改数据包后重放，导致中间人攻击的风险。下一章我们会从鉴权认证方面介绍相关的安全问题。

第8章

鉴权认证安全测试

为了深度获取移动互联网用户，为用户提供个性化的服务，目前绝大多数 App 出于功能和产品业务的需要，会要求用户注册 App 账号。同时，用户出于深度使用 App 的个性化信息管理需求，如发布信息、收藏文章、社交连接、使用历史等，也会主动注册 App 账号。

一般而言，用户在使用 App 的过程中有注册、登录、会话、登出、注销 5 种状态，如图 8-1 所示。下面我们就对这 5 种状态进行详细介绍。

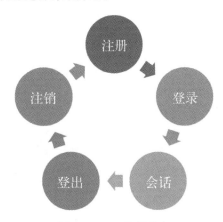

图 8-1　App 使用状态

1. 注册

当用户在第一次打开 App 时可以通过注册账号正式成为 App 的用户。注册方式一般有手机号注册、邮箱注册、用户名注册以及邀请码注册 4 种。由于用户一般通过智能手机使用 App，方便接收注册认证短信，因此目前国内大部分 App 的注册功能中会包含手机号注册。例如，QQ 的用户注册功能如图 8-2 所示。

2. 登录

当用户打开 App 深度使用各项功能服务时，就需要登录。一般而言，App 的登录方式有以下 4 种：

- ❑ 账号登录（用户名、手机号、邮箱账户等）；
- ❑ 第三方登录（微信、QQ、微博、豆瓣等）；
- ❑ 生物特性登录（指纹、人脸等）；
- ❑ 一键快捷登录（中国移动等）。

例如，滴滴 App 可以使用手机号或者第三方微信授权登录，如图 8-3 所示。

图 8-2　QQ 注册界面 　　　　　　　　图 8-3　滴滴 App 的登录过程

为了保证登录的安全，App 还会通过账户绑定终端的方式来避免用户信息泄露导致的恶意登录行为。

3. 会话①

目前，大部分 App 在服务器端与客户端的通信过程中是通过 HTTP 来传输数据、文本、视频等多媒体数据的。然而，当用户在登录 App 后结束访问某一页面时，即当前的 HTTP 连接完成时，如果用户需要使用另一个需与服务器端新建 HTTP 连接的 App 功能，由于 HTTP 的无状态性，服务器端将再次验证用户的合法性，要求用户输入账户和密码。这样，用户在使用 App 的过程中就需要频繁地填写用户名和密码，用户体验非常差。

不过，上述情况在平时使用 App 的过程中并不常见，因为开发者使用了鉴权机制来认证用户的合法性，从而保持了用户使用 App 的连续性。

---

① 在计算机领域，会话是指保持用户会话活动的互动与计算机系统跟踪的过程。在本书中，"会话"这个术语表示用户登录 App 后与服务器端通信以使用 App 服务的交互过程。

4. 登出

当用户使用完 App 后，或者在自己或他人手机上临时登录并使用 App 后，都会选择登出，这一方面是为了保护用户的 App 使用隐私，另一方面也是为了让其他人更好地使用 App 个性化服务。

5. 注销

当用户决定弃用 App 时，需要删除用户信息、使用记录以及其他涉及个人信息的数据，避免个人信息泄露，就会进行注销。注销功能可以帮助用户删除账号，并清除数据库中与用户相关的数据。例如，微信 App 的注销功能如图 8-4 所示。

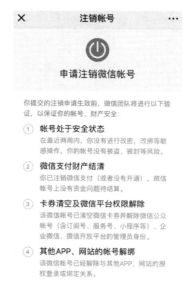

图 8-4　微信 App 的注销功能

国家信息安全漏洞共享平台（CNVD）专门收录移动互联网行业的漏洞，尤其是 App 的漏洞，而其中关于 App 鉴权认证方面的漏洞不在少数。2019 年，CNVD 共收录移动互联网行业漏洞 1324 个，较 2018 年同期（1165 个）增加了 13.65%。近 6 年 CNVD 收录的移动互联网行业漏洞情况如图 8-5 所示。

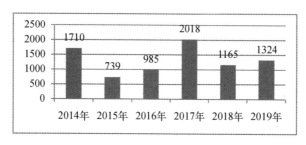

图 8-5　近 6 年 CNVD 收录的移动互联网行业漏洞情况

在 2019 年 CNVD 收录的移动互联网漏洞中，漏洞类型主要涉及信息泄露、越权、任意密码重置、拒绝服务、应用备份、重打包、任意用户注册、任意用户登录、短信轰炸、XSS、暴力破解、应用劫持等，详细信息如图 8-6 所示。

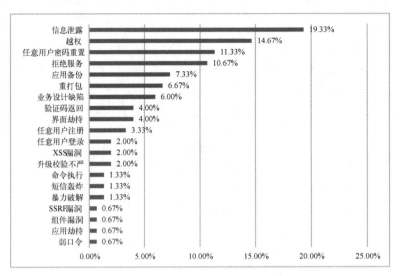

图 8-6   2019 年 CNVD 收录的移动互联网漏洞类型

其中，与用户鉴权认证过程相关的漏洞数量占比超过总数的 50%。因此，开发者在 App 开发过程中需要注意用户认证方面的安全问题。本章将着重从 App 的注册、登录、会话、登出、注销这几个环节分析 App 在用户鉴权认证方面应该考虑的安全问题，如图 8-7 所示。

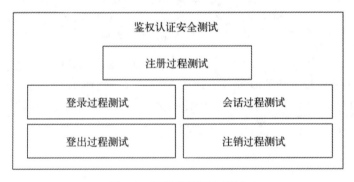

图 8-7   鉴权认证安全测试

8.1 安全测试要求

本节针对用户使用 App 时的注册、登录、会话、登出、注销等 5 个过程中涉及的安全问题，从以下 5 个方面分别解析相应的安全要求：

(1) 注册过程要求进行注册信息保护检测、注册信息传输检测、注册过程防爆破检测、注册过程防嗅探检测;

(2) 登录过程要求进行密码验证检测、登录信息传输检测、登录过程防爆破检测、登录过程防嗅探检测、登录过程防绕过检测、加强认证检测;

(3) 会话过程要求进行状态会话标志检测、无状态会话 Token 检测、会话不活跃检测、加强认证检测;

(4) 登出过程要求进行会话终止检测、残留数据检测;

(5) 注销过程要求进行重新注册检测、数据清除检测。

8.1.1 注册过程

用户通常会使用手机号、邮箱或者账号等作为用户名进行注册,并设置登录密码。通过手机号或邮箱注册的 App,一般会通过短信或者邮件发送验证码,用户需要在规定时间内填写验证码方可成功注册账号。

在用户注册的过程中,需要考虑密码复杂度问题、注册信息存储问题、注册信息传输问题、注册信息防破解问题和注册信息防嗅探问题。

下面我们具体分析在注册过程中需要进行的安全检测。

1. 注册信息保护

在 App 开发过程中,开发者需要提前考虑对用户输入的注册信息进行保护,要重点考虑两点:一是用户注册使用的密码复杂度,二是用户信息在本地存储时的保护程度。

针对第一点,开发者一般会在密码设置的输入框内对用户输入的密码提出要求,如大小写字母和数字的组合、长度为 10 至 32 个字符、不包含特殊符号,等等。另外,目前不少 App 还提供了"无密登录",即通过短信验证方式登录 App,这样在一定程度上减少了密码泄露带来的安全风险,但是与此同时,要更加重视保护用户短信的安全。因此,本项检测的重点是检测 App 要求用户设置密码的复杂度,即密码内容是否要求必须是大小写字母、数字或特殊符号的组合,密码长度是否足够长。

针对第二点,当 App 开发者在本地通过 xml 文件、SQLite 数据库等文件存储用于登录 App 的用户名、手机号、邮箱、密码等用户注册信息时,需要进行加密存储,并且要对加密密钥进行保护,避免被黑客轻易破解。

2. 注册信息加密传输

App 在将用户注册信息传输到服务器端的过程中,如果以明文形式进行传输,一旦网络流量被第三方劫持,如通过 Wi-Fi 上网或在同一局域网,黑客就能够通过监听流量获取 App 传输的明文用户注册信息。为了提高用户注册信息传输的安全性，传输的注册信息需要加密，禁止进行弱加密，并且要对加密密钥进行保护，避免黑客可以轻易破解，详情请参考第 6 章的相关内容。

3. 注册过程防爆破

在 App 上注册账户时，需要注意注册过程防爆破问题，即攻击者在注册时抓取数据包，通过对数据包中的验证码字段进行暴力破解，获得正确的验证码，从而注册任意账户。

4. 注册过程防嗅探

在 App 上注册账户时，需要注意注册过程防嗅探问题，即防止黑客利用社工库中已有的手机号、邮箱和用户名来频繁试探它们在 App 中是否已经注册，导致利用撞库的方式窃取用户注册的账号和密码。

8.1.2   登录过程

用户在登录 App 时，通常会使用手机号或者账号等作为用户名。通过手机号进行登录的 App，一般还会通过短信方式发送验证码，用户需要在规定时间内填写验证码方可成功登录 App。

在用户登录的过程中，除需要考虑用户注册过程中同样面临的信息防破解、信息防嗅探这两个问题，还需要考虑密码验证问题、登录信息传输问题、登录过程防爆破问题、登录过程防绕过问题和加强认证问题。

下面我们具体分析在登录过程中需要进行的安全检测。

1. 密码安全验证

在开发 App 的过程中需要考虑用户登录密码验证的方式，是在服务器端验证，还是在本地验证，在验证中是否加入了设备信息，以确保验证过程的安全性。

如果在本地进行密码验证，可能会导致验证方式泄露，从而造成用户密码泄露，而在服务器端进行验证，攻击者很难分析验证方式，相对比较安全；如果在验证过程中加入设备信息，可以避免用户账号被其他设备非法登录，从而保护用户账号、密码。总体来说，密码结合设备信息在服务器端进行验证，是相对比较安全的方式。

2. 登录信息加密传输

App 在将用户登录信息传输到服务器端的过程中，如果以明文形式进行传输，一旦网络流量被第三方劫持，如通过 Wi-Fi 上网或在同一局域网，黑客就能够通过监听流量获取 App 传输的明文用户登录信息。为了提高用户登录信息传输的安全性，传输的登录信息需要加密，禁止进行弱加密，并且要对加密密钥进行保护，避免黑客可以轻易破解，详情请参考第 6 章的相关内容。

3. 登录过程防爆破

登录 App 账户时，需要注意登录过程防爆破问题，要求在 App 登录时，登录密码进行加密处理，禁止验证码从服务器端返回至客户端，防止攻击者利用数据包中的验证码字段或者密码字段进行暴力破解。

4. 登录过程防嗅探

登录 App 账户时，需要注意登录过程防嗅探问题，即攻击者通过爆破验证码，从而登录任意账号，任意重置用户密码；重放发送短信验证码数据包进行短信轰炸；利用已有社工库中的手机号、账号进行撞库，获取用户登录信息等。

- ❑ 登录任意账号，即攻击者在登录时抓取数据包，通过对数据包中的验证码字段进行暴力破解，可获得正确的验证码，从而成功登录其他用户的账户，造成账号劫持和敏感信息泄露等风险。
- ❑ 任意重置用户密码，即攻击者在账户重置密码时抓取数据包，通过对数据包中的验证码字段进行暴力破解，可获得正确的验证码，从而重置任意账户密码，造成账号劫持和敏感信息泄露等风险。
- ❑ 短信轰炸，即攻击者在登录或重置密码时获取到发送验证码的数据包，对发送验证码的数据包进行重放，由于服务器端未进行次数和访问控制限制，造成消耗系统资源，导致拒绝服务等风险。
- ❑ 撞库攻击，即攻击者利用社工库中已有的手机号、邮箱和用户名来频繁试探它们在 App中是否已经注册，如果撞库成功，便可以获得用户登录密码，从而窃取用户信息。

5. 登录过程防绕过

登录 App 账户时，需要注意登录过程防绕过问题，一种是绕过验证码登录其他账户，另一种是修改用户 ID 获取其他用户信息。

- ❑ 绕过验证码登录其他账户，即攻击者在登录时抓取登录成功时的数据包，之后退出，在登录其他用户账号时用登录成功时的数据包替换掉登录失败的数据包，从而绕过验证码、密码验证，成功登录其他用户的账户。
- ❑ 修改用户 ID 获取其他用户信息，即用户身份的验证采用单一 ID 值判断，攻击者可修改数据包中的用户 ID 进行重放，从而获得其他用户的信息。

6. 加强认证

登录 App 账户时，加强认证是保护用户登录信息的一种方式。其中双因子身份认证机制和登录密码结合设备信息进行认证，能够很好地保护用户账号，以免在其他设备上非法登录。登录过程中的短信通知验证是目前很流行的登录认证方式，很多 App 会在不常用登录设备登录时进行短信提醒和验证，以避免用户登录信息被窃取的风险。

8.1.3 会话过程

通常情况下，大部分 App 采用 HTTP 通信。HTTP 本身是无状态的，必须有一种方法来关联用户的后续 HTTP 请求，否则，每次都要发送用户的登录凭据请求。此外，服务器端和客户端都需要跟踪用户权限、角色等数据，因此，可以通过状态认证和无状态认证两种不同的方式完成。

- 状态认证，即当用户登录时生成唯一的会话 ID。在后续请求中，此会话 ID 用作存储在服务器端的用户详细信息的引用。会话 ID 是不透明的，不包含任何用户数据。
- 无状态认证，即所有用户标识信息都被存储在客户端令牌中。令牌可以传递给任何服务器端或微服务，从而消除了在服务器端维护会话状态的需要。无状态身份验证通常用于授权服务器端中，授权服务器端在用户登录时生成、签名并选择性地对令牌进行加密。

Web App 通常使用具有随机会话 ID 的状态认证，该随机会话 ID 存储在客户端 Cookie 中。尽管移动 App 有时以类似的方式使用有状态会话，但是基于无状态令牌的方法也很流行，它具有以下特点。

- 通过消除在服务器端存储会话状态的需要，可以提高可扩展性和性能。
- 令牌能够使开发人员将认证与 App 分离。令牌可以由认证服务器端生成，并且认证方案可以无缝地改变。

下面我们就详细介绍这两种类型的身份验证。

1. 有状态会话标志

大家在使用金融类 App 时，通常会首先进行登录，输入账户密码，然后点开股票、理财、转账等功能。这几个功能是不同的页面，那么服务器端怎么知道你就是之前登录的那个人呢？这就用到了 Session 会话标志。在登录的时候输入用户名、密码，服务器端会返回客户端一个 _Session_id 值；在登录成功访问其他页面时，客户端会自动带着之前服务器端分配给你的 _Session_id 值去访问服务器端的其他接口；其他接口看到这个 _Session_id 值，就知道此时的你就是之前登录的那个人了。下面我们以一款银行 App 为例，来看看 App 是如何使用 Session 机制保证客户端与服务器端在同一 Session 下进行通信的。

当程序需要为某个客户端的请求创建一个 Session 的时候，服务器端会首先检查这个客户端的请求里是否已经包含一个 _Session_id 标识。如果已经包含，则说明以前已经为此客户端创建过 Session，服务器端就按照 _Session_id 把这个 Session 检索出来使用。如果客户端请求不包含 _Session_id，则为此客户端创建一个 Session 并且生成一个与此 Session 相关联的 _Session_id。

客户端首次访问服务器端，通过账户密码登录成功后，被访问的服务器端会给每个 Session 分配一个唯一的 _Session_id 值，并通过 Set-Cookie 发送给客户端，如图 8-8 所示。

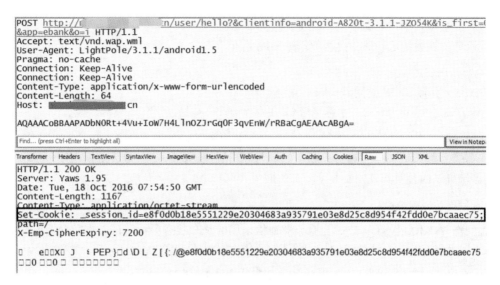

图 8-8   通过 Set-Cookie 发送给客户端

客户端再次访问服务器端，发起新的请求，此时在 Cookie 头中携带这个_Session_id 值，这样服务器端就能够找到这个客户端对应的 Session，如图 8-9 所示。

图 8-9   Cookie 携带_Session_id 值发送给服务器端

由于_Session_id 值是返回到客户端的，存在一定的风险，攻击者如果获取到了这个值，容易伪造会话。为了会话安全，要求服务器端认证增加复杂性，流程如下所示。

(1) 客户端输入用户名和密码，提交到服务器端验证。

(2) 服务器端验证成功后，给客户端返回以下值。

uid：用户的唯一标识；

time：当前 UNIX 时间戳；

key：MD5（uid+time+"字符串密钥"）。

(3) 客户端本地保存以上 3 个值，在每次 HTTP 请求时，将这 3 个值发送到服务器端。

(4) 服务器端验证 key 并进行判断，如果与客户端发送的 key 一致，则说明用户身份无误，且服务器端可以通过时间差限制 key 的有效期。

2. 无状态会话 Token

前面我们介绍了 App 客户端与服务器通信采用的是有状态会话认证，本节介绍的无状态会话 Token 技术与有状态会话技术原理很像但又不相同，安全性更高。

App 客户端与服务器端通信会话的基本流程如图 8-10 所示。

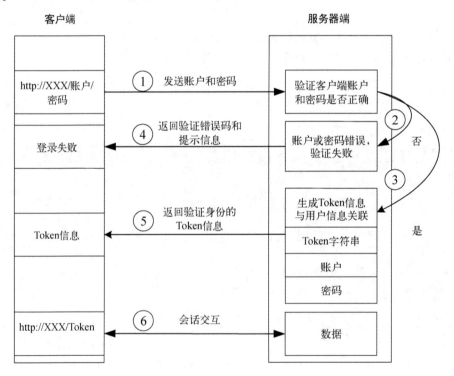

图 8-10　App 客户端与服务器端通信会话的基本流程

□ 当客户端与服务器端首次交互时，客户端会发送用户的账户和密码到服务器端①，服务器端会验证客户端的账户和密码是否正确：如果账户或密码错误，验证失败②，服务器端会返回错误码和提示信息到客户端（如"登录失败"）④；如果账户或密码正确，服务器端会随机生成一个 Token 字符串（如"qwerty23456asdfgh"）。这个 Token 是唯一的，后续用于标识用户信息，同时，服务器端在数据库会建立一个 Token 信息和用户信息关联的表③。此时，服务器端会返回客户端一个 Token 信息⑤，客户端保存 Token 信息用于下次访问的唯一标识。

- ❑ 当 App 客户端再次与服务器端会话交互时⑥，访问的 URL 链接中会包含新的 Token 字符串，用于服务器端进行用户身份认证。

例如，www.test.com/login 是测试 App 登录的链接，用户首次访问时需要携带账户和密码，如 www.test.com/login/用户名/密码，当服务器端验证成功后会返回一个 Token 字符串（如"qwerty23456asdfgh"），那么客户端再次和服务器端会话交互，需要访问其他业务时，访问的 URL 链接就为 http://www.test.com/list?Token=qwerty23456asdfgh。当服务器端接收到这个会话请求时，会提取参数中的 Token 值"qwerty23456asdfgh"，然后在服务器端的数据库中查询比对：如果存在这个 Token 值，则正常返回用户想访问的业务页面；如果不存在，则返回页面无效。

但是，这个方案其实也不是绝对安全的。由于客户端与服务器端身份认证过于依赖 Token 字符串，虽然客户端在与服务器端会话交互时，不用每次都发送用户的账户和密码，但是，如果用户的 URL 链接泄露了，Token 也就泄露了。为了避免 Token 被攻击者窃取利用，建议开发者采用 URL 的签名+时间戳+UID 的方式保护 Token 值，同时使用 AES、DES 或者 RSA 等高强度算法加密。

3. 会话不活跃

如果客户端与服务器端保持长时间会话状态，在 App 用户出现突然来电或使用微信、支付宝等场景，App 就可能会在后台运行，出现会话临时中断的情况或者长时间不活跃状态。此时，就要求会话实现时间限制机制，比如会话持续 5 分钟不操作，则该会话将立即断开，要求用户重新登录。

4. 加强认证

双因子认证是指结合密码及实物（如信用卡、SMS 手机、令牌或指纹等生物标志）两种条件对用户身份进行认证的方法。这种认证技术较为常用，也给了一些网络犯罪分子可乘之机。如果攻击者获取到了大量身份凭证，他们就可以伪装成合法用户，还可以躲避安全防护软件的检测，利用钓鱼攻击、社会工程学攻击等手段实施攻击。但是，目前双因子身份认证是确保远程访问安全性的最佳实践方式。对于 App 中涉及敏感用户信息的界面，均要求使用双因子身份认证机制，例如采用支付密码和用户预留短信验证码。

8.1.4 登出过程

当用户使用完 App，或者在自己手机上临时借他人账户登录并使用 App 时，或者在他人手机上临时登录自己的账户并使用 App 时，只要涉及切换账户，就会选择登出功能。在用户登出后，客户端与服务器端的会话需要终止，客户端或服务器端存储的数据需要及时清理。

1. 会话终止

最小化会话标识符和令牌的生命周期降低了账户劫持的可能性。此测试用例的目的是验证登出功能，是否有效地终止客户端和服务器端的会话，使 Token 无效。不能及时销毁服务器端会话是注销功能最常见的错误。为了方便用户通过无状态身份验证，许多 App 不会自动将用户注销。App 应具有登出注销功能，及时删除客户端和服务器端上的 Token。否则，令牌未失效，很容易绕过身份验证。

2. 残留数据

当用户执行登出操作后，客户端会向服务器端发送退出登录的请求，要求服务器端把客户端对应的 Token 字符串或者_Session_id 及时删除，保证客户端再次访问服务器端时生成新的会话标识。

8.1.5　注销过程

电信业务经营者和互联网信息服务提供者应当严格遵守国家法律法规要求，在用户终止使用服务后，为用户提供注销账号的服务。用户也可以依法要求网络平台和手机 App 注销不再使用的账号，以防范个人用户资料泄露的风险。目前大部分 App 实现了注销功能，作为移动安全测试人员，需要熟悉在用户注销之后，当用户重新安装使用时，是否需要重新注册以及之前的账户信息是否还可以继续使用。

1. 重新注册

目前大部分 App 为了给用户提供更好的服务，启动后会要求用户进行注册。注册方式有多种，最常见的是用户名和密码、手机号码注册，还有关联第三方账户（如 QQ、微信、支付宝、微博等）进行登录。如果用户暂时不需要使用 App，会选择注销之前注册的账户，此时，要求 App 从服务器端删除用户的注册信息，包括第三方关联的数据，但是过一段时间，当用户再次使用 App 时，要求重新注册账户信息，并且可以使用相同的账号进行注册。

2. 数据清除

数据清除指的是在 App 卸载后，App 及时删除本地存储的数据，如登录账户、密码等。

8.2　安全测试方法

本节将针对用户在使用 App 的注册、登录、会话、登出、注销等 5 个过程中涉及的安全问题进行测评，如果 App 在这些过程中符合安全要求，则本项测试结果为"通过"，否则为"不通过"，同时给出本项安全的修复建议。

8.2.1　注册过程

1. 注册信息保护检测

- **检测目的**

检测 App 注册密码的复杂度和注册信息在本地存储时的保护程度是否足够高。

- **检测方法与步骤**

(1) 检测 App 注册密码的复杂度和密码长度，即密码内容是否要求大小写字母、数字或者特殊符号的组合，密码长度是否足够长。

为了提高 App 账号密码的保护强度，对注册密码的复杂度和长度进行限制是一个常用的方法，一般要求注册密码必须由字母、数字和特殊字符组成，长度为 6 至 20 位，示例代码如下所示：

```
public static boolean isPasswordChecked(CharSequence data){
    return Pattern.compile("^(([a-z0-9A-Z]+[_]?)+){6, 20}$")
    .matcher(data).find();
}
```

如果不满足限制要求，便会弹窗提示用户存在安全风险，示例代码如下所示：

```
void updatePass(){
    int v2 = 1;
    String v0 = this.old_et.getText().toString().trim();
    String v1 = this.new_pass.getText().toString().trim();
    boolean v5 = TextUtils.isEmpty((CharSequence) v0);
    int v4 = !VerificationUtil.isPasswordChecked(
            CharSequence)v0) ? 1 : 0;
    If(v4 & ((int)v5) != 0){
        this.showMiddleToast("旧密码不能为空或密码格式不正确！");
    }else{
        boolean v4_1 = TextUtils.isEmpty((CharSequence)v1);
        if(VerificationUtil.isPasswordChecked((CharSequence)v1)){
            v2 = 0;
        }
        If(v2 & ((int)v4_1) != 0){
            this.showMiddleToast("密码不能为空或密码格式不正确！")
            return ;
        }
    }
}
```

(2) 检测 App 在本地存储的注册信息是否加密存储，加密密钥是否进行了隐藏处理。

为了安全，App 在本地存储的信息需要进行加密处理。图 8-11 所示的案例中将用户账号、密码等信息未经过加密处理，直接存储在本地的 xml 文件中，就会导致 App 在本地存储的注册信息存在泄露的风险，存储效果如图 8-12 所示，均为明文。

8

```
//APP未对用户注册账号、密码进行加密，明文存储在本地xml文件中
if(((LoginEntity)v0).getSuccess() == 0) {
    BaseApplication.a.a(((LoginEntity)v0).getCid());
    SharedPreferences$Editor v1 = this.getSharedPreferences("chuzu_data", 0).
    edit();
    v1.putString("phone", this.f);
    v1.putString("password", this.g);
    v1.putBoolean("islogin", true);
    v1.putString("city", ((LoginEntity)v0).getCity());
    v1.putString("cityId", ((LoginEntity)v0).getCityId());
    v1.putString("signType", ((LoginEntity)v0).getSignType());
    v1.commit();
    IntentManager.a().a(((Context)this), HomeActivity.class);
    AppActivityManager.a().b(HomeActivity.class);
}
//APP为对注册账号、密码进行加密处理
private void e() {
    this.f = this.a.getText().toString().trim();//获取账号
    this.g = this.b.getText().toString().trim();//获取密码
    if(this.f == null || (this.f.equals(""))) {
        ToastManager.a().a("请输入手机号");
```

图 8-11　App 在本地存储用户注册信息的代码

```
<map>
    <string name="Link_Agreement">http://app2.        .cn:12015/
    <string name="Setting_yx">conta      968.com</string>
    <string name="phone">18      68</string>          账号
    <string name="Setting_dz">     仓          850号</strin
    <string name="cityId">150</string>
    <string name="signType">0</string>
    <string name="Link_Ggao">http://app2.          :12015/
    <string name="password">1    56</string>          密码
    <boolean name="islogin" value="true" />
    <string name="Setting_dh">96   68</string>
    <string name="city">     市</string>
    <null name="zhiPic" />
    <null name="weiPic" />
    <string name="carNumber">     001</string>
```

图 8-12　本地存储的用户注册信息图

- **检测结论**

在步骤(2)后，如果对注册密码复杂度、长度进行了限制处理，并且对在本地存储的注册信息进行了加密保护，加密密钥进行了隐藏，则本项测试结果为"通过"，否则为"不通过"。

- **修复建议**

❑ 对注册密码的复杂度和长度进行限制；
❑ 对在本地存在的用户注册信息进行加密处理，隐藏加密密钥。

2. 注册信息加密传输检测

● **检测目的**

检测 App 将用户注册信息传输到服务器端的过程中是否进行了加密保护，以免被攻击者拦截网络流量，窃取用户注册信息。

● **检测方法与步骤**

(1) 使用 Fiddler，设置代理准备捕获客户端与服务器端交互的注册信息。

(2) 启动运行 App 客户端，模拟注册用户，打开步骤(1)中设置完成的 Fiddler 捕获数据流量。

(3) 分析步骤(1)和步骤(2)捕获的数据流量，检测是否明文传输用户信息。

分析注册信息与服务器端交互的网络流量，如果 App 明文传输用户注册信息，则易被攻击者劫持分析数据流量，造成用户注册信息泄露，如图 8-13 所示。

```
POST http://app1.          :12016/nm/regist/regist1 HTTP/1.1
Content-type: application/json
accept: */*
connection: Keep-Alive
user-agent: Mozilla/4.0 (compatible; MSIE 6.0; Windows NT
5.1;SV1)
Host: app1.          :12016
Accept-Encoding: gzip
Content-Length: 274
                    验证码          注册密码                    注册账号
{"body":{"code":"1234","password":"ceishi123456","phone":"1861218
      "},"head":{"aid":"     行出租","businessType":0,"cd":"46d64c
522d32745602b62f2985ce0e500f62b59c10179207","de":"2018-09-04
15:30:57","mos":"android4.4.4","screenx":"768","screeny":"1184","
ver":"1.0"}}
```

图 8-13　注册信息与服务器端交互的网络数据

● **检测结论**

在步骤(3)后，如果 App 在将用户注册信息传输到服务器端时进行了加密处理，则本项测试结果为"通过"，否则为"不通过"。

● **修复建议**

在将用户注册信息传输到服务器端的过程中，对用户注册信息进行加密处理。

3. 注册过程防爆破检测

● **检测目的**

检测 App 在注册账户时，是否可以爆破获取正确的验证码，注册任意账户。

- **检测方法与步骤**

在注册界面填写完手机号码等信息后点击"获取验证码",使用抓包工具进行抓包,对数据包中的验证码进行暴力破解,爆破成功后,便可注册任意账号,如图 8-14 所示。

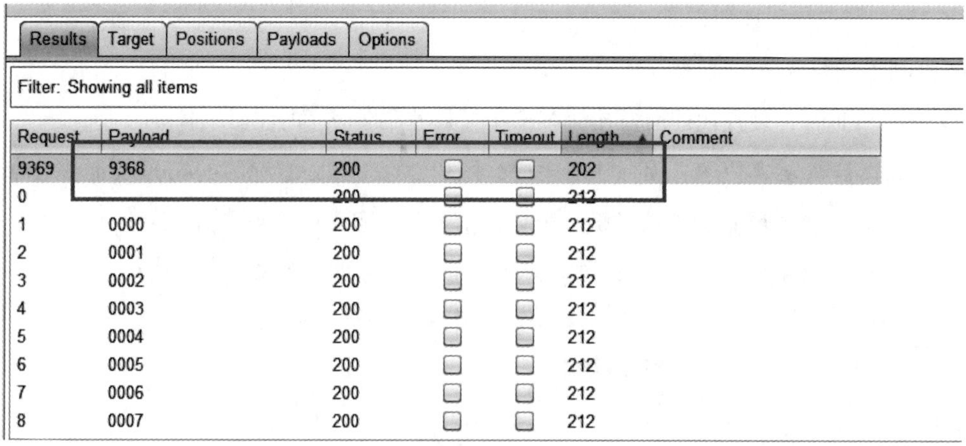

Request	Payload	Status	Error	Timeout	Length ▲	Comment
9369	9368	200	☐	☐	202	
0		200	☐	☐	212	
1	0000	200	☐	☐	212	
2	0001	200	☐	☐	212	
3	0002	200	☐	☐	212	
4	0003	200	☐	☐	212	
5	0004	200	☐	☐	212	
6	0005	200	☐	☐	212	
7	0006	200	☐	☐	212	
8	0007	200	☐	☐	212	

图 8-14   App 注册验证码爆破

- **检测结论**

如果在注册 App 时验证码被爆破,可以注册任意账户,则本项测试结果为"不通过",否则为"通过"。

- **修复建议**

❑ 使用复杂的验证码,如验证码长度不小于 6 位,数字和字母混合显示;
❑ 对发送验证码的请求进行时间和次数限制;
❑ 验证码在传输时进行有效的加密处理。

4. 注册过程防嗅探检测

- **检测目的**

检测在 App 注册过程中是否可以利用已有社工库中的手机号、邮箱、用户名、密码等信息,通过撞库的方式频繁嗅探注册账号,进而窃取用户注册的账号、密码。

- **检测方法与步骤**

利用 Fiddler 或 Burp Suite 抓包工具,拦截注册用户时的数据包,探测是否具有撞库风险。

在注册界面输入注册账号、密码,利用抓包工具拦截网络通信数据包,分析查看是否暴露账号、密码参数,然后利用社工库数据替换账号、密码参数,进行撞库,从而获取用户注册信息,如图 8-15 所示。

```
POST http://app1.████████:12016/nm/regist/regist1 HTTP/1.1
Content-type: application/json
accept: */*
connection: Keep-Alive
user-agent: Mozilla/4.0 (compatible; MSIE 6.0; Windows NT
5.1;SV1)
Host: app1████████:12016
Accept-Encoding: gzip
Content-Length: 274
```

密码   账号

```
{"body":{"code":"1234","password":"ceishi123456","phone":"186██
6822"},"head":{"aid":"████████ 出租","businessType":0,"cd":"46d64c
522d32745602b62f2985ce0e500f62b59c10179207","de":"2018-09-04
15:30:57","mos":"android4.4.4","screenx":"768","screeny":"1184","
ver":"1.0"}}
```

图 8-15 具有撞库风险的数据包

- **检测结论**

如果在注册账号时暴露账号、密码参数，具有利用撞库对用户注册信息进行嗅探的风险，则本项测试结果为"不通过"，否则为"通过"。

- **修复建议**

❑ 对传输的注册账号、密码等敏感信息进行强加密处理；
❑ 服务器端限制访问次数。

8.2.2 登录过程

1. 密码安全验证检测

- **检测目的**

检测 App 登录密码的验证方案是在本地验证还是在服务器端验证，验证过程中是否加入了设备信息。

- **检测方法与步骤**

(1) 逆向分析 App 源代码，分析密码验证的方案。

利用 JEB 逆向 App 源代码，分析 App 登录代码，如图 8-16 所示。App 将登录账号、密码传输到服务器端进行验证，避免了泄露密码验证方案的风险。

8

```
private void e() {
    this.f = this.a.getText().toString().trim();
    this.g = this.b.getText().toString().trim();
    if(this.f == null || (this.f.equals(""))) {
        ToastManager.a().a("请输入手机号");
    }
    else {
        if(this.f.length() == 11 && (this.f.matches("[0-9]+"))) {
            if(this.g != null && !this.g.equals("")) {
                AppClientManager.a().a(this, this.e, this.f, PasswordUtil.a(this.g, Boolean.
                valueOf(
                        true)), ClientUtils.c(this.getApplicationContext()), Boolean.valueOf
                        (true));
                return;
            }

public void a(Context arg8, Handler arg9, String arg10, String arg11, String arg12, Boolean
arg13) {
    this.a(arg8, arg9, "http://app1.          :12016/nm/regist/logon2", 65538, arg13.
    booleanValue(),
            new ParamsBuilder().a("phone", arg10).a("password", arg11).a("imei", arg12).a());
}
```

图 8-16　密码验证方法

> 登录账号、密码
>
> 发送登录账号、密码到服务器，进行验证

(2) 逆向分析 App 源代码，分析密码验证中是否加入了设备信息。

利用 JEB 逆向 App 源代码，如图 8-17 所示。App 在验证登录密码时，加入了设备的 IMEI 码，传输到服务器端进行验证，以确保不在非法设备登录用户账号。

```
public void a(Context arg8, Handler arg9, String arg10,
String arg11, String arg12, Boolean arg13) {
    this.a(arg8, arg9,
    "http://app1.          12016/nm/regist/logon2", 65538,
    arg13.booleanValue(),
            new ParamsBuilder().a("phone", arg10).a(
            "password", arg11).a("imei", arg12).a());
}
```

设备IMEI码

图 8-17　密码验证中加入了设备信息验证代码

● 检测结论

在步骤(2)后，如果密码验证在服务器端进行，并且加入了设备信息，避免在非法设备登录，则本项测试结果为“通过”，否则为“不通过”。

● 修复建议

App 登录密码在服务器端进行验证，并加入设备信息，以降低用户登录密码泄露的风险。

2. 登录信息加密传输检测

● 检测目的

检测 App 在将用户登录信息传输到服务器端的过程中是否进行了加密保护，以免被攻击者拦截网络流量，窃取用户登录信息。

- **检测方法与步骤**

(1) 使用 Fiddler，设置代理准备捕获客户端与服务器端交互的登录信息。

(2) 启动运行 App 客户端，模拟用户登录，打开步骤(1)中设置完成的 Fiddler，捕获数据流量。

(3) 分析步骤(1)和步骤(2)捕获的数据流量，检测是否明文传输用户信息。

分析登录信息与服务器端交互的网络流量，如果 App 明文传输用户登录账号，未对登录信息进行加密处理，则易被攻击者劫持分析数据流量，造成用户登录账号泄露，如图 8-18 所示。

```
POST http://app1.████████:12016/nm/regist/logon2 HTTP/1.1
Content-type: application/json
accept: */*
connection: Keep-Alive
user-agent: Mozilla/4.0 (compatible; MSIE 6.0; Windows NT
5.1;SV1)
Host: app1.████████:12016
Accept-Encoding: gzip
Content-Length: 321

{"body":{"imei":"356489055313303","password":"cvefi7cs4fiafo8bn35
e5at44c0ao2dme4c90nd70290bc0a","phone":"186████22"},"head":{"ai
d":"████出租","businessType":0,"cd":"540825b71d2ab1d50bf1c965
739a84e2065d26018a46e987","de":"2018-09-04
16:22:08","mos":"android4.4.4","screenx":"768","screeny":"1184","
ver":"1.0"}}
```

图 8-18　注册信息与服务器端交互的网络数据

- **检测结论**

在步骤(3)后，如果 App 在将用户登录信息传输到服务器端时进行了加密处理，则本项测试结果为"通过"，否则为"不通过"。

- **修复建议**

App 在将用户登录信息传输到服务器端的过程中，要对用户登录信息进行加密处理。

3.登录过程防爆破检测

- **检测目的**

检测 App 在登录时，是否可以抓取数据包，利用数据包中的验证码字段或者密码字段进行暴力破解。

- **检测方法与步骤**

检测 App 在登录时，是否可以爆破，获取正确的验证码和登录密码，导致登录账号泄露，用户信息被窃取。

在登录界面填写完手机号码等信息后点击"获取验证码"，使用抓包工具进行抓包，对数据包中的验证码进行暴力破解。爆破成功后，便可控制用户账户，进行敏感操作。图 8-19 所示存在验证码爆破的风险。

```
POST https://m.█████████g.com/██████/login/index HTTP/1.1
Content-Type: application/x-www-form-urlencoded
Content-Length: 17
Host: m.█████████.com
Connection: Keep-Alive
Accept-Encoding: gzip
User-Agent: okhttp/3.3.1
phone=136████0776

HTTP/1.1 200 OK
Server: nginx
Date: Mon, 21 Aug 2017 05:45:28 GMT
Content-Type: text/html; charset=utf-8
Connection: keep-alive
Vary: Accept-Encoding
X-Powered-By: PHP/5.4.45
Set-Cookie: xi=0; expires=Wed, 20-Sep-2017 05:45:28 GMT; path=/
Set-Cookie: think_template=v_1; expires=Mon, 21-Aug-2017 06:45:28 GMT; path=/
Set-Cookie: PHPSESSID=n42th7hq3cvfj4q6la2t287u57; path=/
Expires: Thu, 19 Nov 1981 08:52:00 GMT
Cache-Control: no-store, no-cache, must-revalidate, post-check=0, pre-check=0
Pragma: no-cache
Content-Length: 62

{"status":200,"msg":"\u53d1\u9001\u6210\u529f","data":8009}  验证码
```

图 8-19　App 登录验证码爆破

在登录界面填写完手机号码、登录密码等信息后点击"登录"，使用抓包工具进行抓包，对数据包中的登录密码进行暴力破解。爆破成功后，便可控制用户账户，进行敏感操作。图 8-20 所示存在登录密码爆破的风险。

```
POST https://m.█████████.com/██████/dlogin/index HTTP/1.1
Content-Type: application/x-www-form-urlencoded
Content-Length: 36
Host: m.█████████.com
Connection: Keep-Alive
Accept-Encoding: gzip
User-Agent: okhttp/3.3.1

accounts=132████████191&password=123456   登录账号、登录密码

Server: nginx
Date: Tue, 22 Aug 2017 01:59:25 GMT
Content-Type: text/html; charset=utf-8
Connection: keep-alive
Vary: Accept-Encoding
X-Powered-By: PHP/5.4.45
Set-Cookie: xi=0; expires=Thu, 21-Sep-2017 01:59:25 GMT; path=/
Set-Cookie: think_template=v_1; expires=Tue, 22-Aug-2017 02:59:2
Set-Cookie: PHPSESSID=joo2u1kb66ijief6ajfkp84jj3; path=/
Expires: Thu, 19 Nov 1981 08:52:00 GMT
```

图 8-20　App 登录密码爆破

- **检测结论**

如果 App 在登录时验证码和登录密码可以被爆破，则本项测试结果为"不通过"，否则为"通过"。

- **修复建议**

❑ 使用复杂的验证码和登录密码；
❑ 对发送验证码的请求进行时间和次数限制；
❑ 对验证码、登录密码进行输入错误次数限制，达到一定错误次数后锁定账号；
❑ 验证码、登录密码在传输时进行有效的加密处理。

4. 登录过程防嗅探检测

- **检测目的**

检测 App 是否可以通过爆破验证码实现登录任意账号、任意重置用户密码等操作。

- **检测方法与步骤**

(1) 检测 App 是否可以通过爆破验证码实现登录任意账号、任意重置用户密码、短信轰炸等操作。

在登录界面填写完手机号码等信息后点击"获取验证码"，使用抓包工具进行抓包，对数据包中的验证码进行暴力破解。爆破成功后，便可实现登录任意账号、任意重置用户密码。图 8-21 所示存在验证码爆破的风险。

```
POST https://m.         g.com/     /login/index HTTP/1.1
Content-Type: application/x-www-form-urlencoded
Content-Length: 17
Host: m.            .com
Connection: Keep-Alive
Accept-Encoding: gzip
User-Agent: okhttp/3.3.1
phone=136    0776

HTTP/1.1 200 OK
Server: nginx
Date: Mon, 21 Aug 2017 05:45:28 GMT
Content-Type: text/html; charset=utf-8
Connection: keep-alive
Vary: Accept-Encoding
X-Powered-By: PHP/5.4.45
Set-Cookie: xi=0; expires=Wed, 20-Sep-2017 05:45:28 GMT; path=/
Set-Cookie: think_template=v_1; expires=Mon, 21-Aug-2017 06:45:28 GMT; path=/
Set-Cookie: PHPSESSID=n42th7hq3cvfj4q6la2t287u57; path=/
Expires: Thu, 19 Nov 1981 08:52:00 GMT
Cache-Control: no-store, no-cache, must-revalidate, post-check=0, pre-check=0
Pragma: no-cache
Content-Length: 62

{"status":200,"msg":"\u53d1\u9001\u6210\u529f","data":8009}  验证码
```

图 8-21　App 登录验证码爆破

在登录界面填写完手机号码等信息后点击"获取验证码"，如果短信验证码无获取时间、获取次数限制，便可重放发送短信验证码数据包进行短信轰炸。

(2) 利用抓包工具拦截用户登录时的数据包，探测是否具有撞库风险。

在登录界面输入账号、密码，利用抓包工具拦截网络通信数据包，分析查看是否暴露账号、密码参数，然后利用社工库数据替换账号、密码参数，进行撞库，从而获取用户登录信息，如图 8-22 所示。

```
POST https://m.▓▓▓▓▓▓.com/▓▓▓/dlogin/index HTTP/1.1
Content-Type: application/x-www-form-urlencoded
Content-Length: 36
Host: m.▓▓▓▓▓.com
Connection: Keep-Alive
Accept-Encoding: gzip
User-Agent: okhttp/3.3.1

accounts=132▓▓▓▓191&password=123456      登录账号、登录密码

Server: nginx
Date: Tue, 22 Aug 2017 01:59:25 GMT
Content-Type: text/html; charset=utf-8
Connection: keep-alive
Vary: Accept-Encoding
X-Powered-By: PHP/5.4.45
Set-Cookie: xi=0; expires=Thu, 21-Sep-2017 01:59:25 GMT; path=/
Set-Cookie: think_template=v_1; expires=Tue, 22-Aug-2017 02:59:2
Set-Cookie: PHPSESSID=joo2u1kb66ijief6ajfkp84jj3; path=/
Expires: Thu, 19 Nov 1981 08:52:00 GMT
```

图 8-22　具有撞库风险的数据包

● **检测结论**

在步骤(2)后，如果 App 可以通过爆破验证实现登录任意账号、任意重置用户密码，重放发送短信验证码的数据包能够实现短信轰炸，或者能够通过撞库获取用户登录账号、登录密码，则本项测试结果为"不通过"，否则为"通过"。

● **修复建议**

❑ 使用复杂的验证码、登录密码；
❑ 对发送验证码的请求进行时间和次数限制；
❑ 对验证码输入错误次数进行限制，达到一定次数后锁定账号；
❑ 验证码在传输时进行有效的加密处理；
❑ 服务器端限制访问次数。

5. 登录过程防绕过检测

- **检测目的**

检测 App 是否可以绕过验证码登录任意账户，修改用户 ID 获取其他用户信息。

- **检测方法与步骤**

(1) 在 App 登录时，抓取登录成功时的数据包，之后退出，在登录其他用户账号时，用登录成功的数据包替换登录失败的数据包，检测是否可以绕过验证码、密码验证，进而成功登录其他用户的账户。

如图 8-23 所示，在找回密码界面，输入任意测试验证码并点击"下一步"。同时开始抓包，如图 8-24 所示，返回错误结果的数据包。根据数据包返回结果得知有验证码校验，我们尝试用构造成功的数据包去替换失败的数据包，构造成功的数据包报文如图 8-25 所示。然后，在 response 里抓包拦截替换数据，即可成功绕过验证码校验，直接进入修改密码界面，如图 8-26 所示，随后便可成功登录其他用户的账户。

图 8-23 模拟操作找回密码界面

```
HTTP/1.1 200 OK
Date: Mon, 23 Sep 2019 02:19:22 GMT
Content-Type: application/json; charset=utf-8
Connection: keep-alive
X-Powered-By: PHP/7.0.17
Content-Length: 48

{"code":-10,"msg":"验证码错误","data":null}
```

图 8-24 模拟操作找回密码的数据包返回结果

```
HTTP/1.1 200 OK
Date: Mon, 10 Jul 2017 05:24:57 GMT
Connection: close
Server: TWS/1.4
Content-Type: application/octet-stream;charset=UTF-8
Content-Length: 133

<?xml version="1.0" encoding="UTF-8"?>
<tadu>
    <status>
        <code>100</code>
        <message>操作成功</message>
    </status>
</tadu>
```

图 8-25 构造获取结果成功的数据包

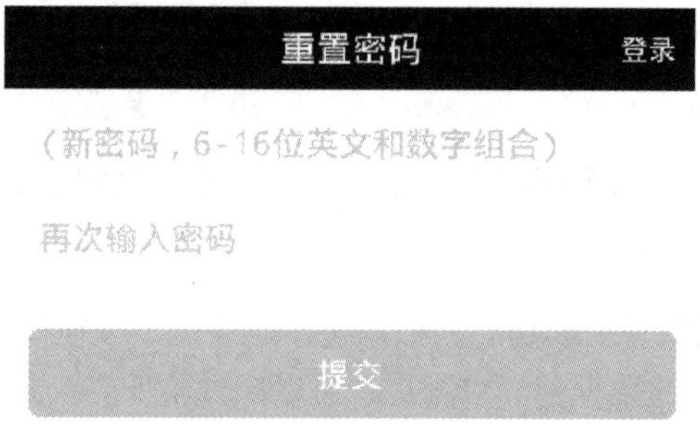

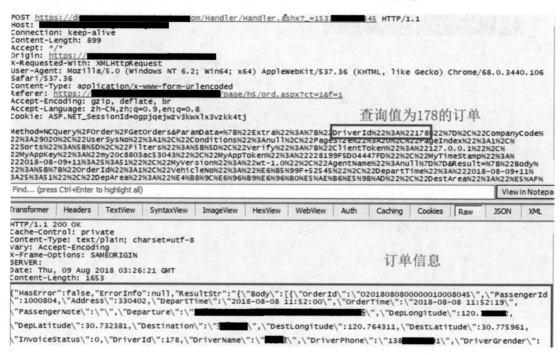

重置密码　　　　　登录

（新密码，6-16位英文和数字组合）

再次输入密码

提交

图 8-26　验证码绕过成功，进入修改密码界面

(2) 修改用户 ID，检测是否可以获取任意用户信息。如果用户身份的验证采用单一 ID 值判断，攻击者可修改数据包中的用户 ID 进行重放，从而获得其他用户信息。

如图 8-27 所示，打开模拟操作 App，运行至"我的订单"界面，利用抓包工具进行抓包，然后修改数据包中的参数 DriverId 的值，便可查看其他用户的订单信息。

图 8-27　修改数据包中的用户 ID 进行重放攻击

● **检测结论**

在步骤(2)后，如果 App 可以绕过验证码登录其他账户，或者可以修改用户 ID 获取其他用户信息，则本项测试结果为"不通过"，否则为"通过"。

- **修复建议**

加强身份验证机制，使用 Token 或 Session 机制，设置访问控制策略，敏感数据采用高强度加密传输。

6. 加强认证检测

- **检测目的**

检测 App 客户端是否具有双因子认证机制，保护用户登录信息。

- **检测方法与步骤**

(1) 检测 App 在登录时，是否具有双因子认证机制。除了使用登录密码以外，是否使用令牌、指纹、设备信息等进行认证。

(2) 检测用户在不同设备登录 App 账号时，是否有不常用设备登录的短信提醒。使用用户登录信息在新设备登录时，查看是否具有短信提醒。如果有短信提醒，则具有不同设备登录时的验证机制，反之则没有。

- **检测结论**

在步骤(2)后，如果 App 具有双因子认证机制和不同设备登录时的短信提醒认证机制，则本项测试结果为"通过"，否则为"不通过"。

- **修复建议**

App 采用双因子认证机制和不同设备登录短信提醒认证机制，保护用户登录信息安全。

8.2.3　会话过程

1. 有状态会话标志检测

- **检测目的**

检测客户端与服务器端交互的会话，是否存在复杂的会话 ID，同时服务器端是否对其进行校验。

- **检测方法与步骤**

(1) 模拟客户端与服务器端登录，查看是否采用简单的_Session_id 方式标识客户端。

(2) 利用服务器端返回的_Session_id 构建新的 URL 访问服务器端，查看是否能够绕过验证。

(3) 查看客户端与服务器端交互时是否采用复杂的 key，是否存在时间有效性校验，防止被伪造。

- **检测结论**

在步骤(3)后，如果客户端与服务器端通信会话时采用了复杂加密的 key，同时服务器端对客户端发送的 key 进行了校验，攻击者无法伪造，服务器端无响应，则本项测试结果为"通过"，否则为"不通过"。

- **修复建议**

客户端与服务器端通信会话时采用复杂的算法对随机的_Session_id 进行加密,同时服务器端对随机的_Session_id 进行校验。

2. 无状态会话 Token 检测

- **检测目的**

在客户端与服务器端通信会话过程中,检测是否存在 Token 机制,是否容易被攻击者截取利用。

- **检测方法与步骤**

(1) 检测客户端与服务器端通信会话的 URL 中是否使用携带 Token,Token 是否明文显示。

(2) 检测客户端与服务器端认证的复杂性,是否采用类似于 UID+Token+时间戳+安全算法加密的 Token 机制,并尝试破解。

- **检测结论**

在步骤(2)后,如果客户端与服务器端通信会话的 Token 能够被轻易获取利用或者被破解,则本项测试结果为"不通过",否则为"通过"。

- **修复建议**

❑ 在每次登录时重新生成 Token,并设置有效期,每次有效操作后更新 Token 的时间戳,保证 Token 有效期往后延续。

❑ 为了避免 Token 被截获,伪造非法请求,在每次请求时,可以用 UID+Token+时间戳+密钥+请求参数进行签名,服务器端验证 Token,同时验证签名,以保证请求的安全性。

3. 会话不活跃检测

- **检测目的**

如果客户端与服务器端通信临时中断或长时间不活跃,检测服务器端是否立即终止会话。

- **检测方法与步骤**

(1) 在客户端与服务器端通信过程中,如果长时间不操作,然后再操作时,查看客户端与服务器端是否已中断。

(2) 在客户端与服务器端通信过程中,如果临时中断,例如打开微信等其他操作,让服务在后台运行,查看客户端与服务器端是否已中断。

- **检测结论**

在步骤(2)后,如果客户端与服务器端通信临时中断或长时间不活跃时,服务器端立即与客户端中断，需要重新认证，则本项测试结果为"通过"，否则为"不通过"。

- **修复建议**

在客户端与服务器端通信过程中，增加时间的有效性，例如设置时间为 5 分钟。如果客户端长时间不活跃或客户端服务在后台运行，服务器端立即中断本次会话。

4. 加强认证检测

- **检测目的**

在客户端与服务器端进行敏感交易时，检测服务器端是否存在双因子身份认证机制。

- **检测方法与步骤**

(1) 检测在客户端与服务器端进行支付、转账等敏感交易时，客户端是否需要多个身份认证方式，同时服务器端是否对其双因子进行校验。

(2) 检测在客户端与服务器端进行身份认证过程中，数据是否进行加密处理，加密强度如何。

- **检测结论**

在步骤(2)后，如果客户端与服务器端存在双因子身份认证，则本项测试结果为"通过"，否则为"不通过"。

- **修复建议**

App 中涉及敏感用户信息的界面，要求使用双因子身份认证机制，例如采用支付密码和用户预留短信验证码等认证方式。

8.2.4 登出过程

1. 会话终止检测

- **检测目的**

在用户执行登出操作后，检测服务器端是否立即终止与客户端之间的会话连接。

- **检测方法与步骤**

操作客户端登出功能，检测服务器端是否立即终止与客户端之间的会话连接，再次登录时，是否需要用户重新进行登录认证。

例如，使用拦截代理工具进行动态分析，使用以下步骤进行检查。

(1) 登录 App；

(2) 执行一些需要在 App 进行身份验证的操作；

(3) 退出用户；

(4) 使用拦截代理（如 Burp Repeater）重新发送步骤(2)中的一个操作，如果在服务器端实现了注销，则会显示错误消息或重定向到登录页面。

- **检测结论**

如果在客户端用户执行登出操作后，服务器端立即终止与客户端之间的会话连接，需要用户重新进行登录认证，则本项测试结果为"通过"，否则为"不通过"。

- **修复建议**

在用户执行登出操作时，立即终止客户端与服务器端的会话连接。

2. 残留数据检测

- **检测目的**

当用户执行登出操作后，检测服务器端是否及时删除客户端对应的 Token 字符串或者_Session_id。

- **检测方法与步骤**

操作客户端登出功能，通过用户名、密码以及之前的 Token 值或_Session_id 值访问服务器端，查看是否能够正常连接服务器端。

- **检测结论**

在用户执行登出操作后，如果客户端使用之前的 Token 或者_Session_id 值能够成功登录，则本项测试结果为"不通过"，否则为"通过"。

- **修复建议**

当用户执行登出操作后，服务器端及时删除客户端对应的 Token 字符串或者_Session_id 值。

8.2.5　注销过程

1. 重新注册检测

- **检测目的**

检测在客户端注销之后，使用相同账号能否重新注册。

- **检测方法与步骤**

(1) 检测客户端是否存在注销功能。

(2) 在客户端注销之后，使用相同账号注册，查看是否可以重新注册。同时，测试第三方关联的账户是否也已注销，还能否正常登录。

- **检测结论**

如果注销账号后仍可以使用相同的账号注册，关联的第三方数据无法使用，则本项测试结果为"通过",否则为"不通过"。

- **修复建议**

在客户端注销操作后,可以使用相同的账号重新注册,确认原来的账号信息已经清除。

2. 数据清除检测

- **检测目的**

检测在 App 卸载后,本地存储的数据或账户缓存等信息是否全部清除。

- **检测方法与步骤**

(1) 安装 App,先注册、登录试用,然后卸载,查看本地注册的用户账户信息等数据是否及时删除。

(2) 重新安装 App,查看使用之前的账户和密码是否可以直接登录。

- **检测结论**

在步骤(2)后,如果在卸载 App 后,本地数据全部及时清除,则本项测试结果为"通过",否则为"不通过"。

- **修复建议**

在 App 卸载后,及时删除本地存储的全部数据。

8.3　小结

本章从鉴权认证安全方面介绍了 App 安全测试要求和安全测试方法,包括注册过程、登录过程、会话过程、登出过程和注销过程 5 个要点,一共有 18 个安全测试项。要求用户在注册阶段,注册密码的复杂度高,验证码的复杂度高,数据加密后传输;在登录阶段,用户名和密码等敏感数据加密后传输,验证码复杂度高,防止绕过验证机制;在会话交互阶段,客户端与服务器端具有高强度的鉴权机制,保证数据整体安全性;在用户登出后,服务器端及时终止会话,清除本地缓存;在用户注销后,服务器端保证完全清除用户之前注册的所有信息。总之,保证 App 在发布前,所有的安全问题都考虑周全,防患于未然。

第9章　安全防护基础

随着移动互联网产业的快速发展，App 呈井喷式爆发，其中绝大多数使用的是 Android 系统。由于 Android 系统的开源特性，Android App 正逐渐取代 PC 端的 Windows App，成为黑客攻击的主要对象。这些安全风险可能贯穿 App 的整个生命周期：从 App 的开发阶段到市场发布阶段，乃至用户终端设备上的安装运行阶段。

面对移动互联网黑灰产的攻击风险，App 开发者需要具备足够的安全能力和攻防对抗经验，为 App 运营提供安全防护手段来抵御这些安全风险。通过第 8 章介绍的 App 安全漏洞统计数据，我们可以看到大量的开发者并没有做好 App 的安全防护措施，使得开发的 App 处于"裸奔"状态。在现实中，我们可以看到很多真实的 App 攻击案例，例如以下几个。

- 针对某款无人机，攻击者通过攻击操作者终端的 App，实现对无人机的远程劫持，重现 2014 年热门科幻电影《星际穿越》中的场景。
- 针对特斯拉汽车，攻击者通过攻击车主终端的 App，实现对汽车远程开关门等恶意控制。
- 针对日本最大马桶公司 Laxil 生产的智能马桶，攻击者通过攻击 App，实现远程控制，比如让坐浴喷水超过 1 米高、激活各种功能，使用户陷入窘境。
- 针对某资产万亿银行的 App，攻击者通过破解 App 程序发现后台系统地址，发掘后台系统漏洞，可将任意账户的资金转走。

通过学习前几章介绍的 App 安全测试的要求、内容和方法，App 开发者可以通过安全测试工作来发现 App 在程序代码安全、服务交互安全、本地数据安全、网络传输安全和鉴权认证安全等 5 个方面的安全问题。那么，在发现安全问题之后，怎么做好相应的 App 安全防护工作呢？

在过去的几年里，基于多维度的移动 App 加固技术可以为 App 保驾护航，然而随着攻击手段的多样化，单点的安全防护已无法应对新的安全形式。同时，目前很多企业正经历数字化业务转型，系统架构可以抽象为 5 个部分：客户体验平台、生态系统平台、物联网平台、数据与分析平台以及信息系统平台。这个架构可以用于抽象一切业务模型，如图 9-1 所示。

数字业务技术平台

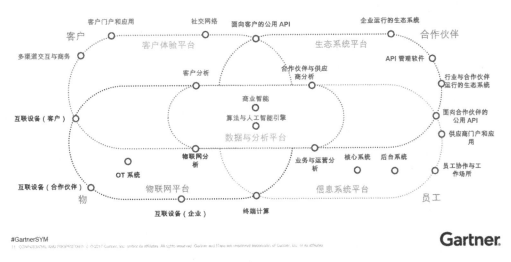

图 9-1　数字业务技术平台模型（图片来源：Gartner）

在数字化业务转型的背景下，安全建设不再唯一地和信息系统关联。即使没有重大的物理架构变化，网络安全治理也面临更多的数据流量、更多的端点和网络、更复杂的威胁参与者以及更多的攻击面等现状。网络安全的定义、目标以及防护的对象和安全思维都发生了系统性的变化。安全事件带给企业的危害和影响难以忽视，安全威胁更加产业化和专业化，企业的安全思维需要从"事件响应"思维（在这种思维中，事件被认为是偶发的、一次性的事件）转换为"持续响应"思维（这种思维认定攻击是无情的，我们无法阻止黑客对系统的渗透，必须假定系统一直不断被破坏）。同时，以等级保护、欧盟《通用数据保护条例》为代表的典型法规也会给企业带来新的信息安全治理挑战。

基于以上背景，企业信息安全体系建设需要考虑数字化业务架构，并基于业务驱动，重新定义网络安全战略和计划，综合考量环境因素（合规、政策、组织和人员）和技术因素，形成自适应的技术架构和治理架构。Gartner 公司提出了 PPDR[①]安全体系架构和 ASA（adaptive security architecture）自适应安全框架。ASA 框架强调安全防护是一个持续处理的、循环的过程，细粒度、多角度、持续化地对安全威胁进行实时动态分析，自动适应不断变化的网络和威胁环境，不断优化自身的安全防御机制。

PPDR 安全体系架构包含 ASA 框架中预测、防护、检测和响应 4 个部分。

---

① PPDR：预测（predict）、防护（prevent）、检测（detect）、响应（respond）。

- 预测使安全系统可从外部监控下的黑客行动中学习，主动锁定对现有系统和信息具有威胁的新型攻击，并对漏洞划定优先级和定位。情报将反馈到防护和检测环节，从而构成整个处理流程的闭环。
- 防护是指可以用于防御攻击的一系列策略、产品和服务。关键目标是减少被攻击面，提升攻击门槛，并在受影响前拦截攻击动作。
- 检测用于发现那些逃过防御网络的攻击，关键目标是降低威胁造成的"停摆时间"及其他潜在的损失。检测能力非常关键，企业应该假设自己已处在被攻击状态中。
- 响应用于高效调查和补救被检测分析功能（或外部服务）查出的事件，以提供入侵认证和攻击来源分析，并产生新的预防手段来避免未来事故。

PPDR 体系模型自 2014 年提出后，每一个关键要素涉及的细分能力都在持续地发展和修正。目前主要包括 4 个要素和 12 种关键能力，如图 9-2 所示。

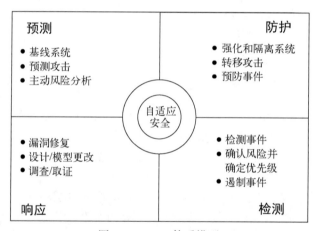

图 9-2　PPDR 体系模型

PPDR 这 4 个字母的排序并不意味着企业在做安全体系建设时的优先级和顺序。PPDR 涉及的 4 个要素和 12 种能力同等重要。一般来说，"预测""防护""检测""响应"能力被认为是一个动态风险应对的闭环。

和 PPDR 类似的概念还有以下两个。

- PDRR 模型，即防护、检测、恢复、响应，这是美国国防部在 20 世纪提出的一种模型。该模型改进了传统安全只重视防护的落后思想。
- P2DR 模型，即安全策略、防护、检测和响应，是 20 世纪 90 年代初美国国际互联网安全系统公司提出的模型，也是一种自适应的网络安全模型。该模型认为安全的实现不能依靠单纯的静态防护，也不能依靠单纯的技术手段。

其他相关模型还有很多，此处不一一列举。这些安全模型各有千秋，都可作为企业进行安全建设的参考。在一定语境下，自适应安全架构和 PPDR 模型可以等同，自适应是相对于事件型防护思维的提法，PPDR 是一个自适应安全的实例。

Android App 的安全防护体系建设围绕 PPDR 模型，通过 App 加固、安全渗透测试等措施确保 App 不被反编译、破解、篡改、界面劫持等手段攻击，提高客户端安全水平。同时，通过威胁感知动态发现 App 运行过程中的各类攻击行为，实时检测已有的安全控制手段是否被攻破，加固是否被脱壳，App 是否正在被恶意渗透测试攻击。此外，通过应急手段处理安全威胁，回溯攻击场景，还原攻击现场，预测黑客的可能攻击手段，更新现有的静态安全防护手段，以此完成新一轮的预测、防护、检测、响应行为，如图 9-3 所示。

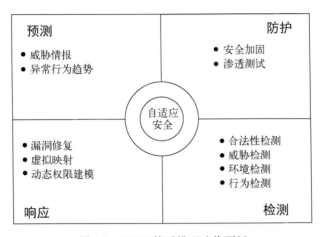

图 9-3　PPDR 体系模型迭代更新

随着攻击手段的逐步升级，为了应对不断出现的新挑战，Android App 的安全防护体系建设应当是一个持续的过程，需要充分结合终端（前端）和云端（后端），构建前后端一体化的综合防御体系。

App 的安全防护体系建设需要我们重点关注 App 的安全防护技术，很多安全问题通过 App 安全加固技术就可以解决。接下来，本章将重点介绍 App 加固技术，说明它能解决的安全问题、存在的局限性，以及 App 加固技术的发展演进过程。

9.1　App 加固技术简介

App 加固技术也称 App Wrapper 或者 App Packer，可以在不改变 App 客户端源代码的情况下，将代码混淆、代码校验、代码加密、文件加壳等针对 App 各种安全缺陷的保护手段集成到 App 的 apk 文件中，有效防御 App 反编译、二次打包、内存注入、动态调试、数据窃取、交易劫持、应用钓鱼等攻击行为。

一般情况下，App 加固技术是在不知道 App 源代码的情况下针对 apk 文件进行的加固防护，大多通过程序文件防护、内存资源防护和程序运行防护等方式来实现，是 App 的一种"外围"

防护技术。如果套用软件生命周期理论，那么 App 加固技术可以说是一种"事后"防护技术，是在开发者开发完成 App 后对打包的 apk 程序文件进行的防护。

因此，App 加固技术在 App 防护上存在一定的局限性，无法解决所有的安全问题，无法替代 App 的源代码安全审计和安全漏洞修复等工作。下面我们举例说明 App 加固技术无法解决的安全问题，这些安全漏洞需要 App 开发者在开发过程中对照第 4~8 章的安全测试方法进行自查自纠。

1. 源代码漏洞

通过加固技术可以隐藏 App 程序代码中的某些安全漏洞，但并未从根本上消除安全风险，如程序中存在硬编码的密码、使用了标准的加密算法、运行过程中有敏感信息暴露等。

2. 数据库注入漏洞

如果 Content Provider 组件读写权限设置不当，并且未对 SQL 查询语句的字段参数做敏感词过滤判断，App 本地数据库可能被注入攻击。这种风险可能导致 App 存储的账户名、密码等敏感数据信息泄露。

3. 业务逻辑漏洞

App 开发者在开发过程中出现的业务逻辑漏洞，比如验证机制可被绕过、访问越权等问题，需要通过人工渗透测试模拟攻击者攻击来发现和修复，无法通过加固技术来解决。

4. 通信安全漏洞

App 通信层面的安全漏洞很难通过加固技术解决，需要使用额外的技术手段，如使用 HTTPS 进行通信、对通信数据进行加密处理等。而且，在开发者使用 WebView 实现 HTTPS 通信的过程中，加固技术也无法解决 WebView 证书校验绕过的漏洞。App 使用 WebView 组件通过 HTTPS 访问 URL 时，如果服务器端的证书校验错误，App 应该拒绝继续加载页面。但如果重载 WebView 组件的 onReceivedSslError() 函数并执行 handler.proceed()，App 将绕过服务器端证书校验错误的结果，继续访问非法的 HTTPS 服务器端 URL，这就出现了中间人攻击的场景，也无法通过加固技术解决。

到这里，你可能会问，我们在第 4~8 章讲了程序代码安全、服务交互安全、本地数据安全、网络传输安全和鉴权认证安全这 5 个方面的安全测试，对于发现的安全问题，App 加固技术都能解决吗？其实，静态加固技术和动态加固技术分别用于解决不同的安全测试问题。

静态加固技术能够解决的安全测试问题如下：

- ❑ 程序代码安全测试中的防反编译、防篡改、防调试的问题；
- ❑ 本地数据安全测试中的数据存储问题；
- ❑ 网络传输安全测试中的数据加密问题。

动态加固技术能够解决的安全测试问题如下：

- 程序代码安全测试中的防调试、防注入问题；
- 服务交互安全测试中的屏幕交互问题；
- 本地数据安全测试中的数据存储、数据处理、数据创建问题；
- 网络传输安全测试中的安全传输层问题。

可以看出，App 加固技术能够帮助开发者解决安全测试过程中发现的部分安全问题，但是还有很多安全问题需要 App 开发者通过安全测试方法来查找和解决，不能完全依赖 App 加固技术。

至此，相信你对 App 加固技术有了大概的了解。随着 App 开发者对 App 加固服务的重视程度不断提高，App 加固技术得到了快速的发展，经过不断迭代，推陈出新，目前一共出现了四代加固技术，下面我们就分别进行介绍。

9.2 第一代加固技术

第一代加固技术主要是代码混淆技术，通过对源代码进行压缩、优化、混淆等操作，提高代码阅读的难度。它包括以下 4 个功能。

- 压缩：检测并移除代码中无用的类、字段、方法和特性。
- 优化：对字节码进行优化，移除无用的指令。
- 混淆：使用 a、b、c、d 这样简短而无意义的名称，对类、字段和方法进行重命名。
- 预检：在 Java 平台上对处理后的代码进行预检，确保加载的 class 文件是可执行的。

第一代加固技术的简单运行原理如图 9-4 所示。

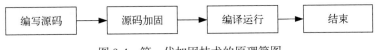

图 9-4　第一代加固技术的原理简图

例如，App 在第一代加固前的部分代码如下所示：

```
public class Test extends Activity {
    private String mNetworkModule;
    private String mDeviceModule;
    private String mLocationModule;
    private String mSystemModule;
    private String mApplicationModule;
    private String mCommModule;
    private String mBatteryModule;
    private String mSmsModule;
    private int count;
    private String mk;
    private String mCtx;
    public test() {
        this.count = -1;
        this.llsdk = -1;
    }
```

9

```
    public String getmLocationModule() {
        return this.mLocationModule;
    }
    public void setmCommModules(String str) {
        mCommModule = str;
    }
    public String getmNetworkModule() {
        return this.mNetworkModule;
    }
    public void setmSmsModule(String str) {
        this.mSmsModule = str;
    }
    public String getmDeviceModuel() {
        return this.mDeviceModule;
    }
}
```

App 在第一代加固后的部分代码如下所示：

```
public class b exentds a {
    private String b;
    private String c;
    private String d;
    private String e;
    private String f;
    private String g;
    private String h;
    private String i;
    private int j;
    private String k;
    private int l;
    private String m;

    public b() {
        this.j = -1;
        this.l = -1;
    }
    public String h() {
        return this.h;
    }
    public void e(String str) {
        this.h = str;
    }
    public String i() {
        return this.i;
    }
    public void f(String str) {
        this.i = str;
    }
    public String j() {
        return this.d;
    }
}
```

9.3　第二代加固技术

第二代加固技术主要是对原始 App 中的 dex 文件加密，并外包一层壳，将 App 的核心代码进行隐藏，以达到保护 App 的目的。其简单运行原理如图 9-5 所示。

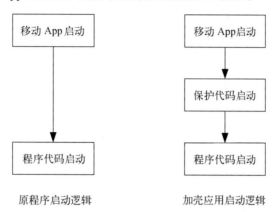

图 9-5　第二代加固技术的原理简图

例如，App 在第二代加固前的部分代码如下所示：

```
<?xml version="1.0" encoding="utf-8"?>
<manifest xmlns:android="http://schemas.android.com/apk/res/android" android:versionCode="1"
android:versionName="1.0" android:installLocation="auto" package="com.test.aspiredoctor">
    <uses-sdk android:minSdkVersion="5"/>
    <application android:theme="@android:style/Theme.NoTitleBar" android:label="@string/app_name"
        android:icon="@drawable/icon" android:name="com.test.package.ShopApplication"
        android:persistent="true" android:debuggable="true">
        <activity android:label="@string/app_name" android:name="com.test.
            package.activities.SplashActivity" android:screenOrientation="portrait"
            android:configChanges="keyboardHidden|orientation">
            <intent-filter>
                <action android:name="android.intent.action.MAIN"/>
                <category android:name="android.intent.category.LAUNCHER"/>
            </intent-filter>
        </activity>
```

App 在第二代加固后的部分代码如下所示：

```
 <?xml version="1.0" encoding="utf-8"?>
<manifest xmlns:android="http://schemas.android.com/apk/res/android" android:versionCode="1"
android:versionName="1.0" android:installLocation="auto" package="com.test.aspiredoctor">
    <uses-sdk android:minSdkVersion="5"/>
    <application android:theme="@android:style/Theme.NoTitleBar" android:label="@string/app_name"
        android:icon="@drawable/icon" android:name="com.test.apkwrapper.ApplicationWrapper "
        android:persistent="true" android:debuggable="true">
        <activity android:label="@string/app_name" android:name="com.test.
            apkwrapper.activities.SplashActivity" android:screenOrientation="portrait"
            android:configChanges="keyboardHidden|orientation">
```

```
    <intent-filter>
        <action android:name="android.intent.action.MAIN"/>
        <category android:name="android.intent.category.LAUNCHER"/>
    </intent-filter>
</activity>
```

通过以上代码的对比，我们可以得出第二代加固技术的特点：首先，对 dex 文件内容进行整体文件加密和隐藏，将抽取的内容保存到 App 的 apk 资源文件内，这样 apk 文件中的原 classes.dex 文件就只是一个空壳文件；其次，修改 App 配置文件 AndroidManifest.xml 的程序入口，使其指向保护壳的代码，那么 App 在启动运行时，就会首先执行安全保护壳的代码，从而既保护被加密 dex 文件，又能跳转执行原始程序代码，保证程序正常运行的效果。

由此可见，第二代加固技术的优势是为 apk 文件中原始的 dex 文件整体加密并外加一层壳，防止各类静态反编译工具的逆向分析。dex 文件被加密后隐藏了 dex 文件中的类和方法函数，攻击者只能看到安全伪装的入口类和方法函数，看不到被保护的原始 apk 文件里的类、方法函数以及方法内容。

但是，第二代加固技术也有其缺点：一是影响程序启动时间，在 App 启动时，还需要执行原始程序中 dex 文件的文件读写和文件解密等操作，这就会影响程序启动时间，同时，随着加固后 dex 文件的增多，启动时间会进一步延长；二是，App 在运行时会在内存中解密原始 dex 文件，存储在内存中一块连续完整的区域中，因此攻击者通过内存转储的方式可以从内存中获得解密后的原始 dex 文件。因此，dex 文件整体加密技术主要对抗静态反编译逆向分析，而无法抵御攻击者通过内存转储的方式对 App 进行攻击。

9.4   第三代加固技术

第三代加固技术主要是基于类和方法的代码抽取技术，旨在解决第二代加固技术无法抵御攻击者通过动态分析方式进行攻击的问题，其简单运行原理如图 9-6 所示。

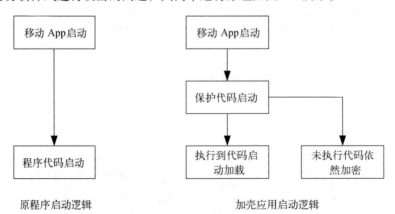

图 9-6   第三代加固技术的原理简图

　　第三代加固技术对 dex 文件中所有的类及方法函数内容进行抽取、加密和隐藏，单独加密后存放在 apk 中的特定文件内。攻击者进行静态逆向分析时无法查看被保护的类内代码，当 Android 虚拟机要执行 App 的某个方法时，App 中的加固引擎才读取该方法被保护的代码进行解密，并将解密后的方法代码以不连续的碎片化代码形式存放在内存中。

　　由此可见，第三代加固技术的优势是对 App 程序中的所有方法进行抽取，使得通过静态分析无法看到内容，通过动态转储从内存中也无法还原全部代码，达到程序方法"随用随解，不用不解"的效果，即只有在使用某个具体的类时才解密这个类的代码。同时可以添加大量伪类和伪方法，使内存转储后看到的代码碎片不是真实的程序代码，增加了攻击者的破解难度。

　　但是，第三代加固技术也有缺点：一是随用随解的加固技术实现路线会影响程序运行过程中的性能，虽然影响非常有限，但是会对程序所有功能带来影响；二是随用随解需要不断申请内存资源，势必增加内存占用，有可能降低系统整体运行性能。针对类级别的方法抽取和回填机制，同样存在无法抵御攻击的安全风险。

　　一种加强型的方法抽取保护思路是对 dex 文件全部类中的函数进行最细粒度的抽取、加密和隐藏，抽取内容加密后存放到 apk 文件的 assets 资源目录下，当 App 运行需要加载某个类时，加固引擎并不是解密全部函数，而是只解密需要运行的函数到 Android 虚拟机中运行。这样做的优点是程序"方法"级还原，攻击者从内存转储出的代码碎片为最小化碎片，从而增加了攻击者的攻击成本。

9.5　第四代加固技术

　　前面所述的三代加固保护技术均沿着代码混淆和程序加壳这两条技术路线不断演进。

　　代码混淆是指将 App 的程序代码转换为一种在程序功能上等价但是形式上难于阅读和理解的代码。代码混淆无法从根本上抵御逆向分析，只是增加了逆向代码的理解难度，延长了攻击时间。

　　程序加壳是另一种应用广泛的软件保护技术。"壳"，即包裹在原始程序外的一层代码，这层代码在被保护程序的代码执行前先进行解压缩、解密、反调试、反注入等操作，再将程序的执行权转交给原始程序中的目标代码。程序加壳虽然能有效地阻止静态逆向分析，但很难阻止攻击者的动态分析行为，因为最终"壳"要将解密后的代码存放在内存中执行，只要攻击者在内存中定位到解密后的原始代码存放的地址，就可以通过内存转储的方式导出原始程序，实现 App 脱壳的攻击目的。

　　前三代加固保护技术涉及的 dex 文件整体加密、dex 类运行时保护和 dex 运行时方法保护等都属于程序加壳的范畴，从本质上来说都是代码隐藏技术，最终还是需要通过 Android 虚拟机执行"解壳后"的原始代码。理论上，攻击者可以对原生 Android 虚拟机进行修改，构建一个以"脱壳"为目标的定制化虚拟机。当加固后的 App 在定制化虚拟机中运行时，虚拟机中的"脱壳"程序实时捕获 App 实际运行时在内存中释放的原始执行代码，还原出 App 的原始 dex 文件，达到脱壳的目的。

为了应对攻击者通过动态分析实施攻击行为，第四代加固技术——dex 虚拟机保护（dex virtual machine protect，DVMP）技术应运而生。DVMP 技术使用一种全新的指令"语言"来替代原有的 Android 虚拟机的指令集语言，在程序类级保护、方法级保护的基础上更进一步，实现指令集层面的保护。这种新的指令"语言"只有在自定义的虚拟机上才能够被"解释"和"执行"，对于攻击者来说，自定义的指令集是一个"盲区"，无公开资料可查，因此很难在短时间内完全逆向。

通过以上介绍，可以看到 DVMP 技术具有自定义虚拟机、指令集和解释器。当 App 运行时，在自定义的虚拟机中，通过自定义的指令解释器对被保护的代码进行解释执行，攻击者通过内存转储只能还原出自定义的指令集，无法还原被保护的原始指令。

由此可见，第四代加固技术 DVMP 主要是基于定制化虚拟机保护技术，其简单运行原理如图 9-7 所示。

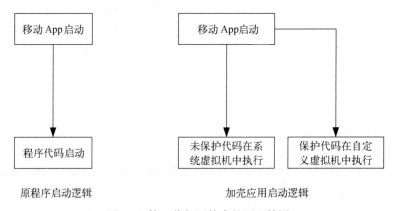

图 9-7　第四代加固技术的原理简图

DVMP 技术的优势是构造了定制化的虚拟机，自定义了运行 App 的虚拟机指令集，攻击者从内存中转储出的运行指令不是标准的 Android Delvik 虚拟机指令，因此无法通过标准的指令集语法进行逆向分析，而且，自定义的指令是随机映射动态产生的，进一步增加了攻击难度。

9.6　小结

本章对四代加固保护技术做了简要介绍，从代码混淆，到文件保护，再到类保护、方法保护，最后到指令保护，从静态保护到动态保护，对 App 的安全防护由浅入深地进行了梳理。当然，这四代加固技术并非是完全独立的，开发者需要根据自身 App 的特点，综合搭配四种加固技术，做出最适合自己 App 的加固方案。

　　结合四代加固技术的特点，我们可以打一个通俗一点的比方：如果把 App 看作我们的家，把 App 的核心资产看作家中的财物，那么四代加固技术就相当于家的四道安全防护。第一道防护，即代码混淆技术，可以看作我们的小区大门，强度不够，只能够增加攻击者寻找地址的难度；第二道防护，即文件整体加密技术，可以看作家所在大楼的楼门，起到保护整栋楼的作用，但是强度有限，攻击面是整栋楼，找到突破点并非难事；第三道防护，即代码抽取保护技术，可以看作家门，保护家里所有的财产，保护粒度更细，进一步增加了攻击者的成本；第四道防护，即虚拟机保护技术，可以看作家里的保险箱，保护家庭最核心的资产，强度最高。开发者需要综合考虑程序运行性能和安全防护强度，发挥四代加固技术的特点和优势，方可达到最佳保护效果。

9

第 10 章

静态防护技术

10

静态防护技术是面向 App 程序组成部分的防护，通过防护程序代码来提高 App 的安全性。本章主要从两方面介绍静态防护技术：一是针对 App 源代码的保护技术；二是针对 apk 文件的加固技术，包括针对 dex 文件、资源文件、so 文件等进行代码层面的安全加固。本章仅介绍 App 静态防护技术的实现思路，不讨论具体的实现方案细节。

10.1　源代码保护

源代码保护技术主要是将 App 的程序代码进行混乱变形，一方面隐藏原始程序的控制流，另一方面减少原始程序不同控制流在代码表达方面的差异性，增加 App 程序代码中各部分程序逻辑结构的相似性，从而增加攻击者使用逆向工具分析还原 App 业务逻辑或核心算法的难度。

源代码保护一般通过两种方式来实现：对于 App 开发者来说，可以利用代码混淆工具直接对源代码进行混淆；对于 App 防护者来说，一般需要先获取原 App，利用代码反编译工具直接对原 App 安装文件进行反编译，然后对获得的反编译代码进行混淆，最后对混淆后的 App 反编译代码进行重打包和签名，得到加固后的 App，整个过程如图 10-1 所示。

图 10-1　App 防护的一般过程

目前关于程序加密与解密的图书众多，很多书详细介绍了源代码混淆的理论知识，本节仅对 Android App 源代码混淆涉及的混淆技术进行简要说明，不会深入讨论每一项源代码混淆的详细知识。源代码保护的核心就是使用程序代码混淆器实现源代码的混淆，核心算法包括控制流平坦化（control flow flatterning）和不透明谓词（opaque predicate）等。

10.1.1　控制流平坦化

控制流平坦化技术是指将程序代码的执行控制逻辑（if...else...语句、for 语句）等效变换为平坦的控制逻辑（switch...case...语句），这样就隐藏了初始的程序层次结构。

图 10-2 和图 10-3 所示是在 IDA Pro 中看到的使用了控制流平坦化前后的程序代码执行逻辑变化。

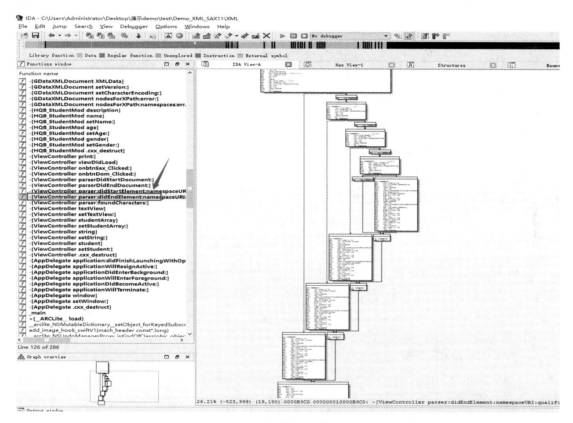

图 10-2　混淆前的程序控制流

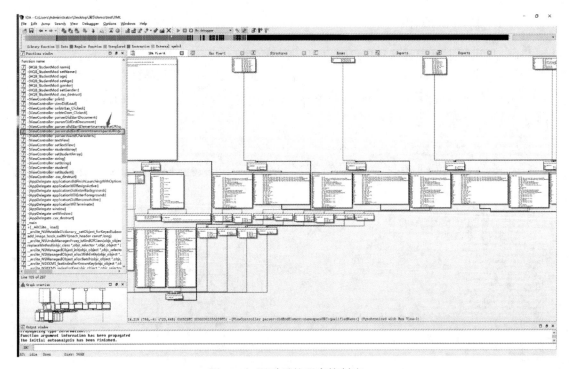

图 10-3　混淆后的程序控制流

控制流平坦化的一般实现过程是，首先对源代码进行基本块分隔，然后建立调用流程图，最后将基本块在 switch…case…和 while/for 循环下建立等效的平坦化结构。在源代码级别完成控制流扁平化，下面以我们熟悉的二分法查找为例进行说明。原始代码如下：

```
int bsearch(int *buf, int count, int key) {
    int left, right, mid;
    //B1
    left = 0;
    right = count - 1;
    //B2
    while (left <= right) {
        //B3
        mid = (left + right) / 2;
        if (key == buf[mid]) {
            //B4
            return mid;
        }
        //B5
        if (key < buf[mid])
            //B6
            right = mid - 1;
        else//B7
            left = mid + 1;
    }//B8
```

```
//B9
return -1;
}
```

为了方便进行控制流表示，我们对上面的代码里的基本块进行了标注，分别为 B1, B2, ..., B9。以上示例代码的程序控制流图如图 10-4 所示。

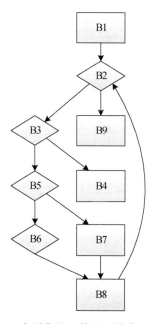

图 10-4 扁平化处理前的原始代码控制流

示例代码经过控制流扁平化之后，形成了如下等价代码：

```
int bsearch(int *buf, int count, int key) {
    int left, right, mid;
    int next = 1;
    while(true) {
        switch(next) {
        case 1: left = 0; right = count -1; next = 2; break;
        case 2: if (left <= right) next = 3; else next = 9; break;
        case 3: mid = (left + right) / 2; if (key == buf[mid]) next = 4; else next = 5; break;
        case 4: return mid; break;
        case 5: if ( key < buf[mid] ) next = 6; else next = 7; break;
        case 6: right = mid - 1; next = 8; break;
        case 7: left = mid + 1; next = 8; break;
        case 8: next = 2; break;
        case 9: return -1; break;
        }
    }
}
```

对应的程序控制流图如图 10-5 所示。

10

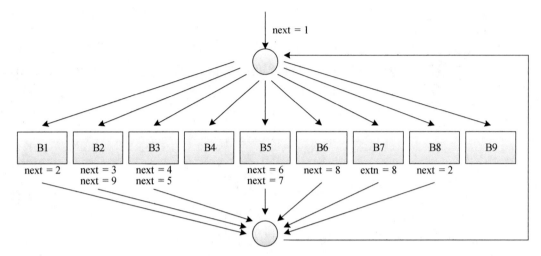

图 10-5   扁平化处理后的代码控制流

10.1.2   不透明谓词

不透明谓词技术是在程序代码的条件跳转节点处对程序跳转条件进行混淆。一般来说，App 开发者在设计程序跳转条件时，会将程序变量之间的逻辑运算结果作为跳转条件，以提高跳转条件的可读性。不透明谓词技术就是将跳转条件设计成运算复杂度较高、与程序相关性较小的数学运算，增加攻击者通过静态分析方法逆向分析程序执行逻辑的难度。

代码混淆器在源代码中插入不透明谓词或无关的冗余代码时可进一步使用随机数来提高代码混淆强度，使在不同时间进行的代码混淆结果具有差异性，提高攻击者逆向分析代码混淆规则的难度。下面两段代码为在平坦化过程中使用不透明谓词的对比。

使用不透明谓词前：

```
bool TeapotRenderer::Bind( ndk_helper::TapCamera* camera )
{
    camera_ = camera;
    return true;
}
```

使用不透明谓词后：

```
bool TeapotRenderer::Bind( ndk_helper::TapCamera* camera )
{
    volatile unsigned int __nv_state_helper__53;
    __nv_state_helper__53 = 304;
    unsigned int __local_var__54;
    __local_var__54 = 4;
    while (__local_var__54 != 5)
        switch (__local_var__54) {
            case 4:
```

```
            {
                this->camera_ = camera;
                return true;
                __local_var__54 = 5U;
                __nv_state_helper__53 = 301U;
                break;
            }
        }
    }
```

对于分析人员来讲，通过一个简单的谓词就可以轻松分析出它的跳转目标。不透明谓词的使用就大大增加了分析的难度。在构造谓词的时候，一些数论中的结论或经验数据公式是我们必须掌握的。例如为了得到 uintVal_4 = 4，我们可以使用如下数学变化：

```
unsigned int __nv_state_helper__51 = 304;
unsigned int __nv_block_r53 = __nv_state_helper__51 - ((__nv_state_helper__51 * 37744U) >> 18U) * 6U;
unsigned int uintVal_4 = (50U - __nv_block_r53);
```

10.1.3 字符串加密

字符串加密技术是对程序代码中的特定字符串进行加密，同时自动随机生成一个字符串解密函数，完成针对特定字符串加密、解密的完整过程，在不影响原有程序正常运行的前提下，增加逆向分析程序代码的难度。例如 App 程序中有如下一行代码：

```
_mutableCodersAccessQueue=dispatch_queue_create("com.hackemist.SDWebImageCodersManager",
DISPATCH_QUEUE_CONCURRENT);
```

作为开发者，我们认为 dispatch_queue_create()中的两个参数较为敏感，需要进行加密处理，处理后这一行代码变为：

```
_mutableCodersAccessQueue=dispatch_queue_create(code_protector_c_get_str_0(),((_bridgedispatch_
queue_attr_t)&(_dispatch_queue_attr_concurrent)));
```

code_protector_c_get_str_0()是返回类型为字符串指针的字符串解密函数，这个函数运行的结果就是原来的包名参数 com.hackemist.SDWebImageCodersManager。这行代码进行字符串加密前后的对比情况如下所示。

App 在字符串加密前的部分代码：

```
glBindAttribLocation( program, ATTRIB_VERTEX, "myVertex" );
glBindAttribLocation( program, ATTRIB_NORMAL, "myNormal" );
glBindAttribLocation( program, ATTRIB_UV, "myUV" );
```

App 在字符串加密后的部分代码：

```
glBindAttribLocation(__local_var__program_42, ATTRIB_VERTEX, code_protector_c_get_str_3());
glBindAttribLocation(__local_var__program_42, ATTRIB_NORMAL, code_protector_c_get_str_4());
glBindAttribLocation(__local_var__program_42, ATTRIB_UV, code_protector_c_get_str_5());
```

字符串加密常见的技术实现是将原始的字符串用一个解密函数去实现，在程序运行时，解密

函数再使用对应算法还原原始的字符串。例如，通过原始字符串 Str 与 key 进行异或操作
Str^Key=EnStr，对于加密后的字符串 EnStr 进行解密，可再做一次异或操作 EnStr^Key=Str，该方
法执行效率很高，所以异或操作常常用于对字符串进行简单加密。在以下这段字符串加密处理函数
里，它可以保护"bplist"字符串原文。

```c
#include <stdio.h>
char* code_protector_c_get_str_4() {
    static char code_protector_str_key_3 = (char) 0x54;
    static char code_protector_encrypted_str[8] = {(char) 0xF9,(char) 0x37,
            (char) 0x26, (char) 0x3B, (char) 0x31,
            (char) 0x2A, (char) 0x2E, (char) 0x5B};
    int i;
    if((code_protector_encrypted_str[0] % 2) != 0) {
        code_protector_encrypted_str[0] += 1;
        for(i=1; i<8; i++) {
            code_protector_encrypted_str[i] =
                code_protector_encrypted_str[i] ^
                (char) ((code_protector_str_key_3 + i) % 256);
        }
    }
    return (char *) code_protector_encrypted_str + 1;
}

int main()
{
    printf("string before processing is: %s\n", "bplist");
    printf("string after processing is: %s\n", code_protector_c_get_str_4());
    return 0;
}
```

运行以上程序，输出结果如下：

```
string before processing is: bplist
string after processing is: bplist
```

这说明当输入字符串"bplist"后，经过函数 code_protector_c_get_str_4()进行变换，字符
串的值依然不变。

本节的 App 防护措施能够解决安全测试过程中出现的防反编译、本地数据存储和网络传输
数据加密问题。

10.2   dex 文件加固

dex 文件是 App 得以在 Android 系统 Dalvik 虚拟机中运行的可执行程序文件，类似于 Windows
系统的 exe 文件，每个 apk 安装文件中都必须包含 dex 文件。dex 文件里面包含了 Android App 的
核心代码，因此，针对 dex 文件的加固防护成为了静态防护技术的重中之重。针对 dex 文件的加
固方法有 4 种，分别是 dex 文件整体加壳、程序方法抽取加固、VMP 加固和字符串加密，接下
来我们逐一进行介绍。

10.2.1 dex 文件整体加壳

dex 文件整体加壳的基本原理是对 classes.dex 这个文件进行整体加密，将加密后得到的文件存放在 apk 文件的资源文件中，并在 App 运行时将加密后的 classes.dex 文件在内存中进行解密，再让 Dalvik 虚拟机动态加载解密后的原始 classes.dex 文件并执行。对 dex 文件整体加壳前后的程序代码对比情况如图 10-6 所示。

图 10-6　App 通过文件整体加壳前后的部分代码对比情况

对 dex 文件整体加壳的加固流程如图 10-7 所示。

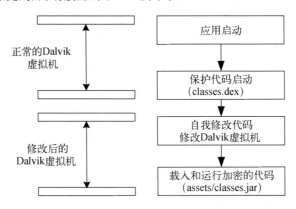

图 10-7　App 整体加壳加固技术的执行流程

1. 加密原始 dex 文件

App 开发者通过综合考虑安全需求、程序复杂度和运行效率，设计针对 dex 文件的加解密算法，将原 apk 文件中的 classes.dex 文件进行加密，加密后的文件存储在原 apk 文件的 assets 资源目录中。下面的示例代码将 classes.dex 文件进行了简单的异或加密，并且将其以数组的方式保存在了 payloadArray 变量里。

```
File payloadSrcFile = new File("classes.dex");
byte[] payloadArray = encrpt(readFileBytes(payloadSrcFile));
```

方法 readFileBytes() 的示例代码如下：

```
private static byte[] readFileBytes(File file) throws IOException {
    return Files.readAllBytes(file.toPath());
}
```

encrpt() 方法的实现中使用了字符串 TheXorKey 作为异或的密钥，示例代码如下：

```
private static byte[] encrpt(byte[] srcdata){
    String key="TheXorKey";
    byte[] keyBytes=key.getBytes();
    byte[] encryptBytes=new byte[srcdata.length];
    for(int i=0; i<srcdata.length; i++){
        encryptBytes[i]=(byte) (srcdata[i] ^ keyBytes[i % keyBytes.length]);
    }
    return encryptBytes;
}
```

2. 编写壳程序

为了保证原有 App 程序的正常运行，开发者需要编写一个 App 的壳程序，用于定位存储在 assets 资源目录中的 classes.dex 加密文件，并通过解密算法对该加密文件进行解密，得到原始的 dex 文件，加载至内存中运行。

为了增加 App 壳程序的安全性和保密性，可将解密算法及加载原 dex 文件等操作通过 JNI 的方式打包到 so 文件中进一步隐藏并执行，然后在 App 的壳程序中通过使用 Java 层的程序代码调用 so 文件中的解壳函数，完成原始 dex 文件的解密和加载，保证原有 App 的正常运行。将 App 壳程序中的部分功能转移到 so 文件中，会增加攻击者逆向破解壳的难度，不但使破解流程变长，而且要求攻击者具备对 so 文件的逆向分析能力。

3. 修改程序运行入口

在加壳的 dex 文件中，要保证程序一开始就运行 App 的壳程序，否则 App 的运行流程就会紊乱。Android App 的程序运行入口在 AndroidManifest.xml 文件中设置，通过定义 Application 类以保证 App 在启动时优先运行壳程序。如果 AndroidManifest.xml 文件中存在 Application 类，则需要修改成壳程序的 Application 类；如不存在，则需要添加壳程序的 Application 类。加载过程结束后，壳程序就将程序的控制权交给解密后的原始 classes.dex 文件，解密后的代码开始执行原有 App 的功能，接下来的步骤就跟加壳前的 App 运行流程一致了。

dex 文件整体加壳技术是针对 classes.dex 文件进行整体的加解密操作。App 一旦正常运行，就会在内存中解密出原始的 classes.dex 文件，即在一片连续完整的内存中存储解密后的 App 程序代码。攻击者通过修改 Dalvik 虚拟机，有可能以内存转储的方式获得解密后的 App 程序代码。虽然可以采取一些打补丁的方法来增加破解难度，例如类加载结束后，抹掉或者混淆内存中 dex 文件的头部或者尾部信息，但这些方法治标不治本，无法从本质上解决问题。针对 dex 文件整体加壳能被内存转储的方式绕过这一弱点，在对给定 apk 文件实现整体反编译的基础上，采用基于程序方法抽取的方式进行加固保护可以进一步增加 apk 文件被破解的难度。

本节的 App 防护措施能够解决安全测试过程中出现的防反编译、防篡改、本地数据存储和网络传输数据加密问题。

10.2.2 程序方法抽取加固

程序方法抽取是指将 App 中原始 dex 文件中的函数方法实现抽离到加密文件中，并确保函数抽离后的 App 还能正常运行的一种加固方法。其基本原理是利用 Java 虚拟机方法执行机制，在 App 执行某个方法时，才动态解密该方法的程序代码，并以不连续的方式存到内存中。当 App 没有执行该方法时，该方法的程序代码不会被解密到内存中。

如果将前一节对 dex 文件进行整体加壳比作"程序文件保护"的话，那么程序方法抽取加固就相当于"程序运行时在内存中的代码保护"，这种加固方法可对 App 代码中的每个方法做单独加密。App 在运行且需要执行具体方法的情况下，才对需要执行的方法在内存中进行动态解密，进而正常运行解密后的方法。因此，App 在运行但还没有执行具体方法的情况下，可以防止攻击者通过转储内存导出完整的原始 dex 文件。即使攻击者转储内存，得到的 dex 文件也是不完整的，缺少还未运行的 App 程序方法。

App 在方法抽取加密前的部分代码如下所示：

```
package com.test.package.activities;
import android.app.Activity;
import android.os.Bundle;
import android.widget.TextView;
import com.test.aspiredoctor.R;
public class AboutAppActivity extends Activity {
    protected void onCreate(Bundle savedInstanceState) {
        super.onCreate(savedInstanceState);
        setContentView(R.layout.about_app);
        ((TextView) findViewById(R.id.aboutVersion)).setText("版本: 1.0");
        ((TextView) findViewById(R.id.right)).setText("");
    }
}
```

加固前，AboutAppActivity 类可以被反编译。

App 在方法抽取加密后的部分代码如下所示：

```
package com.test.package.activities;
import android.app.Activity;
public class AboutAppActivity extends Activity {
    protected void onCreate(android.os.Bundle r4) {
```

```
    /* JADX: method processing error */
  /*
  Error: java.lang.NullPointerException
      at jadx.core.dex.visitors.regions.ProcessTryCatchRegions.searchTryCatchDominators
          (ProcessTryCatchRegions.java:75)
      at jadx.core.dex.visitors.regions.ProcessTryCatchRegions.process
          (ProcessTryCatchRegions.java:45)
      at jadx.core.dex.visitors.regions.RegionMakerVisitor.postProcessRegions
          (RegionMakerVisitor.java:63)
      at jadx.core.dex.visitors.regions.RegionMakerVisitor.visit(RegionMakerVisitor.java:58)
      at jadx.core.dex.visitors.DepthTraversal.visit(DepthTraversal.java:31)
      at jadx.core.dex.visitors.DepthTraversal.visit(DepthTraversal.java:17)
      at jadx.core.ProcessClass.process(ProcessClass.java:34)
      at jadx.api.JadxDecompiler.processClass(JadxDecompiler.java:282)
      at jadx.api.JavaClass.decompile(JavaClass.java:62)
      at jadx.api.JavaClass.getCode(JavaClass.java:48)
  */
        /*
        r3 = this;
        r0 = 67815929; // 0x40ac9f9 float:1.6314563E-36 double:3.3505521E-316;
        return;      Catch:{ Exception -> 0x0000 }
        */
        throw new UnsupportedOperationException("Method not decompiled: com.test.package.activities.
            AboutAppActivity.onCreate(android.os.Bundle):void");
    }
}
```

加固后，AboutAppActivity 类被抽取保护，不能被反编译了。

程序方法抽取加固的具体实现过程如下。

(1) 确定方法。开发者根据 App 中各个程序方法的安全防护等级确定需要加固的程序方法列表，包括类名和方法名，将需要加固的程序方法写入一个配置文件中。

(2) 方法抽取。读取配置文件获取 App 需要加固的类名和方法名，解析 App 安装文件中的 dex 文件，定位需要加固的类和方法代码，将要加固的程序代码及对应 Dalvik 虚拟机执行所需的字节码提取出来，在 App 的壳程序中实现一套代码加解密程序，将提取出来的程序方法和字节码进行加密并写入 dex 文件以外的加密文件中。

(3) 解密运行。当 App 需要运行某个已被加固的程序方法时，壳程序会从加密文件中将该程序方法的程序代码和字节码解密至内存中，以供 Dalvik 虚拟机执行，保证 App 的正常运行。

本节的 App 防护措施能够解决安全测试过程中出现的防反编译、防篡改、本地数据存储和网络传输数据加密问题。

10.2.3　VMP 加固

传统的软件代码保护技术主要包括代码混淆和软件加壳这两种技术。前两节介绍的 dex 文件整体加壳和程序方法抽取技术类似于计算机软件的加壳保护技术，都是原始代码隐藏技术，最终通过 Android 的 Dalvik/ART 虚拟机执行的还是壳程序解密后的原始程序代码。因此，攻击者可以通过修改虚拟机的运行过程来对加固后的 App 进行脱壳。VMP 加固就是针对这种破解方式的防护技术，使得攻击者即使修改了虚拟机也无法完成脱壳。

VMP 加固通常是将保护后的代码放到自定义的虚拟机中运行。VMP 加固是基于虚拟化保护技术实现的。虚拟化保护技术是使用一种全新的"语言"来翻译原来的代码，这种"语言"只有自定义的虚拟机引擎才能够理解，在没有任何参考资料的前提下，攻击者想要学会这种"语言"是非常困难的。因此，基于虚拟机的软件保护被业界认为是当前破解难度最大的保护方式，它不但加大了逆向分析的难度，而且极大地增加了还原代码的难度。简单来说，VMP 加固是将原来 App 的可执行代码转换为自定义的字节码，只能在自定义的虚拟机中执行。犹如新建了一套与 Dalvik/ART 虚拟机不同的虚拟机指令体系，使得 App 在新的指令体系中运行。当攻击者熟悉了 Dalvik/ART 虚拟机的指令体系后，新的指令体系无疑大大增加了破解成本。

经 VMP 加固的 App，其中未做指令保护的方法还是以正常的字节码的形式由 Dalvik/ART 虚拟机执行，而经指令保护后的方法则由自定义的虚拟机执行。对于攻击者来说，即使通过内存转储等动态分析方法拿到了自定义的字节码，还需要分析和理解自定义的字节码格式，因此攻击者逆向这种自定义虚拟机的成本会大大增加。另一方面，VMP 加固也是基于方法的虚拟化保护，可以针对一个 App 构建多个不同虚拟化的解释引擎，对 App 中不同的方法采用不同的虚拟化执行引擎，通过增加虚拟机异构特性的实现方式进一步提高 App 的安全防护能力。VMP 加固技术中的虚拟机如图 10-8 所示。

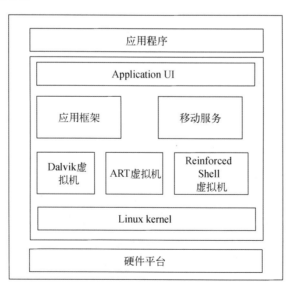

图 10-8　VMP 加固技术中的虚拟机示意图

VMP 加固的具体实现过程如下：

(1) 将 App 中需要保护的 Java 函数转换为 Native 函数；

(2) 将 App 中需要保护的 Java 函数对应的字节码进行指令转换，使其符合自定义虚拟机的指令格式，得到能够运行在自定义虚拟机中的字节码；

(3) 实现针对这个函数的 Native 函数，该函数的作用是读入经过虚拟化指令转换的新的字节码，并解释执行。

下面我们看一个 VMP 加固的示例。App 在 VMP 加固前的部分代码如下所示：

```
package com.test.package.activities;
import android.app.Activity;
import android.os.Bundle;
import android.widget.TextView;
import com.test.aspiredoctor.R;
public class AboutAppActivity extends Activity {
    protected void onCreate(Bundle savedInstanceState) {
        super.onCreate(savedInstanceState);
        setContentView(R.layout.about_app);
        ((TextView) findViewById(R.id.aboutVersion)).setText("版本: 1.0");
        ((TextView) findViewById(R.id.right)).setText("");
    }
}
```

加固前，`AboutAppActivity` 类可以被反编译。

App 在 VMP 加固后的部分代码如下所示：

```
package com.test.package.activities;
import android.app.Activity;
import android.os.Bundle;
import com.test.andjni.JniLib;
public class AboutAppActivity extends Activity {
    protected void onCreate(Bundle bundle) {
        JniLib.cV(this, bundle, Integer.valueOf(3));
    }
}
```

加固后，函数被修改为 JniLib.V 的调用方式。

在 VMP 加固技术中，Dalvik 指令集的映射是核心工作，将 App 中 Java 代码对应的操作码及操作数映射到 Native 代码中。在实践中，为了增加 VMP 加固的强度，Delvik 虚拟机的原始 opcode 与 VMP 虚拟机的 opcode 并不只是一对一的对应关系，很多情形下是一对多的关系，这增加了攻击者逆向的难度。Dalvik 虚拟机所有的操作码见附录 B，下面是将 Delvik 虚拟机中通用的整数乘法运算过程映射到 VMP 虚拟机中实现的示例代码：

```
HANDLE_OP_X_INT_LIT16(OP_MUL_INT_LIT16, "mul", *, 0)
OP_END
#define OP_END
#define HANDLE_OP_X_INT_LIT16(_opcode, _opname, _op, _chkdiv)            \
```

```
HANDLE_OPCODE(_opcode /*vA, vB, #+CCCC*/)                           \
    vdst = INST_A(inst);                                            \
    vsrc1 = INST_B(inst);                                          \
    vsrc2 = FETCH(1);                                              \
    ILOGV("|%s-int/lit16 v%d,v%d,#+0x%04x",                        \
        (_opname), vdst, vsrc1, vsrc2);                           \
    if (_chkdiv != 0) {                                            \
        s4 firstVal, result;                                      \
        firstVal = GET_REGISTER(vsrc1);                           \
        if ((s2) vsrc2 == 0) {                                    \
            EXPORT_PC();                                          \
            dvm_ThrowArithmeticException(env, OBFSTR("divide by zero"));  \
            GOTO_exceptionThrown();                               \
        }                                                         \
        if ((u4)firstVal == 0x80000000 && ((s2) vsrc2) == -1) {   \
            /* won't generate /lit16 instr for this; check anyway */  \
            if (_chkdiv == 1)                                     \
                result = firstVal;  /* division */               \
            else                                                 \
                result = 0;          /* remainder */             \
        } else {                                                 \
            result = firstVal _op (s2) vsrc2;                     \
        }                                                         \
                                                                 \
        SET_REGISTER(vdst, result);                              \
                                                                 \
    } else {                                                      \
        /* non-div/rem case */                                    \
                                                                 \
        SET_REGISTER(vdst, GET_REGISTER(vsrc1) _op (s2) vsrc2);   \
                                                                 \
    }                                                             \
    FINISH(2);
```

本节的 App 防护措施能够解决安全测试过程中出现的防反编译、防篡改、防调试、本地数据存储和网络传输数据加密问题。

10.2.4 字符串加密

开发者在 App 开发过程中，不可避免地会使用各种明文存储的字符串信息，这些信息可能是攻击者破解 App 的入口点，比如错误提示、加密密钥等敏感的字符串信息很容易被攻击者通过反编译获取，为破解 App 提供关键线索。对 dex 文件中的字符串进行加密可以提高逆向分析 App 的攻击成本，增强 App 的安全防护能力。字符串加密的具体实现过程如下：

(1) 提取 dex 文件内的明文字符串信息，确定需要加密的字符串内容；

(2) 通过"一次一密"的字符串随机加密方式对待加密的字符串进行加密保护；

(3) 将随机加密后的密文字符串回填到原字符串的位置；

10

(4) 在 App 运行过程中，壳程序动态解密被加密的字符串，即只对执行过程中用到的字符串进行解密，没有使用的字符串仍然处于加密保护状态。

App 经字符串加密前的部分代码如下所示：

```
public class BackupSetActivity extends Activity {
    private final String FIRST_DELAY = "first_delay";
    private final String IF_BACKUP_AUTOMATIC = "if_backup_automatic";
    private final String IF_BACKUP_STRANGE = "if_backup_strange";
    private final String INTERVAL_DAY = "day";
    private final String INTERVAL_TIME = "time";
    private final String SMS_MSG = "sms_msg";
AlertDialog dialog;
```

App 经字符串加密后的部分代码如下所示：

```
public class BackupSetActivity extends Activity {
    private final String FIRST_DELAY = Helper.d("G6F8AC709AB0FAF2CEA0F89");
    private final String IF_BACKUP_AUTOMATIC = Helper.d("G6085EA18BE33A03CF631915DE6EACED67D8AD6");
    private final String IF_BACKUP_STRANGE = Helper.d("G6085EA18BE33A03CF631835CE0E4CDD06C");
    private final String INTERVAL_DAY = Helper.d("G6D82CC");
    private final String INTERVAL_TIME = Helper.d("G7D8AD81F");
    private final String SMS_MSG = Helper.d("G7A8EC625B223AC");
```

在进行字符串加解密实现的过程中，可以使用一些相对成熟的第三方开源工具库。在此就以 stringfog 为例说明使用方式。stringfog 开发了 gradle 插件并更新到了 Jcenter 上，在集成的时候非常便捷。下面是简要的代码示例。

在根目录 build.gradle 中引入插件依赖：

```
(com.github.megatronking.stringfog)
buildscript {
    repositories {
        google()
        jcenter()
    }
    dependencies {
        classpath 'com.android.tools.build:gradle:3.2.1'
        classpath 'com.github.megatronking.stringfog:gradle-plugin:2.1.0'
        classpath 'com.github.megatronking.stringfog:xor:1.1.0'
    }
}
```

在 build.gradle 中配置插件：

```
apply plugin: 'com.android.application'
apply plugin: 'stringfog'
stringfog {
// 加密时所使用的密钥
    key 'THIS_IS_THE_KEY'
    enable true
    implementation 'com.github.megatronking.stringfog.xor.StringFogImpl'
    // 对于指定包名内的字符串进行处理，如果不配置则为全部
    fogPackages = ['com.example.myapplication']
```

```
    }
android {
    compileSdkVersion 27
    defaultConfig {
        applicationId "com.example.myapplication"
        minSdkVersion 20
        targetSdkVersion 27
        versionCode 1
        versionName "1.0"
    }
    buildTypes {
        release {
            minifyEnabled false
            proguardFiles getDefaultProguardFile('proguard-android.txt'), 'proguard-rules.pro'
        }
    }
}
dependencies {
    implementation fileTree(dir: 'libs', include: ['*.jar'])
    implementation 'com.android.support:appcompat-v7:27.1.1'
    implementation 'com.android.support.constraint:constraint-layout:1.1.3'
    testImplementation 'junit:junit:4.12'
    androidTestImplementation 'com.android.support.test:runner:1.0.2'
    androidTestImplementation 'com.android.support.test.espresso:espresso-core:3.0.2'
    compile 'com.github.megatronking.stringfog:xor:1.1.0'
}
```

示例源代码如下：

```
package com.example.myapplication;

import android.support.v7.app.AppCompatActivity;
import android.os.Bundle;
import android.util.Log;

public class MainActivity extends AppCompatActivity {

    @Override
    protected void onCreate(Bundle savedInstanceState) {
        super.onCreate(savedInstanceState);

        String strMessage = "String to be encoded"; // 明文字符串
        Log.d("MainActivity", strMessage); // 明文字符串
        setContentView(R.layout.activity_main);
    }
}
```

10

最后，打包 apk 文件并验证结果。在顶层使用命令 ./gradlew clean assembleDebug 进行打包生成 apk 文件。使用工具 JD-GUI 打开生成的 apk 文件进行逆向，并查看明文字符串是否存在，结果显示字符串已经进行了加密处理。

```
package com.example.myapplication;
import android.os.Bundle;
import android.support.v7.app.AppCompatActivity;
import android.util.Log;
```

```
public class MainActivity extends AppCompatActivity {
    protected void onCreate(Bundle savedInstanceState) {
        super.onCreate(savedInstanceState);
        Log.d(StringFog.decrypt("GSkgPR4qJzYiITEm"),
        StringFog.decrypt("Bzw7OjEucys7aCc6ayA3NyctNjs="));
        setContentView((int) R.layout.activity_main);
    }
}
```

本节的 App 防护措施能够解决安全测试过程中出现的防反编译、防篡改、防调试、本地数据存储、挂钩框架检测和网络传输数据加密问题。

10.3 资源文件加固

随着对 App 运行效率的需求不断增加，出现了采用 HTML、JavaScript 等方式开发 App 的程序框架，例如 PhoneGap、IBM Worklight 等。这类开发框架解决了移动应用开发的跨平台移植问题，开发的程序可以在多个平台运行使用，提高了 App 开发的效率。

但是，这种便捷的开发框架带来了非常严重的安全问题：HTML、JavaScript 等脚本文件需要以明文的方式存放在安装包的资源文件中或者运行时的本地数据中，攻击者甚至不需要进行逆向就可以直接拿到源代码，因此需要对使用这类开发框架开发的 HTML、JavaScript 等文件进行加密保护。保护技术主要有资源加密和数据透明加密两种。

1. 资源加密

通过拦截本进程读取资源的函数，对需要解密的资源自动进行解密操作。资源加密技术能保证脚本文件在安装包中以加密的方式存在。在 PhoneGap、IBM Worklight 这些程序框架中，通常需要将脚本文件释放到手机的本地存储上，然后在从本地存储进行加载。此时，本地存储的脚本文件则要求是明文存储的。因此，需要辅助数据透明加密技术才能保证手机存储上的脚本文件也是密文的。

2. 数据透明加密

运行时拦截本进程所有的 I/O 操作，如果 I/O 操作的对象是需要透明加密的文件，则自动针对读和写的操作进行相应的解密和加密操作。具体来说，如果 I/O 操作的对象是需要透明加密的文件，在本进程读取该文件时，自动进行解密操作，然后再将解密后的数据交给本进程处理。如果本进程进行的是写操作，则自动进行加密操作，然后将加密后的数据写入手机的本地存储上。

下面我们介绍简要的技术实现。

首先是拦截底层 I/O 函数，为透明数据 I/O 做准备。为了实现透明数据加密，即无感的方式进行文件 I/O 访问，至少要完成 open()、read()、write()、mmap()、close()、fopen()、fclose() 等系统函数的拦截。下面是以 write() 函数为例的示例代码：

```
static ssize_t (*libc_write) (int fd, const void *buf, size_t count);
static ssize_t libc_write_stub(int fd, const void *buf, size_t count) {
    ssize_t ret;
    char *tmpbuf = (char *) malloc(sizeof(char) * count);
    memcpy(tmpbuf, buf, count);
    off_t curpos = lseek(fd, 0, SEEK_CUR);
    do_data_crypt(curpos, tmpbuf, count);
    ret = libc_write(fd, tmpbuf, count);
    free(tmpbuf);
    return ret;
}
```

其次是进行数据加密/解密。对于数据文件的加密/解密，通用的对称分组加密算法尽管可以做到较高的安全强度，但是由于数据文件并非是静态处理的，它们经常在随机位置被存取，因此在实践中很少使用。在此推荐的加密/解密算法为流加密算法，即在上述示例中，在实现 do_data_crypt()函数实现时可以选择 RC4、祖冲之等算法。

通过资源加密技术和数据透明加密技术，能保证 HTML、JavaScript 等脚本文件无论是在安装包中还是本地存储上都以密文的形式存在，提高了这些资源文件被破解的难度。

本节的 App 防护措施能够解决安全测试过程中出现的防反编译、防篡改和防调试问题。

10.4 so 文件加固

Android App 中的 so 文件是采用 C/C++语言开发的动态库。针对 so 文件的逆向要求攻击者有一定的汇编语言基础，相比 Java 语言的 dex 文件反编译，so 文件的逆向分析难度更高。但是 so 文件依然是可以被逆向分析破解的，因此需要对 so 文件进行加密保护。so 文件保护的要求有以下两点。

❑ 保护 so 文件的代码不被逆向分析。so 文件加密保护技术可以保证 so 文件的汇编代码不被攻击者通过 IDA 等反汇编逆向工具逆向分析。

❑ 保护 so 文件内嵌的加密算法及密钥等不泄露。针对 so 文件中的对称加密算法，so 文件的加密可以保护加密算法及内嵌密钥，保证被加密算法以及加密的密钥不被攻击者通过 IDA 等反汇编工具逆向分析得到。

so 文件的加密保护技术与 PE 文件的加壳技术类似。加壳技术是指利用特殊的算法，将可执行程序文件或动态链接库文件的编码进行改变，以达到加密程序编码的目的，阻止 IDA 等反汇编工具的逆向分析，如图 10-9 所示。

10

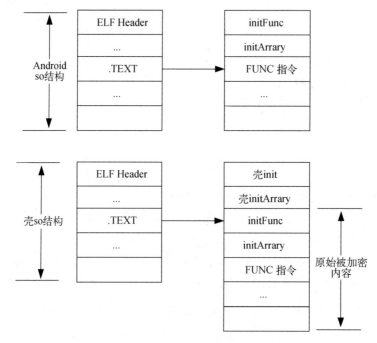

图 10-9   so 文件加密示意图

so 文件加固的具体实现过程主要有以下 5 个步骤。

(1) 汇编代码压缩及加密保护

在代码层面,对 so 文件中的汇编代码进行压缩后再进行加密保护,从而阻止代码被逆向分析。

(2) so 文件的 elf 数据信息保护

so 文件本质上是一个 elf 格式的文件,在 elf 格式中定义了大量的辅助数据信息,如动态定位信息、函数地址信息、符号表等信息。对于这些信息,so 文件加固技术采用了清除映射等手段进行隐藏保护,从而使破解者无法修复这些数据信息。

(3) 导入、导出函数隐藏

对 so 文件中的导入、导出函数信息进行隐藏,达到无法通过 IDA 等工具查找到对应函数信息的效果,so 文件加固前后的对比情况如图 10-10 所示。

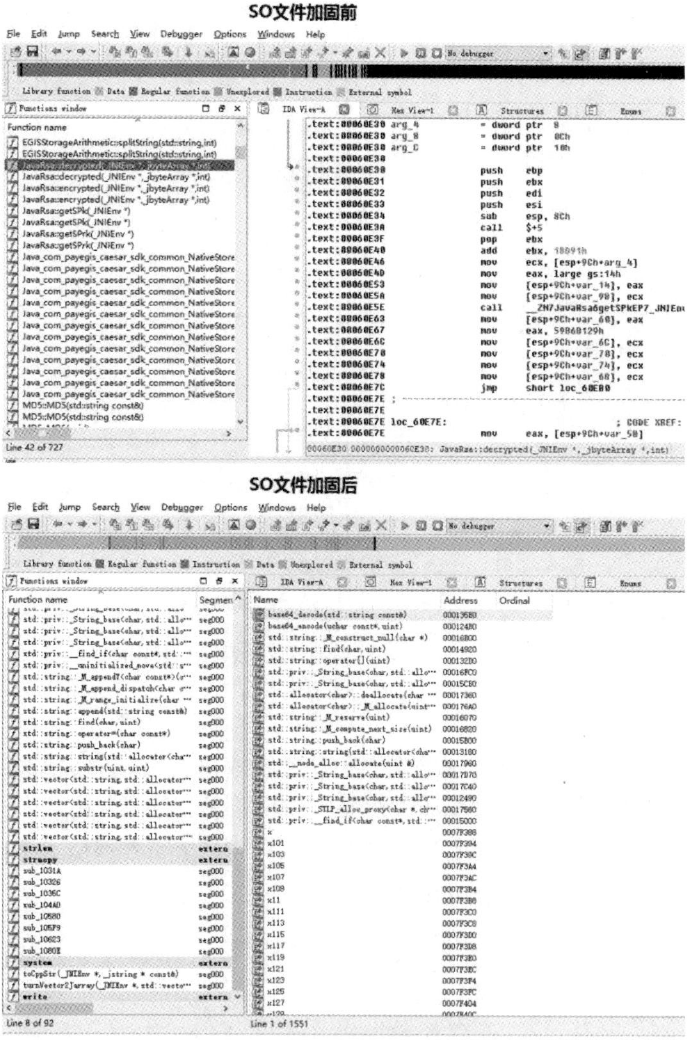

图 10-10　IDA 无法查看 Fuction name

(4) 解密代码动态清除

采用解密代码动态清除技术，可进一步加强 so 文件的安全性，如图 10-11 所示。所谓解密代码动态清除是指某个函数执行完成后，该函数的代码会从内存中清除掉，在下次执行的时候，该函数会被重新解密并执行。通过这种技术，使程序在运行期间，内存中不存在完整的解密代码，从而极大地增加了试图通过内存转储方式进行破解的难度。

10

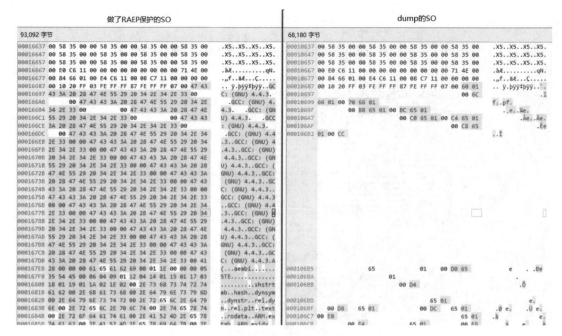

图 10-11　采用动态清除技术转储效果对比示

(5) so 文件与 App 绑定

　　so 文件绑定技术的技术原理是将 so 文件的解密密钥放在 Java 代码加固的 apk 文件中，如图 10-12 所示。因此，如果脱离了加固的 apk，该 so 文件由于无法取得密钥，从而无法运行。此外，在加固后的 App 中，如果 so 文件被替换，由于 Java 代码无法解密替换后 so 文件中的代码，程序也将无法正常运行。

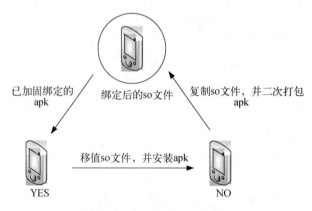

图 10-12　so 文件绑定示意图

　　本节的 App 防护措施能够解决安全测试过程中出现的防反编译、防篡改、防调试问题。

10.5 小结

　　本章围绕 App 的静态防护技术进行了介绍，基本涵盖了第 9 章介绍的四代加固保护技术的内容。首先，从源代码保护的角度介绍了控制流平坦化、不透明谓词和字符串加密这 3 种实现方法，接着介绍了针对 dex 文件、资源文件和 so 文件这 3 种文件级的加固保护技术。其中，针对 dex 文件加固保护进行了重点展开，介绍了 dex 文件整体加固、程序方法抽取加固、VMP 加固和字符串加密这 4 种实现方法。通过阅读本章的内容，相信你会对 App 源代码级、文件级、方法级的静态安全防护技术有一定的了解。

10

第 11 章

动态防护技术 *11*

动态防护技术是面向 App 运行过程的防护，一方面可以通过 App 动态加固技术来实现，比如程序数据加解密保护、进程防动态调试保护、运行日志输出保护、用户信息输入保护等；另一方面需要开发者在 App 实现方案中采用保护技术，如客户端和服务器端通信过程的保护等。本章仅介绍 App 动态防护技术的实现思路，不讨论具体的实现方案细节。

11.1 防调试

在对 Android App 进行逆向破解的过程中，动态调试是最常用也是最有效的方式。动态调试攻击是指攻击者利用调试器跟踪目标程序运行，查看、修改内存代码和数据，分析程序逻辑，进行攻击和破解等行为。比如对于金融类 App，动态调试可以修改 App 业务操作时的账号、金额等数据。相应的 App 防调试安全要求在 4.1.4 节已有描述，常用的动态调试工具有 IDAPro、gdb 等，开发者通过提高 App 防调试的能力，能够增加 App 的破解难度。

由于 Android 平台没有禁止用于调试的 ptrace 系统调用，恶意程序在得到 ROOT 权限后，可以使用系统 API 对目标进程的内存、寄存器进行修改，达到执行 shellcode、注入恶意模块的目的。在注入恶意模块后，攻击者就可以动态获取内存中的各种敏感信息，例如用户名、密码等。除了 ptrace 系统调用外，Android 系统中的 proc 文件也暴露了大量的程序进程信息，能够实现对内存的读写操作，因此对程序进行反调试的保护是非常有必要的。攻击者常常利用动态调试工具以及挂钩系统函数跟踪程序的执行流程，分析程序执行逻辑，查看并修改内存中的代码和数据。因此，本节主要介绍防调试和防挂钩方法的基本思路。

1. 防调试方法

在 Linux 系统中，一个进程只能被附加一次，因此可以让 App 进程复制出子进程，然后对自己进行附加，这样就可以防止调试器在 App 运行过程中附加到 App 的进程中。

当一个进程被跟踪时，对应的进程 status 文件中的 `TracerPid` 字段会发生变化。当进程没有被跟踪或者调试时，`TracerPid` 字段的默认值是 0；如果进程被跟踪或者被调试，则该字段的值为跟踪进程的 pid 值。通过轮询/proc/app_pid/status 文件，读取 `TracerPid` 的字段值，可以判断

App 当前是否被调试跟踪。以下是检查 TracerPid 的示例代码：

```
char file [MAX_LEN], line[MAX_LEN];
snprintf (file, MAX_LEN -1, "/proc/%d/status", getpid());
/* 这些地方都需要进行下列检查
    /proc/<pid>/status
    /proc/<pid>/task/<chdpid>/status
    /proc/<pid>/stat
    /proc/<pid>/task/<chdpid>/stat
    /proc/<pid>/wchan
    /proc/<pid>/task/<chdpid>/wchan
*/
FILE *fp = fopen (file, "r");
while (fgets (line, MAX_LEN -1, fp)) {
    if (strncmp (line, "TracerPid:", 10) == 0) {
        if (0 != atoi (&line[10])) {
            // 进程处于被调试之中
        }
        break;
    }
}
fclose (fp);
```

利用 Linux 系统的 inotify 机制监测/proc 目录，利用监听函数监测/proc 目录是否阻塞在监听
处，一旦有调试进程通过/proc 文件系统对 App 进程内存进行读写操作，监听函数就会停止阻塞，
就可以判定有调试进程正在通过/proc 文件系统。以下是 inotify 监视/proc 文件系统中 maps 是否
被访问的示例代码：

```
bool check_inotify()
{
    int ret, i;
    const int BUF_SIZE = 2048;
    char buf[BUF_SIZE];
    int fd, wd;
    fd_set readfds;
    fd = inotify_init();
    sprintf(buf, "/proc/%d/maps", getpid());
    wd = inotify_add_watch(fd, buf, IN_ALL_EVENTS);
    if (wd >= 0) {
        while (1) {
            i = 0;
            FD_ZERO(&readfds);
            FD_SET(fd, &readfds);
            ret = select(fd + 1, &readfds, 0, 0, 0);
            if (ret == -1) {
                break;
            }
            if (ret) {
                while (i < read(fd, buf, BUF_SIZE)) {
                    struct inotify_event *event = (struct inotify_event *) &buf[i];
                    if ((event->mask & IN_ACCESS) || (event->mask & IN_OPEN)) {
                        // maps 被访问
                        return true;
```

11

```
                    }
                    i += sizeof(struct inotify_event) + event->len;
                }
            }
        }
    }
    inotify_rm_watch(fd, wd);
    close(fd);
}
```

2. 防挂钩方法

常用的挂钩工具有 Xposed 和 CydiaSubstrate。二者的挂钩原理相似，都要替换系统中的 /system/bin/app_process 文件。在系统启动过程中，init 进程通过 app_process 文件启动 Zygote 进程，从而加载 Xposed 劫持虚拟机的文件，实现注入 Zygote 进程的效果。Android 系统在运行 App 时，会通过 Zygote 进程复制一个进程运行 App，那么 App 进程就有了 Zygote 进程的完整复制，包括 Xposed 的相关文件，Xposed 也就完成了 App 进程注入的工作。

当 App 进程被 Xposed 注入，或者运行在一个有被注入风险的移动设备上时，App 的进程内存中就应该包含 Xposed 的相应注入文件。查看/proc/App_pid/mmaps 文件，读取 mmaps 文件中的信息，判断 App 进程中是否加载了 Xposed 的相关文件，就可以判断 App 是否被挂钩。

本节的 App 防护措施能够解决安全测试过程中出现的防调试和防注入问题。

11.2   防日志输出

通过对调试日志输出的函数进行挂钩拦截，按照预设的等级允许或者阻止调试日志的输出，即可实现防日志输出的效果，统一关闭 App、第三方 SDK 插件和 so 文件产生的所有调试日志。所有的 Android App 调试日志输出最后都会运行 liblog.so 中的__android_log_print/write()函数，具体实现流程如图 11-1 所示。函数原型如下：

```
int __android_log_print (int prio,  const char *tag,  const char *fmt,  ...) ;
int __android_log_write (int prio,  const char *tag,  const char *text) ;
```

prio 表示输出日志的优先级，tag 表示日志的 TAG，其他的参数为调试日志输出的字符串。若对上述函数进行挂钩，可以根据参数完成过滤，从而统一关闭调试日志，如图 11-2 和图 11-3 所示。

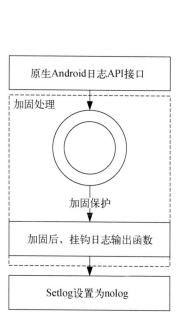

图 11-1 防日志输出实现流程图

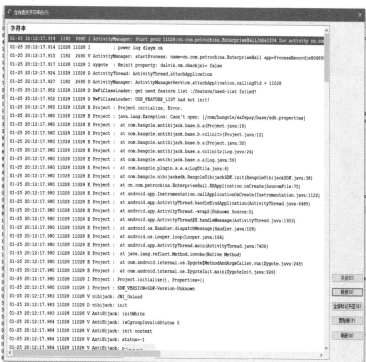

图 11-2 加固前 App 进程输出的日志

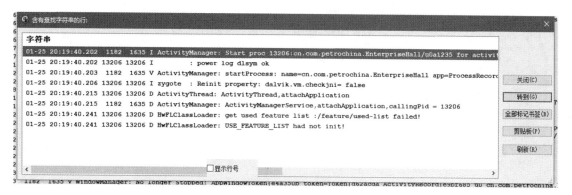

图 11-3 加固后 App 进程输出的日志

　　本节的 App 防护措施能够解决安全测试过程中出现的日志泄露问题。在 App 数据生命周期中的数据处理阶段，如果 App 发布时没有及时删除敏感函数功能的调试日志，就会导致后台打印日志泄露用户敏感数据或泄露代码逻辑。通过加固日志保护处理后，在 App 运行期间，后台将没有敏感日志同步输出。

11

11.3　安全软键盘

安全软键盘通过白盒加密技术对密钥进行保护，使用严格的加密方式对用户输入的信息进行安全处理，架构如图 11-4 所示，加固的实现过程如图 11-5 所示。

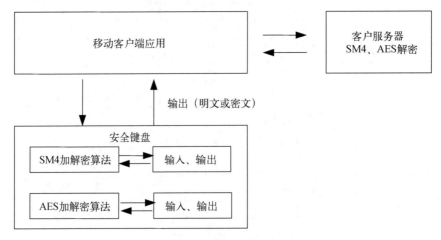

图 11-4　安全软键盘架构图

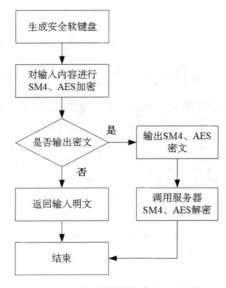

图 11-5　安全软键盘实现过程图

安全软键盘加固的具体实现流程如下。

(1) 生成键盘方案：初始化键盘信息，随机分配字符位置，加载字符对应的图片资源完成键盘的显示。

(2) 加密键盘输入：对通过交互界面输入的密码进行动态 SM4 或 AES 加密，点击完成后可以输出密文发送至后台解密。

(3) 后台解密：后台获取到密文后，调用解密函数对加密数据进行 SM4 或 AES 解密，解密返回明文的键盘输入。

本节的 App 防护措施能够解决安全测试过程中出现的防系统键盘泄露敏感数据、防本地数据存储安全和防录屏/截屏的风险问题。

11.4　防界面劫持

防界面劫持的核心是判断当前 App 运行的界面是否被覆盖。在 Android 5.0 之前，开发者可以使用 ActivityManager 中提供的方法操作栈，但是 Android 5.0 之后，谷歌公司出于保护用户隐私的考虑，弱化了这个接口。ActivityManager 只能管理 App 自身的栈，如果想管理其他 App 的栈，需要用户主动授权，而很多手机厂商对这个权限做了进一步限制，只能为系统 App 等特定的 App 授权。因此，Android 5.0 之后就无法再通过管理栈的方式实现界面防劫持，开发者只能通过 App 自身的 Acticity 生命周期管理来达到界面防劫持的效果。

在 App 运行时，当运行界面发生视图焦点变化，即当前 Activity 变为 onPause 状态时，App 应能捕获当前界面状态变化并进行相应的分析，提示用户可能出现的安全风险，同时尝试对系统输入法进行监视，防止恶意程序诱导用户输入敏感信息。App 防界面劫持的加固实现过程如下。

(1) 在受保护的界面启动时，获取当前正在运行的系统后台进程 CPU、内存占用信息并存储，同时启动后台服务，在服务中判断当前界面是否失去焦点。

(2) 一旦检测到当前界面失去焦点，立即获取当前正在运行的程序信息，如果正在运行的程序是本 App，当没有视图焦点时，比对之前获取的系统后台进程镜像和现在的系统后台进程信息，如果存在恶意行为则提示风险。

(3) 如果当前运行的程序不是本 App，而此时程序界面失去焦点，则获取当前正在运行的程序，提示风险。

(4) 如果当前界面失去焦点，经上述检测未发现风险，则启动键盘行为检测；若发现覆盖界面短时间内出现键盘显示行为，诱导用户输入信息，则提示风险。

实现 App 防界面劫持的示例代码如下：

```
public class MyBaseActivity extends Activity {
    private static Set set = new HashSet();
    private boolean b = true;
    @Override
    protected void onCreate(Bundle savedInstanceState) {
        if (set.size() == 0) {
            try {
                InputStream is = getAssets().open("white.txt");
```

11

```
                    BufferedReader br = new BufferedReader(new InputStreamReader(is, "UTF-8"));
                    while (true) {
                        String write = br.readLine();
                        if (write == null) {
                            break;
                        }
                        set.add(write);
                    }
                    is.close();
                    br.close();
                }
                catch (IOException exp) {
                    exp.printStackTrace();
                }
            }
            set.add(getPackageName());
            super.onCreate(savedInstanceState);
        }
        protected void onPause() {
            if(b) {
                String packagename = ((ActivityManager)getSystemService(Context.ACTIVITY_SERVICE)).
                        getRunningTasks(1).get(0).topActivity.getPackageName();
                if(!set.contains(packagename)) {
                    String msg = "疑似界面劫持攻击, 请小心使用, 并查杀病毒! ";
                    Toast toast = Toast.makeText(getApplicationContext(), msg, Toast.LENGTH_LONG);
                    toast.setGravity(17, 0, 0);
                    toast.show();
                    b = false;
                }
            }
            b = true;
            super.onPause();
        }
    }
```

本节的 App 防护措施能够解决安全测试过程中出现的界面劫持问题。由于 Android 界面每次只能显示一个 Activty，攻击者利用这个机制，使用伪造的仿冒界面或透明界面覆盖在正常界面上，诱骗用户输入敏感信息，就会导致信息泄露。通过防界面劫持加固，App 一旦发现有其他页面覆盖或者程序转向后台，将会给出界面被劫持的安全风险提示，让用户提高警惕，以免上当受骗。

11.5　防篡改

App 篡改是指这样一种攻击过程：攻击者通过逆向分析工具对 App 进行反编译后，在 App 程序内添加或修改代码、替换资源文件、修改配置信息、更换图标、植入非法代码，再对篡改后的代码进行二次打包，生成各种盗版、钓鱼 App。尤其对于金融类 App 来说，添加攻击代码可能导致用户登录账号、支付密码、短信验证码等敏感信息泄露，攻击者进而实施修改转账账号和金额等犯罪行为，因此非常有必要对 App 进行防篡改保护。根据防篡改技术实现方式的不同，App 防篡改主要有签名校验和完整性校验两种实现方式。

1. 签名校验防篡改

App 的数字签名可用于验证开发者身份，一旦攻击者对 App 进行修改并重新打包，App 的数字签名一定会发生变化。因此，开发者可以获取 App 中证书文件的证书指纹 MD5（如图 11-6 所示）并存储在程序中，当 App 运行时，读取证书指纹 MD5 并与当前 apk 文件中的证书指纹 MD5 进行比对。如果比对结果一致，就说明 App 未被篡改，否则说明 App 已被篡改。

```
所有者：CN=Android Debug, O=Android, C=US
发布者：CN=Android Debug, O=Android, C=US
序列号：1c26ed2b
有效期开始日期：Thu Dec 17 13:11:32 CST 2015，截止日期：Sat Dec 09 13:11:32 CST 2045
证书指纹：
        MD5：47:AD:76:21:9B:F6:6B:82:92:78:FA:1A:7C:8A:C7:EC
        SHA1：B8:6B:1C:B1:74:9B:AE:E1:F6:64:B2:E9:82:BC:10:47:32:64:F4:3C
        SHA256：28:C2:07:7E:6C:3D:9B:EB:6D:1E:DC:2A:D4:AE:2F:37:
                49:8E:D4:BE:81:6D:38:9C:DD:BE:04:53:8D:BA:52:3C
        签名算法名称：SHA256withRSA
        版本：3
```

图 11-6　App 的数字证书文件内容

2. 完整性校验防篡改

我们还可以采用完整性校验技术对 App 的安装文件进行哈希校验，再对文件内容进行交叉校验，在 App 中对校验数据及校验代码做加密保护，如图 11-7 所示。

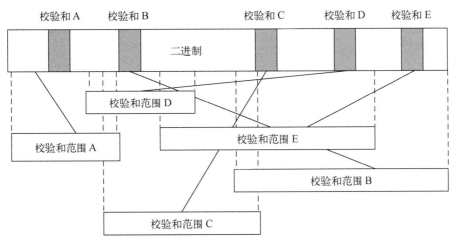

图 11-7　App 完整性交叉校验技术

当一个 App 被防篡改加固保护后，一旦攻击者对加固后的 App 进行任何修改，App 就会在运行时执行校验代码，对照存储的校验数据检测 App 的内容是否被篡改，如果校验不通过，则表示 App 被篡改，程序将终止运行。

本节的 App 防护措施能够解决安全测试过程中发现的防篡改问题。App 完整性校验技术可以防止攻击者反编译 App、篡改源代码、修改资源文件、添加恶意代码模块并二次打包，保护开发者利益。

11.6　防截屏/录屏

截屏/录屏攻击指的是 App 采用系统自带软键盘或者使用自身定制的软键盘，在用户使用软键盘进行按键过程中出现阴影、放大等特效功能，导致攻击者通过采用系统自带的截屏命令或录屏命令进行多次截屏/录屏，达到获取用户软键盘输入信息的目的。攻击者使用的截屏命令和录屏命令如下所示：

```
screenshot /data/local/tmp/test.jpg
screenrecord –time-limit 4 test.mp4
```

防截屏/录屏攻击的核心是禁止攻击者进行截屏/录屏操作，关闭程序的截屏/录屏功能，方法是在 Activity 中 onCreate()方法的 Layout 初始化部分加入 FLAG_SECURE 实现，示例代码如下所示：

```java
public class FlagSecureTestActivity extends Activity {
    @Override
    public void onCreate(Bundle savedInstanceState) {
        super.onCreate(savedInstanceState);
        getWindow().setFlags(LayoutParams.FLAG_SECURE, LayoutParams.FLAG_SECURE);
        setContentView(R.layout.main);
    }
}
```

本节的 App 防护措施能够解决安全测试过程中出现的防截屏/录屏问题。

11.7　模拟器检测

Android 模拟器本来是用于模拟真机的功能，让开发者即使在没有真机的环境中也能调试 App 的各项功能。但是，真机一般是没有经过 ROOT 的环境，而模拟器是已经 ROOT 的运行环境。因此，攻击者常常使用模拟器来调试和破解正常的 App。

模拟器检测是指 App 在运行时结合模拟器的特点，检测运行环境是否为模拟器，并根据检测结果判断是否继续执行。模拟器的主要检测方法有以下 3 种。

(1) 检测设备的 IMEI、MAC 值、Device_Id 以及 Telephony_Service 中的运营商、国家等信息，判断运行环境是否为模拟器。但是目前这部分数据不能作为判断的唯一依据，部分模拟器已经可以修改 IMEI、设备信息、运营商、手机号等信息，如夜神模拟器、逍遥模拟器等。

(2) 检测设备的蓝牙状态信息来判断运行环境是否为模拟器。通过系统服务获取蓝牙状态信息，如果蓝牙设备存在，但蓝牙的名称为 null，说明当前运行环境不是模拟器环境，反之为模拟器环境，相关示例代码如下：

```
public oolean readBlueTooth() {
    BluetoothAdapter readbt = BluetoothAdapter.getDefaultAdapter();
    if (readbt == null) {
        return true;
    } else {
        String name = readbt.getName();
        if (TextUtils.isEmpty(name)) {
            return true;
        } else {
            return false;
        }
    }
}
```

当然，开发者还可以增加对传感器的检测，例如检测光传感器。不过，温度、压力等传感器不能作为判断的依据，因为部分设备上不存在温度和压力传感器。

(3) 根据模拟器的特征来判断运行环境是否模拟器，示例代码如下：

```
public boolean checkEmu() {
    if (Build.FINGERPRINT.startsWith("Emulator")) return true;
    if (Build.MODEL.contains("Emulator")) return true;
    if (Build.SERIAL.equalsIgnoreCase("android")) return true;
    if (Build.BRAND.startsWith("generic")) return true;
    return false;
}
```

由于 Android 设备的严重碎片化，建议组合使用多个规则来判断运行环境是否为模拟器。

本节的 App 防护措施能够解决安全测试过程中出现的模拟器检测问题。如果发现在模拟器环境中运行，则弹窗提示用户 App 在不安全环境下运行，或者禁止在模拟器中安装或运行。

11.8　应用多开检测

应用多开主要用于游戏类和聊天类 App，目的是使游戏玩家能够同一时间开启多个终端，实现快速升级。也有同一手机上开启多个终端，登录不同的账户，实现原理类似。应用多开检测用于识别在 App 运行期间是否存在应用多开的情况。下面介绍 5 种检测应用多开的方法。

(1) 检测 files 目录路径

App 的私有目录是"/data/data/包名/"或"/data/user/用户号/包名"，通过 Context.getFilesDir() 方法可以拿到私有目录下的 files 目录。在多开环境下，获取到的目录会变为"/data/data/多开 App 的包名/xxxxxxxx"或 "/data/user/用户号/多开 App 的包名/xxxxxxxx"。可以通过比对 files 目录的数量判断应用是否多开。

(2) 检测是否能在/data/data/<package_name>/目录下创建文件

在 Android 系统中，除了 ROOT 管理员外，只有 App 自身有权限在沙箱中创建文件，如不能创建文件，则可以判断为应用多开环境。

(3) ps 检测

原理为 UID 是系统分配的一个应用标识，每个 App 对应一个 UID，应用虚拟化并未真正安装 App，因此 UID 必定和宿主一样。通过 ps 命令查看 UID 所对应的包名是否为当前 App 的包名，如不是，则可能为应用双开环境。通过 ps 命令加包名过滤得到的结果如下所示：

```
// 正常情况下
u0_a148 8162 423 1806036 56368 SyS_epoll+ 0 S com.package
// 多开环境下
u0_a155 19752 422 4437612 62752 SyS_epoll+ 0 S com.package
u0_a155 19758 422 564234 54356 SyS_epoll+ 0 S duokaicom.package
```

(4) 应用列表检测

多开 App 克隆了原始 App，并具有同样的包名。当使用克隆 App 时，会检测到原始 App 的包名和多开 App 的包名一样，因此可以通过获取系统已安装的 App 列表来查看是否有重复的包名，如果有，则为应用多开环境。示例代码如下：

```java
public int countPackageName(Context ctx) {
    try {
        int i = 0;
        String packageName = ctx.getPackageName();
        List<PackageInfo> pkgs =
            ctx.getPackageManager().getInstalledPackages(PackageManager.GET_ACTIVITIES);
        for (int i1 = 0; i1 < pkgs.size(); i1++) {
            if (packageName.equals(pkgs.get(i1).packageName)) {
                i++;
            }
        }
        eturn i;
    } catch (Exception e) {
        e.printStackTrace();
    }
    return 0;
}
```

(5) maps 检测

原理是通过读取/proc/self/maps 信息进行检测，如果当前环境为应用多开环境，则系统会加载一些多开的 so 文件到内存空间，示例代码如下：

```java
private boolean checkPkgs(List<String> pkgs) {
    try {
        BufferedReader br = new BufferedReader(new InputStreamReader(new
            FileInputStream("/proc/self/maps")));
        String line;
        while ((line = br.readLine()) != null) {
            for (int i = 0; i < pkgs.size(); i++) {
                return line.contains(pkgs.get(i));
```

```
                }
            }
        } catch (Exception e) {
            e.printStackTrace();
        }
        return false;
    }
```

本节的 App 防护措施能够解决安全测试过程中出现的应用多开问题。App 运行期间如果发现应用多开的情况，则弹窗提示用户 App 已启动，不要重复运行，进而保护 App 的安全。

11.9　ROOT 环境检测

手机 ROOT 给用户带来了非常大的自主权，让用户可以删除系统应用，查看并修改程序的运行信息，但与此同时，也给恶意软件大开方便之门，给设备信息安全带来了极大的挑战。目前许多 App 在启动时会进行 ROOT 环境检测，防止 App 在已经 ROOT 的手机环境中运行，如果发现设备已经被 ROOT，会向用户提示运行环境存在安全风险，终止 App 的运行。

除了检测 ROOT 工具的安装路径，包名带有 su、supersu 或 superuser 等关键词外，下面再介绍 3 种 ROOT 环境检测的方法。

(1) 检查 su 命令是否存在

通常要获取 ROOT 权限，是使用 su 命令来实现的，因此可以通过检查这个命令是否存在来判断运行环境是否 ROOT，以下是检测 su 命令的示例代码：

```
public boolean checkRoot() {
    Process p = null;
    DataOutputStream outputStream = null;
    String su_path = "su";
    String test_string = "exit\n";
    try {
        p = Runtime.getRuntime().exec(su_path);
        outputStream = new DataOutputStream(p.getOutputStream());
        outputStream.writeBytes(test_string);
        outputStream.flush();
        int exitValue = p.waitFor();
        return exitValue == 0;
    } catch (Exception e) {
        return false;
    } finally {
            try {
                if (outputStream != null) {
                outputStream.close();
                }
                p.destroy();
        } catch (Exception e) {
            e.printStackTrace();
        }
    }
}
```

11

(2) 检查 Andorid 属性

检查 `ro.debuggable`、`ro.secure` 这两个属性是否为 `true`：

```
adb shell getprop ro.debugable
adb shell getprop ro.secure
```

如果以上两个属性为 `true`，说明 App 所运行的环境很可能是 ROOT 环境。

(3) 检查特定路径是否有写权限

具体的路径包括：/system、/system/bin、/system/sbin、/system/xbin、/vendor/bin、/sys、/sbin、/etc、/proc、/dev。

通过 `mount` 命令确认对应分区的权限是否为 "rw"。

```
adb shell mount | grep -w /sysfs on /sys type sysfs (rw,seclabel,relatime)
```

不过值得注意的是，使用上述方法检测 ROOT 环境会存在一些误报，开发者需要综合考虑。

本节的 App 防护措施能够解决安全测试过程中出现的 ROOT 环境检测问题。综合使用多种方法检测 ROOT 环境，如果发现在 ROOT 环境中运行，则弹窗提示用户 App 在不安全环境中运行，或者禁止安装并运行。

11.10　挂钩框架检测

挂钩框架检测指的是防止攻击者利用开源的挂钩框架开发自定义的攻击模块，对程序进行挂钩、算法破解、敏感 API 监控、网络通信过程监控等攻击。2.4.1 节已经详细介绍了挂钩框架 Xposed 的内容，下面介绍 4 种检测 Xposed 的方法。

(1) 通过检测 Xposed 的特征判定 Xposed 是否存在，示例代码如下：

```
StackTraceElement[] l = new Thread().getStackTrace();
for (int i = 0; i < l.length; i++) {
    if (l[i].getClassName().contains("xposed")) return true;
}
```

(2) 通过 `classLoader` 检查系统中是否存在两个 Xposed 特征类：

```
private static final String XPOSED_HELPERS = "de.robv.android.xposed.XposedHelpers";
private static final String XPOSED_BRIDGE = "de.robv.android.xposed.XposedBridge";
```

(3) 查看当前进程中是否存在和 Xposed 相关的动态库（so 文件）：

```
File file = new File("/system/lib/libxposed_art.so");
File files = new File("/system/lib64/libxposed_art.so");
```

(4) 查看是否安装 Xposed 包。这种方式最简单，也最容易被绕过：

```
private static final String pkgXposed="de.robv.android.xposed.installer";
```

本节的 App 防护措施能够解决安全测试过程中出现的防 Xposed 问题。使用多种方法检测 Xposed 框架，如果发现 App 运行的设备中已安装 Xposed 框架，则弹窗提示用户 App 在不安全环境中运行，或者禁止安装运行。

11.11　小结

本章介绍了 App 的动态防护技术，包括防调试、防日志输出、安全软键盘、防界面劫持、防篡改、防截屏/录屏、模拟器检测、应用多开检测、ROOT 环境检测、挂钩框架检测共 10 种动态防护技术的基本原理和简单实现，帮助开发者应对在程序代码安全、本地交互安全、本地数据安全等安全测试工作中发现的问题。

通过第 10 章和第 11 章关于 App 静态安全防护技术和动态安全防护技术的介绍，相信你对 App 的安全加固技术有了更深入的认识。经过安全加固的 App 在安全防护能力上有了很大的提升，但是大量的代码隐藏、代码加密、防调试等 App 安全防护技术也给 App 的安全测试工作带来了很大的挑战。要对加固后的 App 开展安全测试工作，还需要开发者和安全测试工程师具备一定的脱壳能力。在下一章中，我们将介绍脱壳的基本思路并带你进行脱壳实践。

11

第 12 章

应用脱壳基础与实践

App 通常会面临大量的安全风险，要应对各种攻击行为，比如被感染恶意代码、破解应用授权机制等二次打包行为，窃取图片、代码资源的剽窃行为，窃取本地存储的用户数据、Token 等敏感信息的行为，运行时的界面劫持、动态调试、动态注入截获篡改业务数据的攻击行为等。

在安全测评工作中，测试人员发现很多 App 存在源代码未经过混淆处理、敏感字符串明文显示、硬编码、核心代码逻辑暴露等问题。

为了帮助 App 应对安全风险和攻击行为，多家安全加固企业开发了保护 App 的加固系统，提供了防反编译、防篡改、防调试、防注入等多种保护功能，提高了 App 对抗恶意攻击的能力。

但是，如果仅仅依靠加壳措施来进行代码防护，一旦壳被攻击者攻破，那么 App 将失去防护。为了深入测试 App 代码的安全性，安全测试人员有必要对一些自定义壳进行脱壳处理，提高 App 对抗恶意攻击的能力，减少企业的损失。

本章将介绍脱壳基础与实践过程，包含的内容如图 12-1 所示。

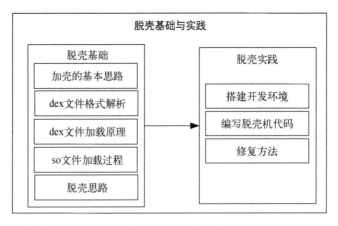

图 12-1　脱壳基础与实践

下面我们对脱壳基础与实践中的各项内容及其目的进行说明。

(1) 加壳的基本思路：App 代码加壳借鉴了 PC 平台的加壳方法，如压缩壳、加密壳等，原理是首先将原 App 的 dex 文件进行加密存储，然后修改 App 的入口为壳代码的入口，让壳代码取得代码执行的优先权，这样就可以在壳的代码中实现代码初始化和防调试，同时对原 App 的 dex 文件进行还原，保证原 App 能够正常运行，防止 App 被轻易反编译。

(2) dex 文件格式解析：了解 dex 文件数据结构，以便修复脱壳后可能出现的异常问题。

(3) dex 文件加载原理：dex 文件解析也叫 dex 文件动态加载，解析 Android 虚拟机的加载、解析和执行过程，了解该过程有助于脱壳后代码修复以及 IDA 动态调试脱壳。

(4) so 文件加载过程：由于 Android Dalvik 虚拟机在内存中实际上是 libdvm.so，同时壳加解密、反调试代码往往在 init() 或 init_array() 函数中实现，因此这两个函数在 App 运行前执行是脱壳非常关键的一步，了解 so 文件加载过程非常有必要。

(5) 脱壳思路：讲解一种通用的脱壳方法，说明为什么要对 dvmDexFileOpenPartial()、OpenMemory() 等函数进行挂钩操作。

(6) 脱壳实践：分为搭建开发环境、编写脱壳机代码和修复方法，利用上述技术原理编写通用脱壳机代码，深入了解脱壳过程。

接下来我们就从脱壳基础和脱壳实践这两个方面阐述通用的脱壳方法，分析采用 dex 整体加壳技术的 Android App 是如何脱壳的。

12.1 脱壳基础

正所谓"知己知彼，百战不殆"，本节将首先介绍加壳的基本思路，让读者对 Android 加壳原理有个初步的了解，然后讲解 dex 文件格式、加载原理和 so 文件加载过程，让读者掌握 App 是如何在 Dalvik 虚拟机加载运行的，最后再从脱壳思路的角度对脱壳知识进行串联，让读者在深入研究脱壳过程中做到知其然并知其所以然。

12.1.1 加壳的基本思路

加壳的基本思路是通过 Android 动态加载机制，在运行时加载 dex、jar、apk 文件并执行。一个加了壳的 App 在运行过程中会经历以下 4 步：

(1) 壳代码先运行，进行初始化，比如反调试、信息采集；

(2) 壳代码开始解密被保护的核心代码；

(3) 壳代码加载解密后的核心代码；

(4) 壳代码把程序的控制权转交给核心代码。

壳的强度是指对需要保护的 dex、jar 或者 apk 文件的加密强度，以及 App 反调试、反注入的

12

强度。目前对可执行文件进行加密的方式有两种：一是对 dex 文件进行整体加密，加密算法可以选择自定义可逆算法或者 AES、DES 等相关的密码学算法；二是对 dex 文件结构进行自定义的修改，比如修改数据索引值、加密字节码区域等。最终目的都是防止 App 核心代码被反编译器直接解析，防止逻辑流程被分析，保护版权，防止软件破解。

12.1.2 dex 文件格式解析

脱壳的最终目的是还原动态加载的 dex 文件，所以必须熟悉 dex 文件结构。在解析 dex 文件格式之前，我们先来了解一下 dex 文件中常见的编码方式：ULEB128 编码。

ULEB128 编码是一种基于一个字节的不定长度的编码方式，分析这种编码可以从第一个字节开始：如果最高位为 0，则表示数据到此结束；如果最高位为 1，则表示数据还需要下一位字节来表示。接着分析第二个字节，以此类推。在掌握了数据长度之后，将所有有效字节的最高位删除，相当于一个字节只有 7 位来表示，再将数据重新组合，表示数据具体数值。

源代码位于 android/dalvik/libdex/leb128.h 文件中。

```
/*
第一个字节大于 7f，则 result1 = result & 0x7f
第二个字节大于 7f，则 result2 = result1 + (cur & 0x7f) << 7
第三个字节大于 7f，则 result3 = result2 + (cur & 0x7f) << 14
第四个字节小于 7f，则 result4 = result3 + (cur & 0x7f) << 21 到了结尾
最终的结果是 result4
*/
int readUnsignedLeb128(const u1** pStream) {
    const u1* ptr = *pStream;
    int result = *(ptr++);
    if (result > 0x7f) {
        int cur = *(ptr++);
        result = (result & 0x7f) | ((cur & 0x7f) << 7);
        if (cur > 0x7f) {
            cur = *(ptr++);
            result |= (cur & 0x7f) << 14;
            if (cur > 0x7f) {
                cur = *(ptr++);
                result |= (cur & 0x7f) << 21;
                if (cur > 0x7f) {
                    cur = *(ptr++);
                    result |= cur << 28;
                }
            }
        }
    }
    *pStream = ptr;
    return result;
}
```

下面根据 dex 文件数据结构定义来解析 dex 文件结构。dex 文件类似于一个微型数据库，由

文件头、索引表和数据段组成。dex 文件的格式如图 12-2 所示。

DexFile
DexHeader
StringTable
TypeTable
ProtoTable
FieldTable
MethodTable
ClassDefTable
DataSection

图 12-2　dex 文件格式

下面我们对图中的 dex 文件格式进行逐个解析。

(1) DexFile 结构体

```
struct DexFile {
    DexHeader        Header;                          // 文件头
    DexStringId      StringIds[stringIdsSize];        // 字符串索引区
    DexTypeId        TypeIds[typeIdsSize];            // 类型索引区
    DexProtoId       ProtoIds[protoIdsSize];          // 声明索引区
    DexFieldId       FieldIds[fieldIdsSize];          // 字段索引区
    DexMethodId      MethodIds[methodIdsSize];        // 方法索引区
    DexClassDef      ClassDefs[classDefsSize];        // 类索引区
    DexData          Data[];                          // 数据池
    DexLink          LinkData;                        // 链接数据区
};
```

(2) DexHeader 结构体

```
struct DexHeader {
    u1  magic[8];                    // dex 版本标识，"dex.035"
    u4  checksum;                    // adler32 检验
    u1  signature[kSHA1DigestLen];   // SHA-1 哈希值
    u4  fileSize;                    // 整个 dex 文件大小
    u4  headerSize;                  // DexHeader 结构大小
    u4  endianTag;                   // 字节序标记
    u4  linkSize;                    // 链接段大小
    u4  linkOff;                     // 链接段偏移
    u4  mapOff;                      // DexMapList 的偏移
    u4  stringIdsSize;               // DexStringId 的个数
    u4  stringIdsOff;                // DexStringId 的偏移
    u4  typeIdsSize;                 // DexTypeId 的个数
    u4  typedeIdsOff;                // DexTypeId 的偏移
    u4  protoIdsSize;                // DexProtoId 的个数
```

```
    u4  protoIdsOff;                // DexProtoId 的偏移
    u4  fieldIdsSize;               // DexFieldId 的个数
    u4  fieldIdsOff;                // DexFieldId 的偏移
    u4  methodIdsSize;              // DexMethodId 的个数
    u4  methodIdsOff;               // DexMethodId 的偏移
    u4  classDefsSize;              // DexClassDef 的个数
    u4  classDefsOff;               // DexClassDef 的偏移
    u4  dataSize;                   // 数据段的大小
    u4  dataOff;                    // 数据段的偏移
}
```

DexHeader 结构体中的 magic 和 fileSize 字段比较重要，通过这两个字段可以确定需要转储的内存范围。

(3) string_ids_item 结构体

```
struct string_ids_item {
    u4 string_data_off;   // 字符串数据偏移
}
```

string_ids_item 是字符串索引的组成元素，其中 string_data_off 指向的是字符串在 dex 文件中的相对偏移。

(4) type_ids_item 结构体

```
struct type_ids_item {
    u4 descriptor_idx;    // 指向 DexStringId 列表的索引
}
```

type_ids_item 是类型数据索引的组成元素，其中 descriptor_idx 表示类型名称的字符串，指向的是字符串索引表的索引。

(5) proto_ids_item 结构体

```
struct proto_ids_item {
    u4  shortyIdx;        // 指向 DexStringId 列表的索引
    u4  returnTypeIdx;    // 指向 DexTypeId 列表的索引
    u4  parametersOff;    // 指向 DexTypeList 的偏移
}
```

proto_ids_item 是方法原型索引表的组成元素，其中 shortyIdx 表示方法声明的字符串，指向的是字符串索引表；returnTypeIdx 表示方法返回类型字符串，指向的是字符串索引表；parametersOff 表示方法参数列表，指向的是 DexTypeList 数据结构。

(6) field_ids_item 结构体

```
struct field_ids_item {
    u2  classIdx;     // 类的类型，指向 DexTypeId 列表的索引
    u2  typeIdx;      // 字段类型，指向 DexTypeId 列表的索引
    u4  nameIdx;      // 字段名，指向 DexStringId 列表的索引
}
```

field_ids_item 是字段数据索引的组成元素，其中 classIdx 表示类的类型，指向的是类数据列表的索引；typeIdx 表示字段的类型，指向的是字段数据列表的索引；nameIdx 表示字段名的字符串，指向的是字符串列表的索引。

(7) method_ids_item 结构体

```
struct method_ids_item {
    u2  classIdx;     // 类的类型，指向 DexTypeId 列表的索引
    u2  protoIdx;     // 字段类型，指向 DexProtoId 列表的索引
    u4  nameIdx;      // 方法名，指向 DexStringId 列表的索引
}
```

method_ids_item 是类方法索引的组成元素，其中 classIdx 表示类的类型，指向的是类型列表的索引；protoIdx 表示声明的类型，指向字段列表的索引；nameIdx 表示方法名的字符串，指向的是字符串列表的索引。

(8) class_def_item 结构体

```
struct class_def_item {
    u4  classIdx;        // 类的类型，指向 DexTypeId 列表的索引
    u4  accessFlags;     // 访问标志
    u4  superclassIdx;   // 父类类型，指向 DexTypeId 列表的索引
    u4  interfacesOff;   // 接口，指向 DexTypeList 的偏移
    u4  sourceFileIdx;   // 源文件名，指向 DexStringId 列表的索引
    u4  annotationsOff;  // 注解，指向 DexAnnotationDirectoryItem 结构
    u4  classDataOff;    // 指向 DexClassData 结构的偏移
    u4  staticValuesOff; // 指向 DexEncodedArray 的偏移
}
```

class_def_item 是 ClassDef Table 索引表的组成元素，也是脱壳涉及的重要结构体之一。其中 classIdx 表示类的类型，指向的是类型列表的索引；accessFlags 是类的访问标志；superclassIdx 表示父类类型，指向的是类型列表的索引；interfaceOff 表示接口，有则指向的是 DexTypeList 数据结构，否则为 0；sourceFileIdx 表示原文件名的字符串，有则指向的是字符串列表的索引，否则为 0xFFFFFFFF；annotationsOff 表示注解，有则指向的是注解目录结构，否则为 0；classDataOff 表示类数据的偏移，指向的是 DexClassData 数据结构；staticValuesOff 表示类中静态数据的偏移，有则指向的是 DexEncodedArray 数据结构，否则为 0。

(9) DexClassData 结构体

```
struct DexClassData {
    uleb128 static_fields_size;      // 静态字段个数
    uleb128 instance_fields_size;    // 实例字段个数
    uleb128 direct_methods_size;     // 直接方法个数
    uleb128 virtual_methods_size;    // 虚方法个数
    encoded_field static_fields [static_fields_size];
    encoded_field instance_fields [instance_fields_size];
    encoded_method direct_methods [direct_method_size];
    encoded_method virtual_methods [virtual_methods_size];
}
```

12

　　DexClassData 是 class_def_item 中 classDataOff 指向的数据结构，存储了一个类静态字段、实例字段、直接方法和虚方法的信息。

　　(10) encoded_method 结构体

```
struct encoded_method {
    uleb128 method_idx_diff;   // 指向 DexMethodId 索引
    uleb128 access_flags;      // 访问标志
    uleb128 code_off;          // 指向 DexCode 结构的偏移
}
```

　　method_idx_diff 表示方法的描述，指向的是方法列表中的索引；accesss_flags 表示访问标志；code_off 表示方法存储的指令代码的偏移，指向的是 code_item 数据结构。

　　(11) code_item 结构体

```
struct code_item {
    u2   registersSize;   // 使用的寄存器个数
    u2   insSize;         // 参数个数
    u2   outsSize;        // 调用其他方法时使用的寄存器个数
    u2   triesSize;       // try/catch 个数
    u4   debbugInfoOff;   // 指向调试信息的偏移
    u4   insnsSize;       // 指令集个数，以两字节为单位
    u2*  insns;           // 指令集
}
```

　　code_item 是一个方法的指令的具体信息，其中 registersSize 表示寄存器个数；insSize 表示参数个数；outsSize 表示调用其他方法时使用的寄存器个数；triesSize 表示 try/catch 语句个数；debbugInfoOff 表示调试信息的偏移；insnsSize 表示具体指令的大小，以两字节为单位；insns 表示指令的数组，长度等于 insnsSize*2。

　　了解了 dex 文件结构，我们就可以分析出壳主要对 dex 的哪些内容进行了修改，然后调试在 dex 文件加载过程中涉及这段数据的代码，便于后续做定制化修复。

12.1.3　dex 文件加载原理

　　在 PC 平台加载的是 PE 格式的文件结构，Linux 平台加载的是 elf 格式的文件结构，而 Android 平台是基于 Linux 系统开发的，在应用层加载的是 Dalvik 专用的 dex 格式，在 Native 层加载的是 elf 格式。本节将基于 Android 4.4.2 的源代码带领读者分析 dex 文件在 Dalvik 虚拟机中加载运行的原理。读者在阅读过程中需要关注一些重要的系统函数（已在文中加粗显示），如 dvmDexFileOpenPartial()，以便动态调试和手动脱壳时使用。

　　dex 文件解析的整体框图如图 12-3 所示。

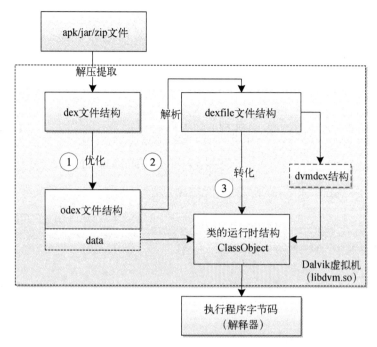

图 12-3 dex 文件解析整体框图

图 12-3 中显示了 Dalvik 虚拟机运行期间并不是直接加载 dex 文件，而是执行程序字节码，从 dex 文件结构到 ClassObject*字节码需要经过以下 3 个步骤：

① 将 dex 文件结构优化成 odex 文件结构；

② 将 odex 文件结构解析成 dexfile 结构；

③ 将 dexfile 文件结构转化成 Dalvik 虚拟机需要的运行时的数据结构 ClassObject*字节码，供解释器执行。

下面我们就基于源代码详细分析上述步骤的实现过程，代码较长，建议读者对照源代码详细阅读，一定会有很大的帮助。

1. dex 文件结构优化成 odex 文件结构

Android 提供了一个将 dex 文件结构转换成 odex 文件结构的工具——dexopt（位于/system/bin/dexopt），它的源代码位于 Dalvik/dexopt/Optmain.cpp 文件中。其中，extractAndProcessZip() 函数用于处理并优化 apk/jar/zip 文件中的 classes.dex 文件，因此我们从该函数开始分析 dex 文件的优化过程。

```
static const char* kClassesDex = "classes.dex";
static int extractAndProcessZip(int zipFd, int cacheFd,const char* debugFileName, bool isBootstrap,
const char* bootClassPath,const char* dexoptFlagStr)
{
```

```
    ZipArchive zippy;        /* 描述 zip 压缩文件的数据结构 */
    ZipEntry zipEntry;       /* 表示一个 zip 入口 */
    size_t uncompLen;        /* dex 文件优化前的文件长度 */
    long modWhen, crc32;     /* dex 优化前的时间戳和 crc 校验值 */
    off_t dexOffset;         /* dex 文件的起始偏移 */
    int err;
    int result = -1;
    int dexoptFlags = 0;     /* 优化标识符 */
    DexClassVerifyMode verifyMode = VERIFY_MODE_ALL;
    DexOptimizerMode dexOptMode = OPTIMIZE_MODE_VERIFIED;
    memset(&zippy, 0, sizeof(zippy));
    /* 检测 cacheFd 文件是否为空文件，保证后期优化后的数据写在该文件中 */
    if(lseek(cacheFd, 0, SEEK_END) != 0) {
        ALOGE("DexOptZ: new cache file '%s' is not empty", debugFileName);
        goto bail;
    }
    /* 创建一个 odex 结构文件的头部 */
err = dexOptCreateEmptyHeader(cacheFd);
    if (err != 0)
        goto bail;
    /* 取得 odex 文件中原 dex 文件的起始偏移，实际上是 odex 文件头部的长度，即开始+0x28 字节 */
    dexOffset = lseek(cacheFd, 0, SEEK_CUR);
    if(dexOffset < 0)
        goto bail;
    if(dexZipPrepArchive(zipFd, debugFileName, &zippy) != 0) {
        ALOGW("DexOptZ: unable to open zip archive '%s'", debugFileName);
        goto bail;
    }
    /* 获取目标 classes.dex 文件的解压入口 */
    zipEntry = dexZipFindEntry(&zippy, kClassesDex);
    if(zipEntry == NULL){
        ALOGW("DexOptZ: zip archive '%s' does not include %s",
            debugFileName, kClassesDex);
        goto bail;
    }
    if(dexZipGetEntryInfo(&zippy, zipEntry, NULL, &uncompLen, NULL, NULL,
            &modWhen, &crc32) != 0)
    {
    ALOGW("DexOptZ: zip archive GetEntryInfo failed on %s", debugFileName);
        goto bail;
    }
    uncompLen = uncompLen; /* dex 文件优化前的长度 */
    modWhen = modWhen;     /* dex 文件优化前的时间戳 */
    crc32 = crc32;         /* dex 文件优化前 crc32 值 */
    /* 将解压出的 classes.dex 文件写入 odex 文件，cacheFd 指向 odex 文件，文件中已包含 odex 的头部信息 */
    if (dexZipExtractEntryToFile(&zippy, zipEntry, cacheFd) != 0) {
        ALOGW("DexOptZ: extraction of %s from %s failed",
            kClassesDex, debugFileName);
        goto bail;
    }
    /* 根据入口的参数，验证优化的需求 */
    if (dexoptFlagStr[0] != '\0') {
        const char* opc;
        const char* val;
```

```
        /* 设置验证模式 */
        opc = strstr(dexoptFlagStr, "v=");     /* verification */
        if (opc != NULL) {
            switch (*(opc+2)) {
            case 'n': verifyMode = VERIFY_MODE_NONE;     break;
            case 'r': verifyMode = VERIFY_MODE_REMOTE;   break;
            case 'a': verifyMode = VERIFY_MODE_ALL;      break;
            default:                                     break;
            }
        }
        /* 设置优化模式 */
        opc = strstr(dexoptFlagStr, "o=");     /* optimization */
        if (opc != NULL) {
            switch (*(opc+2)) {
            case 'n': dexOptMode = OPTIMIZE_MODE_NONE;     break;
            case 'v': dexOptMode = OPTIMIZE_MODE_VERIFIED; break;
            case 'a': dexOptMode = OPTIMIZE_MODE_ALL;      break;
            case 'f': dexOptMode = OPTIMIZE_MODE_FULL;     break;
            default:                                       break;
            }
        }
        opc = strstr(dexoptFlagStr, "m=y");  /* register map */
        if (opc != NULL) {
            dexoptFlags |= dexOPT_GEN_REGISTER_MAPS;
        }
        opc = strstr(dexoptFlagStr, "u="); /* uniprocessor target */
        if (opc != NULL) {
            switch (*(opc+2)) {
            case 'y': dexoptFlags |= dexOPT_UNIPROCESSOR;  break;
            case 'n': dexoptFlags |= dexOPT_SMP;           break;
            default:                                       break;
            }
        }
    }
    /* 初始化虚拟机专用于优化工作 */
    if (dvmPrepForDexOpt(bootClassPath, dexOptMode, verifyMode,
            dexoptFlags) != 0)
    {
        ALOGE("DexOptZ:VM init failed");
        goto bail;
    }
    /* 完成对 dex 文件的验证和优化 */
    if(!dvmContinueOptimization(cacheFd, dexOffset, uncompLen, debugFileName,modWhen, crc32,
        isBootstrap))
    {
        ALOGE("Optimization failed");
        goto bail;
    }
    result = 0;    /* 成功 */
bail:
    dexZipCloseArchive(&zippy);
return result;
}
```

12

下面继续跟踪 dalvik/vm/analysis/DexPrepare.cpp 文件中的 dvmContinueOptimization() 函数。

```
/*
fd:odex 文件，包含了 odex 的头部信息和 dex 文件信息
dexOffset:dex 文件的偏移地址
dexLength:dex 文件的长度
*/
bool dvmContinueOptimization(int fd, off_t dexOffset, long dexLength,
    const char* fileName, u4 modWhen, u4 crc, bool isBootstrap)
{
    /* dex 类索引哈希表结构 */
    DexClassLookup* pClassLookup = NULL;
    RegisterMapBuilder* pRegMapBuilder = NULL;
    assert(gDvm.optimizing);
    ALOGV("Continuing optimization (%s, isb=%d)", fileName, isBootstrap);
    assert(dexOffset >= 0);   /* 判断 Odex 头长度是否为 0 */
    /* 校验 dex 文件，长度不能小于其文件头的长度 */
    if(dexLength < (int)sizeof(DexHeader)){
        ALOGE("too small to be dex");
        return false;
    }
    /* 校验 dex 文件的起始偏移量，不能小于 odex 文件头的长度 */
    if (dexOffset < (int) sizeof(DexOptHeader)) {
        ALOGE("not enough room for opt header");
        return false;
    }
    bool result = false;
    gDvm.optimizingBootstrapClass = isBootstrap;
    {
        bool success;
        void* mapAddr;   /* 内存映射起始位置 */
        /* 将 fd 所指的文件映射到某一位置，该位置的起始位置为 mapAddr，大小为 dexOffset + dexLength */
        mapAddr = mmap(NULL, dexOffset + dexLength,PROT_READ|PROT_WRITE,MAP_SHARED, fd, 0);
        if (mapAddr == MAP_FAILED) {
            ALOGE("unable to mmap dex cache: %s", strerror(errno));
            goto bail;
        }
        ...
        /* 对 dex 文件进行验证、重写、字符调整、字节码替换等 */
        success = rewriteDex(((u1*) mapAddr) + dexOffset, dexLength,
                doVerify, doOpt, &pClassLookup, NULL);
        if (success) {
            /* 虚拟机解析的 Dex 文件结构指针 */
            DvmDex* pDvmDex = NULL;
            u1* dexAddr = ((u1*) mapAddr) + dexOffset;
            /* 调用此函数创建一个 DexFile 文件结构，dexAddr 为 dex 文件的起始偏移，dexLength 为 dex 文
件的长度 */
            if (dvmDexFileOpenPartial(dexAddr, dexLength, &pDvmDex) != 0) {
                ALOGE("Unable to create DexFile");
                success = false;
            } else {
                if (gDvm.generateRegisterMaps) {
                /* 生成映射池 */
                pRegMapBuilder = dvmGenerateRegisterMaps(pDvmDex);
```

```
                    if (pRegMapBuilder == NULL) {
                        ALOGE("Failed generating register maps");
                        success = false;
                    }
                }
                /* 获取 dex 文件头部 */
                DexHeader* pHeader = (DexHeader*)pDvmDex->pHeader;
                /* 更新 dex 文件的 crc32 校验值 */
                updateChecksum(dexAddr, dexLength, pHeader);
                dvmDexFileFree(pDvmDex);
            }
        }
    ...
    /* 准备写入前，先进行 8 字节文件对齐处理 */
    off_t depsOffset, optOffset, endOffset, adjOffset;
    int depsLength, optLength;
    u4 optChecksum;
    depsOffset=lseek(fd, 0, SEEK_END);/* 获取当前 fd 所指文件的总长 */
    if(depsOffset < 0){
        ALOGE("lseek to EOF failed: %s", strerror(errno));
        goto bail;
    }
    /* 使 depsOffset(dependency 的起始地址 )8 字节对齐，且 adjOffset >= depsOffset */
adjOffset = (depsOffset + 7) & ~(0x07);
    if (adjOffset != depsOffset) {
        ALOGV("Adjusting deps start from %d to %d",
            (int) depsOffset, (int) adjOffset);
        depsOffset = adjOffset;   /* odex 文件依赖库列表偏移 */
        lseek(fd, depsOffset, SEEK_SET);
    }
    /* 写入依赖库信息，fd 为 Odex 头+dex 文件，modWhen 为 dex 文件优化前时间戳，crc 为 dex 文件优化前的
crc32 值 */
    if (writeDependencies(fd, modWhen, crc) != 0) {
        ALOGW("Failed writing dependencies");
        goto bail;
    }
    optOffset = lseek(fd, 0, SEEK_END);
    depsLength = optOffset - depsOffset; /* 依赖库 dependency 总长度 */
    adjOffset = (optOffset + 7) & ~(0x07);
    if(adjOffset != optOffset){
        ALOGV("Adjusting opt start from %d to %d",
            (int) optOffset, (int) adjOffset);
        optOffset = adjOffset;   /* 优化数据信息偏移量 */
        lseek(fd, optOffset, SEEK_SET);
    }
    /* 写入其他优化信息，包含类索引信息等 */
    if (!writeOptData(fd, pClassLookup, pRegMapBuilder)) {
        ALOGW("Failed writing opt data");
        goto bail;
    }
    endOffset = lseek(fd, 0, SEEK_END);
    optLength = endOffset - optOffset;  /* 优化数据的总长度 */
    /* 计算依赖库和优化数据总长的 sum 值 */
    if (!computeFileChecksum(fd, depsOffset,
```

```
                (optOffset+optLength) - depsOffset, &optChecksum))
        {
            goto bail;
        }
        /* 重新修正 odex 文件的头部内容 */
        DexOptHeader optHdr;
        memset(&optHdr, 0xff, sizeof(optHdr));
        memcpy(optHdr.magic, dex_OPT_MAGIC, 4);    /* odex 版本标识 */
        memcpy(optHdr.magic+4, dex_OPT_MAGIC_VERS, 4);
        optHdr.dexOffset = (u4)dexOffset;    /* dex 文件头偏移 */
        optHdr.dexLength = (u4)dexLength;    /* dex 文件总长度 */
        optHdr.depsOffset = (u4)depsOffset;  /* 依赖库列表偏移 */
        optHdr.depsLength = (u4)depsLength;  /* 依赖库列表长度 */
        optHdr.optOffset = (u4)optOffset;    /* 辅助数据偏移 */
        optHdr.optLength = (u4)optLength;    /* 辅助数据总长度 */
#if __BYTE_ORDER != __LITTLE_ENDIAN
        optHdr.flags = dex_OPT_FLAG_BIG;     /* 标志 */
#else
        optHdr.flags = 0;
#endif
        optHdr.checksum = optChecksum;/* 依赖库与辅助数据的总和校验值 */
        fsync(fd);
        lseek(fd, 0, SEEK_SET);
        if(sysWriteFully(fd, &optHdr, sizeof(optHdr), "DexOpt opt header") != 0)
            goto bail;
        ALOGV("Successfully wrote dex header");
        result = true;  /* 成功 */
        dvmRegisterMapDumpStats();
bail:
        dvmFreeRegisterMapBuilder(pRegMapBuilder);
        free(pClassLookup);
return result;
    }
}
```

根据上面的源代码可知，我们首先会创建一个空的 Odex 文件，接着调用 dexOptCreateEmpty-Header()函数为 odex 文件创建一个空的 DexOptHeader 头，再调用 dexZipExtractEntryToFile()函数将提取的 classes.dex 文件写入 odex 文件；然后调用 dvmPrepForDexOpt()函数启动并初始化一个虚拟机进程，调用 dvmContinueOptimization()函数对 dex 文件进行优化和验证，在该函数内调用 mmap()函数将原来的 dex 文件映射到内存，调用 rewriteDex()函数对 dex 文件进行重写，重写的内容有字节码替换、字节码验证、文件结构重新对齐等，再调用 writeDependencies()和 writeOptData()函数写入依赖库和赋值信息；最后根据最终的偏移和长度重新修正 odex 文件头部，输出优化完成的 odex 文件。

图 12-4 是 dex 文件优化成 odex 文件结构的整体流向图。

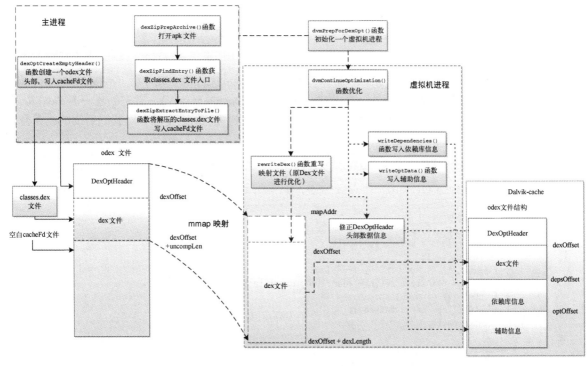

图 12-4　dex 文件优化成 odex 文件结构的整体流向图

注意，图 12-4 中包含了很多校验过程，为了简洁，图中并未全部展示，具体以源代码为主。当虚拟机优化完成后，在 Dalvik 虚拟机缓存中生成 dex 文件对应的 odex 文件，接下来就是将优化过后的 dex 文件解析成 DexFile 数据结构。

2. odex 文件结构解析成 Dexfile 结构

odex 文件是由多个 class 文件整合而成的，类与类之间没有明确的界限，甚至还有共享数据。因此，为了让虚拟机能够快速、准确地读取数据，需要对 odex 文件进行解析。解析主要是通过一个 DexFile 结构的实例对象专门描述 dex 文件，使实际的类加载函数可以通过该结构索引提取目标类的全部数据。

DexFile 数据结构的定义如下：

```
struct DexFile* {
const DexOptHeader*    pOptHeader;     /* 优化数据头 */
const DexHeader*       pHeader;        /* Dex 文件头 */
const DexStringId*     pStringIds;     /* 指向字符串索引区 */
    const DexTypeId*       pTypeIds;       /* 指向类型索引区 */
    const DexFieldId*      pFieldIds;      /* 指向字段索引区 */
    const DexMethodId*     pMethodIds;     /* 指向方法索引区 */
    const DexProtoId*      pProtoIds;      /* 指向原型索引区 */
    const DexClassDef*     pClassDefs;     /* 指向类定义区 */
```

12

```
    const DexLink*         pLinkData;    /* 指向链接数据区 */
    const DexClassLookup*  pClassLookup  /* 指向类索引 */
    const baseAddr         baseAddr      /* 基地址 */
};
```

dex 文件解析的源代码位于 dalvik/vm/RawDexFile.cpp 文件中。在分析 dvmRawDexFileOpen() 函数之前，我们先看看上一节的一个函数：dvmDexFileOpenPartial()。它先创建一个 DexFile 文件，然后解析 dex 文件，并将 DexFile 结构和 DvmDex 结构关联。这个函数对我们后续的脱壳会有很大的帮助。

下面就先来看一下 dvmDexFileOpenPartial()函数，其源代码位于 dalvik/vm/DvmDex.cpp 中。

```
int dvmDexFileOpenPartial(const void* addr, int len, DvmDex** ppDvmDex)
{
    DvmDex* pDvmDex;
    DexFile* pDexFile;
    int parseFlags = kDexParseDefault;
    int result = -1;
    /* 解析优化后的 dex 文件，返回一个 DexFile 结构的对象 */
    pDexFile = dexFileParse((u1*)addr, len, parseFlags);
    if (pDexFile == NULL) {
        ALOGE("dex parse failed");
        goto bail;
    }
    /* 根据 pDexFile 数据结构对 DvmDex 结构的一些成员进行设置 */
    pDvmDex = allocateAuxStructures(pDexFile);
    if (pDvmDex == NULL) {
        dexFileFree(pDexFile);
        goto bail;
    }
    pDvmDex->isMappedReadOnly = false;
    *ppDvmDex = pDvmDex;
    result = 0;  // 成功
bail:
    return result;
}
```

接下来我们就从 dalvik/vm/RawDexFile.cpp 文件中的 dvmRawDexFileOpen()函数开始，继续分析 dex 文件的解析过程。

```
int dvmRawDexFileOpen(const char* fileName, const char* odexOutputName,
    RawDexFile** ppRawDexFile, bool isBootstrap)
{
    DvmDex* pDvmDex = NULL;  /* 用于在虚拟机中描述解析的 dex 文件 */
    char* cachedName = NULL;   /* 保存执行期间产生的优化 dex 文件名 */
    int result = -1;          /* 设置函数返回值，0 表示成功 */
    int dexFd = -1;          /* 初始化目标 dex 文件的文件描述符 */
    int optFd = -1;          /* 初始化优化 dex 文件的文件描述符 */
    u4 modTime = 0;         /* 初始化修改文件时间参数 */
    u4 adler32 = 0;         /* 初始化校验变量 */
    size_t fileSize = 0;     /* 标识文件大小 */
    bool newFile = false;  /* 标识虚拟机是否需要对 dex 文件进行优化 */
```

```
            bool locked = false;      /* 用于标识优化进程占用
        /* filename:是目标 dex 文件在文件系统中的绝对路径 */
dexFd = open(fileName, O_RDONLY);
        if (dexFd < 0) goto bail;
        /* 对 dex 文件的合法性与完整性进行校验 */
        if (verifyMagicAndGetAdler32(dexFd, &adler32) < 0) {
            ALOGE("Error with header for %s", fileName);
            goto bail;
        }
        /* 记录文件修改时间并赋值给 modTime */
        if (getModTimeAndSize(dexFd, &modTime, &fileSize) < 0) {
            ALOGE("Error with stat for %s", fileName);
            goto bail;
        }
}
if (odexOutputName == NULL) {
/* 如果优化的 odex 输出名为空，则根据目标 dex 文件名为其产生相应的优化文件名，并赋值给 cachedName */
        cachedName = dexOptGenerateCacheFileName(fileName, NULL);
        if (cachedName == NULL)
            goto bail;
} else {
    /* 否则，将优化的 odex 名赋值给 cachedName */
        cachedName = strdup(odexOutputName);
    }
    ALOGV("dvmRawDexFileOpen: Checking cache for %s (%s)",
            fileName, cachedName);
/* 根据 cachedName 所指的优化文件名，在 cache 中查找并读取相应的文件 */
optFd = dvmOpenCachedDexFile(fileName, cachedName, modTime,
        adler32, isBootstrap, &newFile, /*createIfMissing=*/true);
    /* 如果读取失败或当前优化文件有误，则重新对 dex 文件进行优化 */
    if (optFd < 0) {
        ALOGI("Unable to open or create cache for %s (%s)", fileName, cachedName);
        goto bail;
    }
    locked = true;
    /* 如果 newFile 值设为 true，那么打开失败，需要对 dex 重新优化 */
    if (newFile) {
        u8 startWhen, copyWhen, endWhen;
        bool result;
        off_t dexOffset;
        dexOffset = lseek(optFd, 0, SEEK_CUR);
        result = (dexOffset > 0);
        if (result) {
            startWhen = dvmGetRelativeTimeUsec();
            /* 将 dexFd 所指的文件复制到 optFd 所指的文件中 */
            result = copyFileToFile(optFd, dexFd, fileSize) == 0;
            copyWhen = dvmGetRelativeTimeUsec();
        }
        if (result) {
            /* 调用 dvmOptimizeDexFile()函数对 optFd 所指的文件进行优化 */
            result = dvmOptimizeDexFile(optFd, dexOffset, fileSize,
                fileName, modTime, adler32, isBootstrap);
        }
        if (!result) {
            ALOGE("Unable to extract+optimize dex from '%s'", fileName);
```

```
            goto bail;
        }
        endWhen = dvmGetRelativeTimeUsec();
        ALOGD("dex prep '%s': copy in %dms, rewrite %dms",
            fileName,
            (int) (copyWhen - startWhen) / 1000,
            (int) (endWhen - copyWhen) / 1000);
    }
    /* 调用 dvmDexFileOpenFromFd()函数对 optFd 所指的文件进行解析 */
    if (dvmDexFileOpenFromFd(optFd, &pDvmDex) != 0) {
        ALOGI("Unable to map cached %s", fileName);
        goto bail;
    }
    if (locked) {
        /* unlock the fd */
        if (!dvmUnlockCachedDexFile(optFd)) {
            ALOGE("Unable to unlock dex file");
            goto bail;
        }
        locked = false;
    }
    ALOGV("Successfully opened '%s'", fileName);
    *ppRawDexFile = (RawDexFile*) calloc(1, sizeof(RawDexFile));
    (*ppRawDexFile)->cacheFileName = cachedName; /* 保存优化文件名 */
    (*ppRawDexFile)->pDvmDex = pDvmDex;          /* 保存 DvmDex 结构 */
    cachedName = NULL;
    result = 0;            /* 成功 */
bail:
    free(cachedName);
...
    return result;
}
```

分析上面的源代码可知，主函数调用 dvmOpenCachedDexFile()函数生成该 dex 文件的优化文件名，根据优化文件名在虚拟机缓存中查找 dex 文件对应的 odex 文件。如果不存在则调用 dvmOptimizeDexFile()函数重新优化 dex 文件，然后调用 dvmDexFileOpenFromFd()函数解析优化的 odex 文件。

下面来看 dalvik/vm/DvmDex.cpp 文件中的 dvmDexFileOpenFromFd()函数：

```
int dvmDexFileOpenFromFd(int fd, DvmDex** ppDvmDex)
{
    DvmDex* pDvmDex;       /* 声明 DvmDex 结构指针 */
    DexFile* pDexFile;     /* 声明 DexFile 结构指针 */
    MemMapping memMap;
    int parseFlags = kDexParseDefault;
    int result = -1;
    /* 验证优化的 dex 文件校验和 */
    if (gDvm.verifyDexChecksum)
        parseFlags |= kDexParseVerifyChecksum;
    if (lseek(fd, 0, SEEK_SET) < 0) {
        ALOGE("lseek rewind failed");
        goto bail;
```

```
    }
    /* 对目标文件进行映射，属性设置成只读模式 */
    if (sysMapFileInShmemWritableReadOnly(fd, &memMap) != 0) {
        ALOGE("Unable to map file");
        goto bail;
    }
    /*
功能：  对 Dex 文件进行解析
返回值：DexFile 数据结构的实例对象
    */
    pDexFile=dexFileParse((u1*)memMap.addr,memMap.length, parseFlags);
    if (pDexFile == NULL) {
        ALOGE("dex parse failed");
        sysReleaseShmem(&memMap);
        goto bail;
    }
    /* 根据 pDexFile 数据结构对 DvmDex 结构的一些成员进行设置 */
    pDvmDex = allocateAuxStructures(pDexFile);
    if (pDvmDex == NULL) {
        dexFileFree(pDexFile);
        sysReleaseShmem(&memMap);
        goto bail;
    }
    sysCopyMap(&pDvmDex->memMap, &memMap);
    pDvmDex->isMappedReadOnly = true;
    *ppDvmDex = pDvmDex;
    result = 0;  /* 成功 */
bail:
return result;
    }
```

以上源代码的主要功能是对优化的 dex 文件进行校验，然后调用 sysMapFileInShmem-WritableReadOnly()函数对优化文件进行内存映射，再调用 dexFileParse()函数进行解析，生成一个新的 DexFile 文件结构。

dalvik/libdex/DexFile.cpp 文件中的 dexFileParse()函数如下：

```
DexFile* dexFileParse(const u1* data, size_t length, int flags)
{
    DexFile* pDexFile = NULL;
    const DexHeader* pHeader;    /* 用于保存 dex 文件的头部信息 */
    const u1* magic;             /* odex 文件的魔术信息 */
    int result = -1;
    /* 对 dex 文件的长度进行简单的判断 */
    if (length < sizeof(DexHeader)) {
        ALOGE("too short to be a valid .dex");
        goto bail;
    }
    /* 申请 DexFile 结构大小的内存 */
    pDexFile = (DexFile*) malloc(sizeof(DexFile));
    if (pDexFile == NULL)
        goto bail;
    memset(pDexFile, 0, sizeof(DexFile));
```

12

```
/* 对 odex 文件中的 magic 值进行校验，确定是一个优化的 dex 文件 */
if (memcmp(data, dex_OPT_MAGIC, 4) == 0) {
    magic = data;
    if (memcmp(magic+4, dex_OPT_MAGIC_VERS, 4) != 0) {
        ALOGE("bad opt version (0x%02x %02x %02x %02x)",
            magic[4], magic[5], magic[6], magic[7]);
        goto bail;
    }
    /* 将 odex 文件头部赋值给 pOptHeader */
    pDexFile->pOptHeader = (const DexOptHeader*) data;
    ALOGV("%d,flags=0x%02x",pDexFile->pOptHeader->dexOffset,
        pDexFile->pOptHeader->flags);
    /* 将 odex 文件中的部分优化数据与 DexFile 数据结构对应的成员进行关联，主要是 DexChunkClassLookup
哈希表和 DexChunkRegisterMaps 映射池 */
    if (!dexParseOptData(data, length, pDexFile))
        goto bail;
    data += pDexFile->pOptHeader->dexOffset;    /* dex 文件的偏移 */
    length -= pDexFile->pOptHeader->dexOffset; /* 解析剩余的长度 */
    if (pDexFile->pOptHeader->dexLength > length) {
        ALOGE("len=%d, rem len=%d",
            pDexFile->pOptHeader->dexLength, (int) length);
        goto bail;
    }
    length = pDexFile->pOptHeader->dexLength; /* dex 文件的长度 */
}
/* 将 odex 文件中 dex 文件数据与 DexFile 结构进行关联 */
dexFileSetupBasicPointers(pDexFile, data);
pHeader = pDexFile->pHeader;
/* 验证 dex 的魔术值 */
if (!dexHasValidMagic(pHeader)) {
    goto bail;
}
/*  验证 dex 文件校验和 */
if (flags & kDexParseVerifyChecksum) {
    u4 adler = dexComputeChecksum(pHeader);
    if (adler != pHeader->checksum) {
        ALOGE("ERROR: bad checksum (%08x vs %08x)",
            adler, pHeader->checksum);
        if (!(flags & kDexParseContinueOnError))
            goto bail;
    } else {
        ALOGV("+++ adler32 checksum (%08x) verified", adler);
    }
/* 验证 odex 文件校验和 */
const DexOptHeader* pOptHeader = pDexFile->pOptHeader;
    if (pOptHeader != NULL) {
        adler = dexComputeOptChecksum(pOptHeader);
        if (adler != pOptHeader->checksum) {
            ALOGE("ERROR: bad opt checksum (%08x vs %08x)",
                adler, pOptHeader->checksum);
            if (!(flags & kDexParseContinueOnError))
                goto bail;
        } else {
            ALOGV("adler32 opt checksum (%08x) verified", adler);
```

```
            }
        }
    }
    /* 验证 SHA-1 值 */
    if (kVerifySignature) {
        unsigned char sha1Digest[kSHA1DigestLen];
        const int nonSum = sizeof(pHeader->magic) + sizeof(pHeader->checksum) + kSHA1DigestLen;
        dexComputeSHA1Digest(data + nonSum, length - nonSum, sha1Digest);
        if (memcmp(sha1Digest, pHeader->signature, kSHA1DigestLen) != 0) {
            char tmpBuf1[kSHA1DigestOutputLen];
            char tmpBuf2[kSHA1DigestOutputLen];
            ALOGE("ERROR: bad SHA1 digest (%s vs %s)",
                dexSHA1DigestToStr(sha1Digest, tmpBuf1),
                dexSHA1DigestToStr(pHeader->signature, tmpBuf2));
            if (!(flags & kDexParseContinueOnError))
                goto bail;
        } else {
            ALOGV("+++ sha1 digest verified");
        }
    }
    if (pHeader->fileSize != length) {
        ALOGE("ERROR: stored file size (%d) != expected (%d)",
            (int) pHeader->fileSize, (int) length);
        if (!(flags & kDexParseContinueOnError))
            goto bail;
    }
    if (pHeader->classDefsSize == 0) {
        ALOGE("ERROR: dex file has no classes in it, failing");
        goto bail;
    }
    result = 0;    /* 成功 */
bail:
    if (result != 0 && pDexFile != NULL) {
        dexFileFree(pDexFile);
        pDexFile = NULL;
    }
return pDexFile; /* 返回新的 DexFile 结构 */
}
```

dalvik/vm/DvmDex.cpp 文件中的 dexFileSetupBasicPointers()函数会将 odex 文件中的 dex 文件数据与 DexFile 结构进行关联。

```
void dexFileSetupBasicPointers(DexFile* pDexFile, const u1* data) {
DexHeader *pHeader = (DexHeader*) data;
pDexFile->baseAddr = data;    /* dex 文件在内存中映射的首地址 */
pDexFile->pHeader = pHeader;
pDexFile->pStringIds = (const DexStringId*) (data + pHeader->stringIdsOff);
pDexFile->pTypeIds = (const DexTypeId*) (data + pHeader->typeIdsOff);
pDexFile->pFieldIds = (const DexFieldId*) (data + pHeader->fieldIdsOff);
pDexFile->pMethodIds = (const DexMethodId*) (data + pHeader->methodIdsOff);
pDexFile->pProtoIds = (const DexProtoId*) (data + pHeader->protoIdsOff);
pDexFile->pClassDefs = (const DexClassDef*) (data + pHeader->classDefsOff);
pDexFile->pLinkData = (const DexLink*) (data + pHeader->linkOff);
}
```

至此，返回一个 DexFile 文件结构，dex 文件的解析工作就完成了。Dalvik 虚拟机可以通过该数据结构快速访问内存中 dex 文件中的数据。图 12-5 是 odex 文件解析成 DexFile 数据结构的整体流向图。

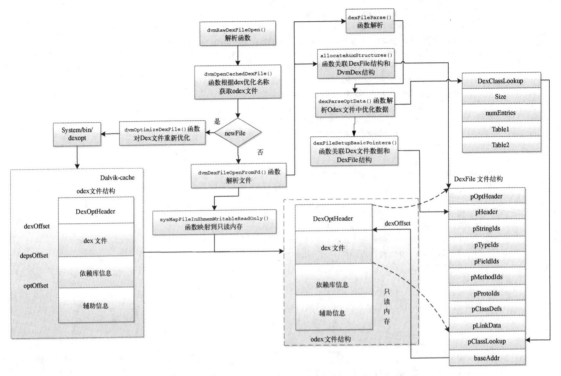

图 12-5　odex 文件解析成 DexFile 数据结构的整体流向图

3. DexFile 文件结构转化成 Dalvik 虚拟机需要的运行时的数据结构 ClassObject*字节码

程序运行的类需要在虚拟机解析的 dex 文件中查找并加载，前面我们已经得到了 DexFile 数据结构，根据待加载类的描述符在 DexClassLookup 哈希表中查找获取目标类各个数据的地址，再调用相关加载函数解析并加载指定的类信息，使之以 ObjectClass 结构存储于运行时环境中，为解释器的执行提供相应的类方法的字节码，也就是最终会生成一个 ClassObject*数据结构。

首先看一下 ClassObject*数据结构的定义，其源代码位于 vm/oo/Object.h 文件中。

```
struct ClassObject::Object {
    /* 针对实例数据而保留的空间，可以直接访问域 */
    u4    instanceData[CLASS_FIELD_SLOTS];
    const char*    descriptor;        /* 类描述符，常量池 */
    char*    descriptorAlloc;    /* 类描述符，堆 */
    u4    accessFlags;        /* 访问标识符 */
    u4    serialNumber;        /* VM 独特类系列号 */
    DvmDex*        pDvmDex;            /* DvmDex 数据结构指针 */
```

```
ClassStatus        status;                  /* 类初始化状态 */
ClassObject*       verifyErrorClass;
u4                 initThreadId;
size_t             objectSize;              /* object 大小 */
ClassObject*       elementClass;            /* 基本的元素类对象*/
int                arrayDim;                /* 数组的维数 */
PrimitiveType      primitiveType;           /* 原始类型 */
ClassObject*       super;                   /* 指向父类 */
Object*            classLoader;             /* 类加载器 */
InitiatingLoaderList initiatingLoaderList;  /* 类加载器初始化 */
int                interfaceCount;          /* 接口数量 */
ClassObject**      interfaces;              /* 接口 */
int                directMethodCount;       /* 直接方法数 */
Method*            directMethods;           /* 直接方法 */
int                virtualMethodCount;      /* 虚方法数 */
Method*            virtualMethods;          /* 虚方法 */
int                vtableCount;             /* 虚拟方法表数目 */
Method**           vtable;                  /* 虚拟方法表 */
int                iftableCount;            /* 接口表数目 */
InterfaceEntry*    iftable;                 /* 指向接口表 */
int                ifviPoolCount;           /* 常量池数目 */
int*               ifviPool;                /* 常量池指针 */
int                ifieldCount;             /* 实例字段的数目 */
int                ifieldRefCount;          /* 引用字段数目*/
InstField*         ifields;                 /* 实例字段指针 */
u4                 refOffsets;              /* 字段区的偏移 */
const char*        sourceFile;              /* 源文件名 */
int                sfieldCount;             /* 静态字段数目 */
StaticField        sfields[0];              /* 静态字段指针 */
};
```

上面的结构包含了目标类在运行时环境所需的全部资源。Dalvik 虚拟机在执行期间，dvm_dalvik_system_DexFile()函数对运行时所需的类进行了定义，主函数 Dalvik_dalvik_system_DexFile_defineClassNative()先对入口参数进行处理，比较关键的是通过 dvmDotToDescriptor()函数根据指定的类名生成该类的描述符，然后调用 dvmGetRwDexFileDex()函数获取 dex 文件在虚拟机中的 DexFile 数据结构，最后 dvmDefineClass()函数完成加载指定类的工作。下面我们基于 defineClassNative()函数分析运行时数据加载的过程，源代码位于 Dalvik/vm/native/dalvik_system_DexFile.cpp 文件中。

```
static void Dalvik_dalvik_system_DexFile_defineClassNative(const u4* args,JValue* pResult)
{
    StringObject* nameObj = (StringObject*) args[0];
    Object* loader = (Object*) args[1];   /* 目标类加载器 */
    int cookie = args[2];
    ClassObject* clazz = NULL;    /* 类结构实例对象 */
    DexOrJar* pDexOrJar = (DexOrJar*) cookie;
    DvmDex* pDvmDex;        /* DvmDex 数据结构 */
    char* name;
    char* descriptor;            /* 类的描述符 */
    name = dvmCreateCstrFromString(nameObj);
    descriptor = dvmDotToDescriptor(name);  /* 生成指定类的描述符 */
```

```
    ALOGV("--- Explicit class load '%s' l=%p c=0x%08x",
        descriptor, loader, cookie);
    free(name);
    if (!validateCookie(cookie))
        RETURN_VOID();
    if (pDexOrJar->isDex)
        /* 获取 dex 文件在虚拟机中的 DexFile 数据结构 /
        pDvmDex = dvmGetRawDexFileDex(pDexOrJar->pRawDexFile);
    else
        pDvmDex = dvmGetJarFileDex(pDexOrJar->pJarFile);
        pDexOrJar->okayToFree = false;
    /* 完成指定类的加载工作 */
        clazz = dvmDefineClass(pDvmDex, descriptor, loader);
        Thread* self = dvmThreadSelf();
    ...
}
```

Dalvik/vm/oo/class.cpp 文件中的 dvmDefineClass()函数：

```
ClassObject* dvmDefineClass(DvmDex* pDvmDex, const char* descriptor,
    Object* classLoader)
{
    assert(pDvmDex != NULL);   /* DvmDex 结构不为空 */
    return findClassNoInit(descriptor, classLoader, pDvmDex);
}
```

Dalvik/vm/oo/class.cpp 文件中的 findClassNoInit()函数：

```
static ClassObject* findClassNoInit(const char* descriptor, Object* loader,DvmDex* pDvmDex)
{
    Thread* self = dvmThreadSelf();
    ClassObject* clazz;  /* 类加载对象 */
    bool profilerNotified = false;
    /* 判断目标类加载器是否为空 */
    if (loader != NULL) {
        LOGVV("#### findClassNoInit(%s,%p,%p)", descriptor, loader,
            pDvmDex->pDexFile);
    }
    if (dvmCheckException(self)) {
        ALOGE("Class lookup %s attempted with exception pending", descriptor);
        ALOGW("Pending exception is:");
        dvmLogExceptionStackTrace();
        dvmDumpAllThreads(false);
        dvmAbort();
    }
    /* 根据目标类的描述符 descriptor，在系统中已加载类中查找，如果在加载类中已存在，则返回目标类的
ClassObject 对象 */
    clazz = dvmLookupClass(descriptor, loader, true);
    if (clazz == NULL) { /* 如果不存在，则对目标类进行加载 */
        const DexClassDef* pClassDef;
        dvmMethodTraceClassPrepBegin();
        profilerNotified = true;
#if LOG_CLASS_LOADING
        u8 startTime = dvmGetThreadCpuTimeNsec();
```

```
#endif
        /* 判断 DvmDex 结构对象是否存在 */
        if (pDvmDex == NULL) {
            assert(loader == NULL);
        /* 如果不存在，表示目标类是一个系统类，虚拟机从启动路径下查找并加载目标类 */
            pDvmDex = searchBootPathForClass(descriptor, &pClassDef);
        } else {
        /* 如果存在，表示目标类为一个用户类，我们将从一个解析的 Dex 文件中进行加载 */
            pClassDef = dexFindClass(pDvmDex->pDexFile, descriptor);
        }
        if (pDvmDex == NULL || pClassDef == NULL) {
            if (gDvm.noClassDefFoundErrorObj != NULL) {
                /* usual case -- use prefabricated object */
                dvmSetException(self, gDvm.noClassDefFoundErrorObj);
            } else {
                /* dexopt case -- can't guarantee prefab (core.jar) */
                dvmThrowNoClassDefFoundError(descriptor);
            }
            goto bail;
        }
        /* 对目标函数进行加载，返回 ClassObject 对象 */
        clazz = loadClassFromDex(pDvmDex, pClassDef, loader);
        if (dvmCheckException(self)) {
            if (clazz != NULL) {
                dvmFreeClassInnards(clazz);
                dvmReleaseTrackedAlloc((Object*) clazz, NULL);
            }
            goto bail;
        }
        /* 将目前使用的类锁住，防止其他进程更改 */
        dvmLockObject(self, (Object*) clazz);
        clazz->initThreadId = self->threadId;  /* 初始化线程 ID */
        assert(clazz->classLoader == loader);
        /* 添加到哈希表中 */
        if (!dvmAddClassToHash(clazz)) {
            clazz->initThreadId = 0;
            dvmUnlockObject(self, (Object*) clazz);
            dvmFreeClassInnards(clazz);
            dvmReleaseTrackedAlloc((Object*) clazz, NULL);
            /* 从已加载类的系统哈希表中重新得到类 */
            clazz = dvmLookupClass(descriptor, loader, true);
            assert(clazz != NULL);
            goto got_class;
        }
        dvmReleaseTrackedAlloc((Object*) clazz, NULL);
#if LOG_CLASS_LOADING
        logClassLoadWithTime('>', clazz, startTime);
#endif
        /* 准备开始连接类 */
        if (!dvmLinkClass(clazz)) {
            assert(dvmCheckException(self));
            removeClassFromHash(clazz);
            clazz->status = CLASS_ERROR;
            dvmFreeClassInnards(clazz);
```

```
                clazz->initThreadId = 0;
                dvmObjectNotifyAll(self, (Object*) clazz);
                dvmUnlockObject(self, (Object*) clazz);
#if LOG_CLASS_LOADING
                ALOG(LOG_INFO, "DVMLINK FAILED FOR CLASS ", "%s in %s",
                    clazz->descriptor, get_process_name());
                logClassLoad('<', clazz);
#endif
                clazz = NULL;
                if (gDvm.optimizing) {
                    ALOGV("Link of class '%s' failed", descriptor);
                } else {
                    ALOGW("Link of class '%s' failed", descriptor);
                }
                goto bail;
            }
            dvmObjectNotifyAll(self, (Object*) clazz);
            dvmUnlockObject(self, (Object*) clazz);
            /* 将类的状态添加到全局变量中 */
            gDvm.numLoadedClasses++;
            gDvm.numDeclaredMethods += clazz->virtualMethodCount + clazz->directMethodCount;
            gDvm.numDeclaredInstFields += clazz->ifieldCount;
            gDvm.numDeclaredStaticFields += clazz->sfieldCount;
            if (gDvm.classJavaLangObject == NULL &&
                strcmp(descriptor, "Ljava/lang/Object;") == 0)
            {
                assert(loader == NULL);
                gDvm.classJavaLangObject = clazz;
            }
        ...
        }
    }
```

从以上源代码可知，findClassNoInit() 函数对一个指定类进行加载，先调用 dvmLookupClass() 函数，根据目标类的描述符在全局变量 gDvm.numLoadedClasses 中进行查找，并判断该类是否已经被加载。如果已经被加载，则直接引用，并将 ClassObject 类对象指针返回给调用函数；如果该类没有被加载，则重新加载目标类。调用 searchBootPathForClass() 函数在系统启动路径中查找并加载基本类，返回一个 DvmDex 结构，调用 dexFindClass() 函数，根据类的描述符在 odex 文件的类索引中查找，返回一个 DexClassDef 结构体对象，该结构体的定义如下：

```
struct DexClassDef {
u4  classIdx;      /* 类的标志，指向 DexTypeId 列表的索引 */
u4  accessFlags;   /* 访问标志 */
    u4  superclassIdx; /* 父类类型，指向 DexTypeId 列表的索引 */
    u4  interfacesOff; /* 接口，指向 DexTypeList 的偏移 */
    u4  sourceFileIdx; /* 源文件名，指向 DexStringId 列表的索引 */
    u4  annotationsOff;/* 注解，指向 DexAnnotationDirectoryItem 结构 */
    u4  classDataOff;  /* 指向 DexClassData 结构的偏移 */
    u4  staticValuesOff; /* 指向 DexEncodedArray 的偏移 */
};
```

该结构能够快速定位到目标类的各个部分，接着调用 loadClassFromDex() 函数完成对目标函数的加载，返回 ClassObject 对象，然后调用 dvmAddClassToHash() 函数将新加载的类添加到哈希表中方便查找。下面我们继续深入分析 loadClassFromDex() 函数，看它是如何加载的。

Dalvik/vm/oo/class.cpp 文件中的 findClassNoInit() 函数：

```
static ClassObject* loadClassFromDex(DvmDex* pDvmDex,
    const DexClassDef* pClassDef, Object* classLoader)
{
    ClassObject* result;
    DexClassDataHeader header;
    const u1* pEncodedData;
    const DexFile* pDexFile;
    assert((pDvmDex != NULL) && (pClassDef != NULL));
    pDexFile = pDvmDex->pDexFile; // DexFile 结构
    if (gDvm.verboseClass) {
        ALOGV("CLASS: loading '%s'...",
            dexGetClassDescriptor(pDexFile, pClassDef));
    }
    pEncodedData = dexGetClassData(pDexFile, pClassDef);
    if (pEncodedData != NULL) {
        dexReadClassDataHeader(&pEncodedData, &header);
    } else {
        memset(&header, 0, sizeof(header));
    }
    /* 对类的加载工作，返回一个 ClassObject 结构对象 */
    result = loadClassFromDex0(pDvmDex, pClassDef, &header, pEncodedData,
            classLoader);
    if (gDvm.verboseClass && (result != NULL)) {
        ALOGI("[Loaded %s from dex %p (cl=%p)]",
            result->descriptor, pDvmDex, classLoader);
    }
    return result;
}
```

上述代码的关键是调用了 loadClassFromDex0() 函数对类的加载，返回一个 ClassObject 结构对象。

Dalvik/vm/oo/class.cpp 文件中的 loadClassFromDex0() 函数：

```
static ClassObject* loadClassFromDex0(DvmDex* pDvmDex,
    const DexClassDef* pClassDef, const DexClassDataHeader* pHeader,
    const u1* pEncodedData, Object* classLoader)
{
    ClassObject* newClass = NULL;   /* 目标类的类实例对象 */
    const DexFile* pDexFile;        /* DexFile 数据结构实例对象 */
    const char* descriptor;         /* 目标类的描述符 */
    int i;
    pDexFile = pDvmDex->pDexFile;   /* 获取 DexFile 结构 */
    descriptor = dexGetClassDescriptor(pDexFile, pClassDef); /* 获取类描述符 */
    const uint32_t EXPECTED_FILE_FLAGS = (ACC_CLASS_MASK | CLASS_ISPREVERIFIED |CLASS_ISOPTIMIZED);
    if ((pClassDef->accessFlags & ~EXPECTED_FILE_FLAGS) != 0) {
        ALOGW("Invalid file flags in class %s: %04x",
            descriptor, pClassDef->accessFlags);
        return NULL;
    }
```

```
        assert(descriptor != NULL);
        if (classLoader == NULL &&
                strcmp(descriptor, "Ljava/lang/Class;") == 0) {
            assert(gDvm.classJavaLangClass != NULL);
            newClass = gDvm.classJavaLangClass;
    } else {
            /* 获取类对象的大小 */
            size_t size = classObjectSize(pHeader->staticFieldsSize);
            /* 申请内存空间 */
            newClass = (ClassObject*) dvmMalloc(size, ALLOC_NON_MOVING);
    }
        if (newClass == NULL)
            return NULL;
        /* 对新的类对象进行实例化 */
        DVM_OBJECT_INIT(newClass, gDvm.classJavaLangClass);
        dvmSetClassSerialNumber(newClass);
        newClass->descriptor = descriptor;
        assert(newClass->descriptorAlloc == NULL);
        SET_CLASS_FLAG(newClass, pClassDef->accessFlags); /* 设置访问标识符 */
        /* 设定字段对象 */
        dvmSetFieldObject((Object *)newClass,
                        OFFSETOF_MEMBER(ClassObject, classLoader),
                        (Object *)classLoader);
        newClass->pDvmDex = pDvmDex;      /* 指向 DvmDex *文件结构 */
        newClass->primitiveType = PRIM_NOT;  /* 设定原始类型 */
        newClass->status = CLASS_IDX;        /* 设定类初始状态 */
        assert(sizeof(u4) == sizeof(ClassObject*));
        newClass->super = (ClassObject*) pClassDef->superclassIdx; /* 设定父类 */
        const DexTypeList* pInterfacesList;      /* 设定类的参考指针 */
        pInterfacesList = dexGetInterfacesList(pDexFile, pClassDef); /* 得到接口列表 */
        if (pInterfacesList != NULL) {
            newClass->interfaceCount = pInterfacesList->size; /* 得到接口数目 */
            /* 得到接口 */
            newClass->interfaces = (ClassObject**) dvmLinearAlloc(classLoader,
                    newClass->interfaceCount * sizeof(ClassObject*));
            /*对接口逐个进行处理 */
            for (i = 0; i < newClass->interfaceCount; i++) {
                const DexTypeItem* pType = dexGetTypeItem(pInterfacesList, i);
                newClass->interfaces[i] = (ClassObject*)(u4) pType->typeIdx;
            }
            dvmLinearReadOnly(classLoader, newClass->interfaces);
    }
        /* 首先加载静态字段 */
        if (pHeader->staticFieldsSize != 0) {
            int count = (int) pHeader->staticFieldsSize;
            u4 lastIndex = 0;
            DexField field;
            newClass->sfieldCount = count;  /* 取得静态字段数目 */
            for (i = 0; i < count; i++) {   /* 依次加载静态字段 */
                dexReadClassDataField(&pEncodedData, &field, &lastIndex);
                loadSFieldFromDex(newClass, &field, &newClass->sfields[i]);
            }
    }
        /* 加载实例字段 */
        if (pHeader->instanceFieldsSize != 0) {
            int count = (int) pHeader->instanceFieldsSize;
            u4 lastIndex = 0;
            DexField field;
```

```
            newClass->ifieldCount = count;    /* 取得实例字段数目 */
            newClass->ifields = (InstField*) dvmLinearAlloc(classLoader,
                    count * sizeof(InstField));
            for (i = 0; i < count; i++) {       /* 依次加载实例字段 */
                dexReadClassDataField(&pEncodedData, &field, &lastIndex);
                loadIFieldFromDex(newClass, &field, &newClass->ifields[i]);
            }
            dvmLinearReadOnly(classLoader, newClass->ifields);
        }
        u4 classDefIdx = dexGetIndexForClassDef(pDexFile, pClassDef);
        const void* classMapData;
        u4 numMethods;
        if (gDvm.preciseGc) {
            classMapData =dvmRegisterMapGetClassData(pDexFile, classDefIdx, &numMethods);
            if (classMapData != NULL && pHeader->directMethodsSize
        + pHeader->virtualMethodsSize != numMethods)
            {
                ALOGE("ERROR: in %s, direct=%d virtual=%d, maps have %d",
                    newClass->descriptor, pHeader->directMethodsSize,
                    pHeader->virtualMethodsSize, numMethods);
                assert(false);
                classMapData = NULL;
            }
        } else {
            classMapData = NULL;
        }
        /* 对类方法进行加载 */
        if (pHeader->directMethodsSize != 0) {
            int count = (int) pHeader->directMethodsSize;
            u4 lastIndex = 0;
            DexMethod method;
            newClass->directMethodCount = count;    /* 取得方法数目 */
            newClass->directMethods = (Method*) dvmLinearAlloc(classLoader,
                    count * sizeof(Method));
            for (i = 0; i < count; i++) {   /* 依次加载类方法 */
                dexReadClassDataMethod(&pEncodedData, &method, &lastIndex);
                loadMethodFromDex(newClass, &method, &newClass->directMethods[i]);
            if (classMapData != NULL) {
            const RegisterMap* pMap = dvmRegisterMapGetNext(&classMapData);
            if (dvmRegisterMapGetFormat(pMap) != kRegMapFormatNone) {
                newClass->directMethods[i].registerMap = pMap;
                assert((newClass->directMethods[i].registersSize+7) / 8 ==
                    newClass->directMethods[i].registerMap->regWidth);
                }
            }
            }
            dvmLinearReadOnly(classLoader, newClass->directMethods);
        }
        /* 加载虚方法 */
        if (pHeader->virtualMethodsSize != 0) {
            int count = (int) pHeader->virtualMethodsSize;
            u4 lastIndex = 0;
            DexMethod method;
            newClass->virtualMethodCount = count;    /* 取得虚方法数目 */
            newClass->virtualMethods = (Method*) dvmLinearAlloc(classLoader,count * sizeof(Method));
            for (i = 0; i < count; i++) {                /* 依次加载虚方法 */
                dexReadClassDataMethod(&pEncodedData, &method, &lastIndex);
            loadMethodFromDex(newClass, &method, &newClass->virtualMethods[i]);
```

```
        if (classMapData != NULL) {
            const RegisterMap* pMap = dvmRegisterMapGetNext(&classMapData);
            if (dvmRegisterMapGetFormat(pMap) != kRegMapFormatNone) {
                newClass->virtualMethods[i].registerMap = pMap;
                assert((newClass->virtualMethods[i].registersSize+7) / 8 ==
                    newClass->virtualMethods[i].registerMap->regWidth);
            }
        }
    }
    dvmLinearReadOnly(classLoader, newClass->virtualMethods);
}
/* 获取源文件名称 */
newClass->sourceFile = dexGetSourceFile(pDexFile, pClassDef);
return newClass;    /* 返回 ClassObject 对象 */
}
```

　　通过分析可知，loadClassFromDex0()函数实际上封装了一个 ClassObject 结构体，会返回一个新的 ClassObject 对象，接着调用 dvmLinkClass()函数进行类的连接工作。图 12-6 是 DexFile 文件结构到 ClassObject 结构的整体流向图。

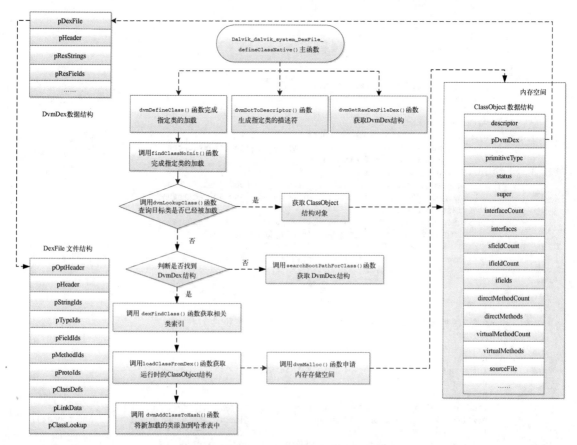

图 12-6　DexFile 文件结构到 ClassObject 结构的整体流向图

至此，运行时环境 ClassObject 结构已经准备就绪，等待后面的解释器进行解释执行，完成程序的正常运行。

12.1.4　so 文件加载过程

当 Android 程序安装完成后，根据 Android 程序的结构，我们知道最主要的是 classes.dex 文件和程序自身加载的连接库 so 文件。通过上一节的学习，我们知道程序在运行时，首先加载 Dalvik 虚拟机，提取 App 文件中的 classes.dex 文件，然后将该文件优化成 odex 文件格式，保存在 /data/Dalvik-cache 下的目录中，再次启动时将从该目录下直接读取 odex 文件，解析成 DexFile 数据结构，再加载优化的 dex 文件中的类，封装成 ClassObject 类，等待解释器等其他模块执行。但是对于 /data/app-lib/apk 包名-1 目录存放的动态链接库，so 文件是如何正常加载运行的呢？

这里我们主要关注 so 文件的加载过程，这是后续进行脱壳实践的基础。Android 应用层的代码大部分是使用 Java 语言编写的，Java 代码通过 System.loadLibrary(so 的文件名)语句加载动态链接库。对于动态链接库的加载，Native 层的加载过程是从 nativeLoad()函数开始，其源代码位于 dalvik/vm/native/java_lang_Runtime.cpp 文件中。

```
static void Dalvik_java_lang_Runtime_nativeLoad(const u4* args, JValue* pResult)
{
    StringObject* fileNameObj = (StringObject*) args[0];/* 获取文件名对象 */
    Object* classLoader = (Object*) args[1];    /* 类加载 */
    StringObject* ldLibraryPathObj = (StringObject*) args[2];/* so 路径对象 */
    assert(fileNameObj != NULL);
    /* 将 Java 的文件名字符串转换成 C 字符串 */
    char* fileName = dvmCreateCstrFromString(fileNameObj);
    /* 将 Java 的 so 字符串转换成 C 字符串 */
    if (ldLibraryPathObj != NULL) {
    char* ldLibraryPath = dvmCreateCstrFromString(ldLibraryPathObj);
    void* sym = dlsym(RTLD_DEFAULT, "android_update_LD_LIBRARY_PATH");
        if (sym != NULL) {
        typedef void (*Fn)(const char*);
        Fn android_update_LD_LIBRARY_PATH = reinterpret_cast<Fn>(sym);
            (*android_update_LD_LIBRARY_PATH)(ldLibraryPath);
        } else {
        ALOGE("android_update_LD_LIBRARY_PATH not found; .so dependencies will not work!");
        }
        free(ldLibraryPath);
    }
    StringObject* result = NULL;
    char* reason = NULL;
    /* 加载 so 文件，执行 so 文件的 init()或 init_array()、JNI_OnLoad()函数 */
    bool success = dvmLoadNativeCode(fileName, classLoader, &reason);
    if (!success) {
        const char* msg = (reason != NULL) ? reason : "unknown failure";
        result = dvmCreateStringFromCstr(msg);
        dvmReleaseTrackedAlloc((Object*) result, NULL);
    }
    free(reason);
```

```
        free(fileName);
    RETURN_PTR(result);
    }
```

　　以上源代码中主要有两个关键函数：一个是 dvmCreateCstrFromString() 函数，转换字符串格式；一个是 dvmLoadNativeCode() 函数，加载并执行 so 文件中的函数。接下来我们主要分析dvmLoadNativeCode() 函数，源代码位于 Dalvik/vm/native.cpp 文件中。

```
    bool dvmLoadNativeCode(const char* pathName, Object* classLoader, char** detail)
    {
        SharedLib* pEntry; /* 共享库的哈希表 */
        void* handle;
    bool verbose;
        verbose = !!strncmp(pathName, "/system", sizeof("/system")-1);
        verbose = verbose && !!strncmp(pathName, "/vendor", sizeof("/vendor")-1);
        if (verbose)
            ALOGD("Trying to load lib %s %p", pathName, classLoader);
        *detail = NULL;
    /* 检查参数 pathName 所指定的 so 文件是否已经加载，若加载则返回 pEntry 对象 */
        pEntry = findSharedLibEntry(pathName);
        if (pEntry != NULL) {
            if (pEntry->classLoader != classLoader) {
                ALOGW("Shared lib '%s' already opened by CL %p; can't open in %p",
                        pathName, pEntry->classLoader, classLoader);
                return false;
            }
            if (verbose) {
                ALOGD("Shared lib '%s' already loaded in same CL %p",
                        pathName, classLoader);
            }
            if (!checkOnLoadResult(pEntry))
                return false;
            return true;
        }
        /* 获取当前的线程，将线程设置成 THREAD_VMWAIT 状态 */
        Thread* self = dvmThreadSelf();
        ThreadStatus oldStatus = dvmChangeStatus(self, THREAD_VMWAIT);
        /* 调用 dlopen 加载 so 文件，返回一个句柄 */
    handle = dlopen (pathName, RTLD_LAZY);
        dvmChangeStatus(self, oldStatus);
        if (handle == NULL) {
            *detail = strdup(dlerror());
            ALOGE("dlopen(\"%s\") failed: %s", pathName, *detail);
            return false;
        }
        /* 建立 SharedLib 对象 pNewEntry 来描述 so 加载信息 */
    SharedLib* pNewEntry;
        pNewEntry = (SharedLib*) calloc(1, sizeof(SharedLib));
        pNewEntry->pathName = strdup(pathName);
        pNewEntry->handle = handle;
        pNewEntry->classLoader = classLoader;
        dvmInitMutex(&pNewEntry->onLoadLock);
        pthread_cond_init(&pNewEntry->onLoadCond, NULL);
```

```
pNewEntry->onLoadThreadId = self->threadId;
SharedLib* pActualEntry = addSharedLibEntry(pNewEntry);
if (pNewEntry != pActualEntry) {
    ALOGI("WOW: we lost a race to add a shared lib (%s CL=%p)",
        pathName, classLoader);
    freeSharedLibEntry(pNewEntry);
    return checkOnLoadResult(pActualEntry);
} else {
    if (verbose)
        ALOGD("Added shared lib %s %p", pathName, classLoader);
    bool result = false;
    void* vonLoad;
    int version;
    /* 根据句柄获取 so 中的 JNI_OnLoad()函数的地址，保存在 vonLoad 中 */
vonLoad = dlsym(handle, "JNI_OnLoad");
    if (vonLoad == NULL) {
        ALOGD("No JNI_OnLoad found in %s %p, skipping init", pathName, classLoader);
        result = true;
    } else {
        /* 保存 JNI_OnLoad()函数的地址到 func */
        OnLoadFunc func = (OnLoadFunc)vonLoad;
        Object* prevOverride = self->classLoaderOverride;
        self->classLoaderOverride = classLoader;
        oldStatus = dvmChangeStatus(self, THREAD_NATIVE);
        if (gDvm.verboseJni) {
            ALOGI("[Calling JNI_OnLoad for \"%s\"]", pathName);
        }
        /* 执行 JnI_onLoad()函数 */
version = (*func)(gDvmJni.jniVm, NULL);
        dvmChangeStatus(self, oldStatus);
        self->classLoaderOverride = prevOverride;
        if (version == JNI_ERR) {
     *detail = strdup(StringPrintf("JNI_ERR returned from JNI_OnLoad in\"%s\"",pathName).c
            _str());
        } else if (dvmIsBadJniVersion(version)) {
            *detail = strdup(StringPrintf("Bad JNI version returned from JNI_OnLoad in \"%s\": %d",
                pathName, version).c_str());
        } else {
            result = true;
        }
        if (gDvm.verboseJni) {
            ALOGI("[Returned %s from JNI_OnLoad for \"%s\"]",
                    (result ? "successfully" : "failure"), pathName);
        }
    }
    if (result)
        pNewEntry->onLoadResult = kOnLoadOkay;
    else
        pNewEntry->onLoadResult = kOnLoadFailed;
    pNewEntry->onLoadThreadId = 0;
    dvmLockMutex(&pNewEntry->onLoadLock);
    pthread_cond_broadcast(&pNewEntry->onLoadCond);
    dvmUnlockMutex(&pNewEntry->onLoadLock);
    return result;
```

12

```
        }
    }
```

在 dvmLoadNativeCode()函数中，比较关键的是调用 dlopen()函数加载 so 文件，调用 dlsym() 函数获取 so 中的 JNI_OnLoad()函数的地址，调用(*func)(gDvmJni.jniVm, NULL)函数执行 JnI_onLoad()函数。下面我们对这几个函数进行逐个分析。

函数 1   dlopen()

dlopen()函数的源代码位于 bionic/linker/dlfcn.cpp 文件中。

```
void* dlopen(const char* filename, int flags) {
    ScopedPthreadMutexLocker locker(&gDlMutex);
    soinfo* result = do_dlopen(filename, flags);
    if (result == NULL) {
        __bionic_format_dlerror("dlopen failed", linker_get_error_buffer());
        return NULL;
    }
return result;
}
```

dlopen()函数调用了 do_dlopen()函数加载 so 文件，返回了一个 soinfo 结构。首先看一下 soinfo 数据结构的定义：

```
struct soinfo {
    public:
        char name[SOINFO_NAME_LEN];
        const Elf32_Phdr* phdr;
        size_t phnum;
        Elf32_Addr entry;  /* so 文件入口 */
        Elf32_Addr base;   /* so 文件基址 */
        unsigned size;
        uint32_t unused1;
        Elf32_Dyn* dynamic;
        uint32_t unused2;
        uint32_t unused3;
        soinfo* next;
        unsigned flags;
        const char* strtab;
        Elf32_Sym* symtab;
        size_t nbucket;
        size_t nchain;
        unsigned* bucket;
        unsigned* chain;
        unsigned* plt_got;
        Elf32_Rel* plt_rel;
        size_t plt_rel_count;
        Elf32_Rel* rel;
        size_t rel_count;
        linker_function_t* preinit_array;
        size_t preinit_array_count;
        linker_function_t* init_array;
        size_t init_array_count;
```

```
        linker_function_t* fini_array;
        size_t fini_array_count;
        linker_function_t init_func;
        linker_function_t fini_func;
#if defined(ANDROID_ARM_LINKER)
        unsigned* ARM_exidx;
        size_t ARM_exidx_count;
#elif defined(ANDROID_MIPS_LINKER)
        unsigned mips_symtabno;
        unsigned mips_local_gotno;
        unsigned mips_gotsym;
#endif
        size_t ref_count;
        link_map_t link_map;
        bool constructors_called;
        Elf32_Addr load_bias;
        bool has_text_relocations;
        bool has_DT_SYMBOLIC;
        void CallConstructors();        /* init 构造函数 */
        void CallDestructors();         /* 析构函数 */
        void CallPreInitConstructors(); /* 一般是可执行文件初始化函数 */
    private:
        void CallArray(const char* array_name, linker_function_t* functions, size_t count,
        bool reverse); /* init_array 函数 */
    /* 功能函数 */
        void CallFunction(const char* function_name, linker_function_t function);
    };
```

然后分析 bionic/linker/link.cpp 文件中的 do_dlopen()函数:

```
soinfo* do_dlopen(const char* name, int flags) {
    if ((flags & ~(RTLD_NOW|RTLD_LAZY|RTLD_LOCAL|RTLD_GLOBAL)) != 0) {
        DL_ERR("invalid flags to dlopen: %x", flags);
        return NULL;
    }
    /* 设置内存为可读、可写 */
    set_soinfo_pool_protection(PROT_READ | PROT_WRITE);
    /* 根据 so 文件名称，在动态库链表库中查找，找到了返回 soinfo 结构 */
    soinfo* si = find_library(name);
    if (si != NULL) {
        si->CallConstructors(); /* 调用构造函数 */
    }
    set_soinfo_pool_protection(PROT_READ); /* 设置内存为只读 */
    return si;
}
```

跟进 find_library()函数，我们发现最后会调用 load_library()函数，依据 elf 格式加载 so
文件，参数为 so 文件的名称，源代码如下:

```
static soinfo* load_library(const char* name) {
    int fd = open_library(name);
    if (fd == -1) {
        DL_ERR("library \"%s\" not found", name);
        return NULL;
```

```
        }
        ElfReader elf_reader(name, fd);
        if (!elf_reader.Load()) {
            return NULL;
        }
        const char* bname = strrchr(name, '/');
        soinfo* si = soinfo_alloc(bname ? bname + 1 : name);
        if (si == NULL) {
            return NULL;
        }
        si->base = elf_reader.load_start();
        si->size = elf_reader.load_size();
        si->load_bias = elf_reader.load_bias();
        si->flags = 0;
        si->entry = 0;
        si->dynamic = NULL;
        si->phnum = elf_reader.phdr_count();
        si->phdr = elf_reader.loaded_phdr();
        return si;
    }
```

当 so 文件加载完成后，会返回一个 soinfo 结构，然后调用构造函数 si->CallConstructors()，该函数会调用 so 文件中的 INIT() 函数或 INIT_ARRAY() 函数：

```
void soinfo::CallConstructors() {
    if (constructors_called) {
        return;
    }
    constructors_called = true;
    ...
    /* 当 INIT() 和 INIT_ARRAY() 都存在时，先调用 INIT()，再调用 INIT_ARRAY() */
    CallFunction("DT_INIT", init_func); /* 调用 so 文件中的 init() 函数 */
    /* 调用 so 文件中的 init_array() 函数 */
    CallArray("DT_INIT_ARRAY", init_array, init_array_count, false);
}
/* CallFunction() 函数源代码 */
void soinfo::CallFunction(const char* function_name UNUSED, linker_function_t function) {
    if (function == NULL || reinterpret_cast<uintptr_t>(function) == static_cast<uintptr_t>(-1)) {
        return;
    }
    TRACE("[ Calling %s @ %p for '%s' ]", function_name, function, name);
    function();  /* 调用 so 文件中 init() 函数 */
    TRACE("[ Done calling %s @ %p for '%s' ]", function_name, function, name);
    set_soinfo_pool_protection(PROT_READ | PROT_WRITE);
}
/* CallArray() 函数的源代码 */
void soinfo::CallArray(const char* array_name UNUSED, linker_function_t* functions, size_t count, bool
reverse) {
    if (functions == NULL) {
        return;
    }
    TRACE("[ Calling %s (size %d) @ %p for '%s' ]", array_name, count, functions, name);
    int begin = reverse ? (count - 1) : 0;
```

```
    int end = reverse ? -1 : count;
    int step = reverse ? -1 : 1;
    for (int i = begin; i != end; i += step) {
        TRACE("[ %s[%d] == %p ]", array_name, i, functions[i]);
        CallFunction("function", functions[i]);
    }
    TRACE("[ Done calling %s for '%s' ]", array_name, name);
}
```

函数 2   dlsym()

当 dlopen() 函数正确返回时，调用 dlsym() 函数获取 so 中 JNI_OnLoad() 函数的地址，函数的源代码位于 bionic/linker/dlfcn.cpp 文件中。

```
void* dlsym(void* handle, const char* symbol) {
  ScopedPthreadMutexLocker locker(&gDlMutex);
  if (handle == NULL) {
      __bionic_format_dlerror("dlsym library handle is null", NULL);
      return NULL;
  }
  if (symbol == NULL) {
      __bionic_format_dlerror("dlsym symbol name is null", NULL);
      return NULL;
  }
  soinfo* found = NULL;
  Elf32_Sym* sym = NULL;
  if (handle == RTLD_DEFAULT) {
      sym = dlsym_linear_lookup(symbol, &found, NULL);
  } else if (handle == RTLD_NEXT) {
      void* ret_addr = __builtin_return_address(0);
      soinfo* si = find_containing_library(ret_addr);
      sym = NULL;
      if (si && si->next) {
          sym = dlsym_linear_lookup(symbol, &found, si->next);
      }
  } else {
      found = reinterpret_cast<soinfo*>(handle);
      sym = dlsym_handle_lookup(found, symbol);
  }
  if (sym != NULL) {
      unsigned bind = ELF32_ST_BIND(sym->st_info);
      if (bind == STB_GLOBAL && sym->st_shndx != 0) {
          unsigned ret = sym->st_value + found->load_bias; /* 偏移+基址 */
          return (void*) ret;
      }
      __bionic_format_dlerror("symbol found but not global", symbol);
      return NULL;
  } else {
      __bionic_format_dlerror("undefined symbol", symbol);
      return NULL;
  }
}
```

12

至此，Dalvik 虚拟机加载动态链接库的原理就分析完了。我们发现动态链接库中如果同时存在 INIT() 和 INIT_ARRAY() 函数，就会先调用 INIT()，再调用 INIT_ARRAY()，接着会调用库中的 JNI_OnLoad() 函数进行初始化。但是如果库中不存在 JNI_OnLoad() 函数，将调用 dvmResolveNativeMethod() 函数，然后直接调用 nativeFunc() 解析本地函数。该函数的源代码位于 Dalvik/vm/native.cpp 文件中，感兴趣的读者可以继续分析，在这里就不讨论了，这不是我们研究的重点。图 12-7 是动态链接库 so 文件解析的整体流向图。

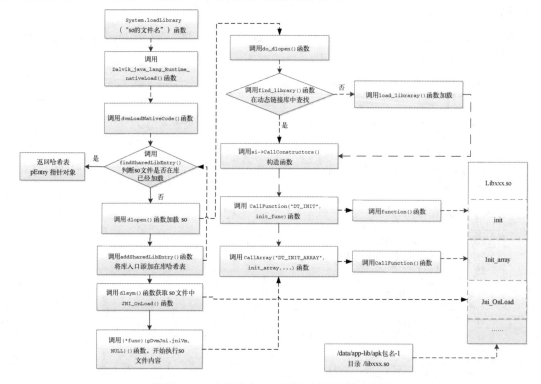

图 12-7　动态链接库 so 文件解析的整体流向图

12.1.5　脱壳思路

通过对上述源代码的分析，相信读者已经初步了解了 dex 文件的加载过程以及动态库 so 文件的动态加载原理，尤其是上述 init()、init_array()、Jni_OnLoad()、dvmDexFileOpenPartial() 等几个关键函数的用法，同时还了解了应用加壳的基本思路。dex 和 jar 在加载时是解密状态，我们就可以定位 App 在动态加载一个文件时的入口和出口，然后通过内存转储的方式获得被加载的 dex 文件。

在 Android 应用层，动态加载 dex、jar、apk 是通过 Android 提供的 DexClassLoader 的类构造方法完成的，源代码位于\libcore\dalvik\src\main\java\dalvik\system\DexClassLoader.java 文件中。

```
public class DexClassLoader extends BaseDexClassLoader {
public DexClassLoader(String dexPath,  String optimizedDirectory,
    String libraryPath,  ClassLoader parent) {
        super(dexPath,  new File(optimizedDirectory),  libraryPath,  parent);
    }
}
```

DexClassLoader 通过调用父类的构造方法，对输入的 dex 文件进行校验和优化，最终会走到 dvmDexFileOpenFromFd() 或者 dvmDexFileOpenPartial() 这两个 native() 函数中的一个，并获取一个 DexFile 结构体。下面是这两个函数的定义：

```
// 通过文件描述符获取 DexFile 结构体
dvmDexFileOpenFromFd(int fd, DvmDex** ppDvmDex)
// 通过基地址和长度从内存中获取 DexFile 结构体
dvmDexFileOpenPartial(const void* addr, int len, DvmDex** ppDvmDex)
```

在 DVM 模式下，在 dvmDexFileOpenFromFd() 函数之后会执行到 dexFileParse(const u1* data,size_t length,int flags) 函数，它的前两个参数分别是加载 dex 文件的内存基地址和文件大小，可以选择在这里进行内存转储。

在 ART 模式下，动态加载在 Native 层的代码流程是不同的。这里提供一个可以在 ART 模式下进行内存转储的函数点。

```
DexFile::OpenMemory(const byte* base,size_t size, const std::string& location,uint32_t
location_checksum,MemMap* mem_map)
```

虽然利用内存转储的方法可以部分脱壳，但对于很多专业加固的壳，dex 被转储出来依然不能被反编译器正常解析，这时就需要分析转储出来的 dex，找出 dex 异常点，然后根据 dex 加载、类加载等过程的原理，判断壳在哪里做了桩点，需要修复 dex。

从上文可知，动态加载的 dex 在加载完成后，不会立刻加载所有的类，而是当需要这个类时再加载。在 Android Dalvik 模式下，类加载由 Dalvik_dalvik_system_DexFile_defineClassNative() 函数负责加载，之后还会调用 dvmDefineClass()、findClassNotInit() 和 loadClassFromDex() 函数。在 Android ART 模式下，类加载过程是 ClassLinker::FindClass→ClassLinker::DefineClass→ClassLinker::LoadClass，它们的源代码位于 art/runtime/class_linker.cc 文件中。在 ART 模式下脱壳，需要挂钩这些函数来修复 dex 文件。

12.2 脱壳实践

本节将从环境搭建、编写脱壳代码、脱壳这 3 个方面阐述 Android App 最基础的脱壳技术，并通过实例加深读者对脱壳的理解。

12.2.1 环境搭建

由于脱壳程序是基于 Frida 框架来实现的，需要在 PC 端安装 Frida 客户端程序，在测试手机端安装 Frida 服务器端程序。因此，读者需要准备一台 PC 电脑（Windows 系统或 macOS 系统）、一台 Android 系统测试手机，一根 USB 数据线（MicroUSB 或 Type-C 接口）。测试环境如图 12-8 所示。

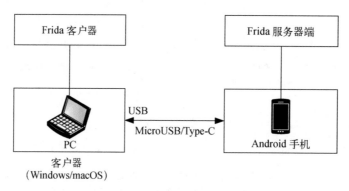

图 12-8　脱壳环境搭建示意图

我们在 2.4.2 节中已经简要介绍了 Frida 的使用，本节将结合脱壳实践更详细地介绍 Frida 环境的搭建和使用。

1. 安装 Frida 客户端

首先，需要安装 Python3 并配置好环境变量。注意，在 macOS 操作系统下，Python 不再使用系统默认的证书，且本身也不提供证书，需要读者先更新 certifi 库，否则可能无法成功安装。更新安装 certifi 库的两条命令如下。

命令 1：`sudo pip3 install --upgrade certifi`

命令 2：`open /Applications/Python\ 3.7/Install\ Certificates.command`

然后，安装 Frida 环境，安装方法如图 12-9 所示，整个安装过程时间较长，需要耐心等待。

Frida 安装命令：`pip install frida`

```
███████████████████████████$ pip3 install frida
Collecting frida
  Using cached frida-12.8.20.tar.gz (7.2 kB)
Installing collected packages: frida
    Running setup.py install for frida ... done
Successfully installed frida-12.8.20
```

图 12-9　Frida 安装示意图

Frida 安装完成后，再安装 frida-tools，安装命令如下，安装示意图如图 12-10 所示。

命令：`pip install frida-tools`

```
████████████████$ pip3 install frida-tools
Collecting frida-tools
  Using cached frida-tools-7.2.0.tar.gz (28 kB)
Requirement already satisfied: colorama<1.0.0,>=0.2.7 in /Library/Frameworks/Python.framework/Versions/3.8/lib/python3
.8/site-packages (from frida-tools) (0.4.3)
Requirement already satisfied: frida<13.0.0,>=12.8.12 in /Library/Frameworks/Python.framework/Versions/3.8/lib/python3
.8/site-packages (from frida-tools) (12.8.20)
Collecting prompt-toolkit<4.0.0,>=3.0.3
  Using cached prompt_toolkit-3.0.5-py3-none-any.whl (351 kB)
Requirement already satisfied: pygments<3.0.0,>=2.0.2 in /Library/Frameworks/Python.framework/Versions/3.8/lib/python3
.8/site-packages (from frida-tools) (2.5.2)
Requirement already satisfied: wcwidth in /Library/Frameworks/Python.framework/Versions/3.8/lib/python3.8/site-package
s (from prompt-toolkit<4.0.0,>=3.0.3->frida-tools) (0.1.7)
Installing collected packages: prompt-toolkit, frida-tools
  Attempting uninstall: prompt-toolkit
    Found existing installation: prompt-toolkit 3.0.2
    Uninstalling prompt-toolkit-3.0.2:
      Successfully uninstalled prompt-toolkit-3.0.2
  Running setup.py install for frida-tools ... done
Successfully installed frida-tools-7.2.0 prompt-toolkit-3.0.5
```

图 12-10 frida-tools 安装示意图

最后，输入 "frida –verison"，查看 Frida 版本。如果显示版本号，则说明环境已经安装成功，如图 12-11 所示。

```
████████████████████████████$ frida --version
12.8.20
```

图 12-11 安装成功后查看 Frida 版本号

2. 安装 Frida 服务器端

首先，通过如下命令查看测试设备的手机属性，如图 12-12 所示。

命令：adb shell getprop ro.product.cpu.abi

```
████████████████$ adb shell getprop ro.product.cpu.abi
arm64-v8a
████████████████$
```

图 12-12 查看手机属性

然后，访问 https://github.com/frida/frida/releases，根据测试手机 CPU 的版本，选择对应的服务器端 frida-server 程序，上一步通过 getprop 命令得知测试手机是基于 arm64-v8a 架构的。那么，我们就在该页面上选择对应的文件。笔者下载时的最新版本是 frida-server-12.8.20-android-arm64.xz 文件，图 12-13 展示了网页中可下载的 frida server 服务器端版本列表。

12

📦 frida-server-12.8.20-android-arm.xz   5.36 MB

📦 frida-server-12.8.20-android-arm64.xz   10.7 MB

📦 frida-server-12.8.20-android-x86.xz   6.39 MB

📦 frida-server-12.8.20-android-x86_64.xz   12.8 MB

📦 frida-server-12.8.20-ios-arm.xz   5.27 MB

📦 frida-server-12.8.20-ios-arm64.xz   10.4 MB

📦 frida-server-12.8.20-ios-arm64e.xz   9.86 MB

📦 frida-server-12.8.20-linux-x86.xz   13.2 MB

📦 frida-server-12.8.20-linux-x86_64.xz   13.4 MB

📦 frida-server-12.8.20-macos-x86_64.xz   11.9 MB

📦 frida-server-12.8.20-windows-x86.exe.xz   10.4 MB

📦 frida-server-12.8.20-windows-x86_64.exe.xz   10.7 MB

图 12-13   frida server 版本

最后，下载压缩包文件 frida-server-12.8.20-android-arm64.xz 并解压。使用 USB 数据线将测试手机连接至 PC 端电脑，连接成功后，使用 adb push 命令将 frida-server-12.8.20-android-arm64 服务器端文件保存到测试手机的任意文件路径下，如：/data/local/tmp。

命令：`adb push ./frida-server-12.8.20-android-arm64 /data/local/tmp`

到此，Frida 环境就全部安装成功了。

12.2.2   编写脱壳代码

所谓脱壳机，就是能针对特定的壳将程序还原并正常运行的工具。脱壳机一般分为通用脱壳机和专用脱壳机，通用脱壳机可以脱不同类型的壳，专用脱壳机则只针对某一款壳。本节编写的是一款通用脱壳机。

脱壳原理是通过挂钩 Android 里加载 dex 时的系统函数，分析 dex 文件加载在内存里的起始位置和总长度，并将内存里的内容输出保存到文件中。当然，在完成上面的逻辑后，原始的逻辑依然需要继续执行。

Android 系统版本不同，打开 dex 文件的函数也不同，函数如表 12-1 所示。

表 12-1   打开 dex 文件的函数

Android 版本	Android 4.0	Android 5.0 及以上版本
函数名称	libdvm.so::dexFileParse	libart.so::OpenMemory libart.so::OpenCommon

1. 获取 Android 版本号

命令：`adb shell getprop ro.build.version.release`

在笔者的环境下，上述命令返回的结果是 7.1.1，如图 12-14 所示。

```
adb shell getprop ro.build.version.release
7.1.1
```

图 12-14　查看手机 Android 版本号

2. 获取要挂钩的目标函数准确名称

借助 Frida 库的一段 Python 代码可以找到目标进程引入的所有模块。在这些模块内找到 libart 的具体位置，下载此文件后，通过 readelf 分析可以获得 OpenCommon 函数混淆后的名字。

部分代码片段如下：

```python
import frida
import sys

def on_message(message, data):
    print("[on_message] message:", message, "data:", data)

device = frida.get_usb_device()
process = device.spawn(sys.argv[1])
session = device.attach(process)

script = session.create_script("""
    rpc.exports.enumerateModules = function () {
        return Process.enumerateModules();
    };
""")
script.on("message", on_message)
script.load()
device.resume(process)
print([m["path"] for m in script.exports.enumerate_modules()])
```

使用 Python 运行 list_modules.py 代码，同时使用 gerp 命令将上面的结果进行过滤，即可获得 libart.so 的具体位置并下载，得到结果为/system/lib/libart.so：

命令：`python list_modules.py com.test.aspiredoctor | grep -o -E --color "[^']*libart.so"`

使用 readelf 分析后，显示 OpenMemory 函数的完整结果。

命令：`readelf -s ./libart.so -WWWWWW | grep OpenMemory | head -2`

```
2488: 00129a11    228 FUNC    GLOBAL PROTECTED    13 _ZN3art7DexFile10OpenMemoryEPKhjRKNSt3__112basic
_stringIcNS3_11char_traitsIcEENS3_9allocatorIcEEEEjPNS_6MemMapEPKNS_10OatDexFileEPS9_
5639: 00129af5     32 FUNC    GLOBAL PROTECTED    13 _ZN3art7DexFile10OpenMemoryERKNSt3__112basic
_stringIcNS1_11char_traitsIcEENS1_9allocatorIcEEEEjPNS_6MemMapEPS7_
```

通过查看这两个 OpenMemory 函数可以知道，第二个函数在执行的时候会调用第一个函数。

12

因此在 Frida 内只需要挂钩第一个 OpenMemory 函数就可以了，即挂钩函数_ZN3art7DexFile10Open MemoryEPKhjRKNSt3__112basic_stringIcNS3_11char_traitsIcEENS3_9allocatorIcEEEEjPNS_6MemM apEPKNS_100atDexFileEPS9_。

使用 Frida 进行脱壳操作，我们只需要实现一些 Python 代码即可，代码文件命名为 dexDump.py，具体代码如下：

```python
import frida
import sys
device = frida.get_usb_device()
process = device.spawn(sys.argv[1])
session = device.attach(process)
js = """
Interceptor.attach(Module.findExportByName("libart.so",
"_ZN3art7DexFile10OpenMemoryEPKhjRKNSt3__112basic
_stringIcNS3_11char_traitsIcEENS3_9allocatorIcEEEEjPNS_6MemMapEPKNS_100atDexFileEPS9_"), {
    onEnter: function (args) {
        var beg = args[1]
        var address = parseInt(beg,16) + 0x20
        var size = Memory.readInt(ptr(address))
        var file = new File("/data/data/%s/" + size + ".dex", "wb")
        file.write(Memory.readByteArray(beg, size))
        file.flush()
        file.close()
    console.log("file /data/data/%s/" + size + ".dex created.")
    }
})
""" % (sys.argv[1], sys.argv[1])
script = session.create_script(js)
script.load()
device.resume(process)
sys.stdin.read()
```

12.2.3 脱壳

完成了上述准备工作，实际的脱壳工作就相对轻松了。首先，使用以下命令将手机中的 frida server 文件赋予可执行权限，如图 12-15 所示。

命令：chmod a+x /data/local/tmp/frida-server-12.8.20-android-arm64

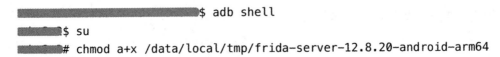

图 12-15　给 frida server 文件赋予可执行权限

接着进行两次端口转发配置，如图 12-16 所示。

命令：`adb forward tcp:27042 tcp:27042`

　　　　`adb forward tcp:27043 tcp:27043`

```
adb forward tcp:27042 tcp:27042
adb forward tcp:27043 tcp:27043
```

图 12-16　端口转发

然后，把待脱壳的程序安装到手机设备中，并启动 frida-server 服务。

命令：`./frida-server-12.8.20-android-arm64`

最后，执行脚本 dexDump.py 来进行脱壳，如图 12-17 所示。

命令：`python dexDump.py com.test.aspiredoctor`

```
(env) ▨▨▨▨▨▨ ▨▨▨▨▨ ▨▨▨▨▨▨ python dexDump.py com.▨▨▨.aspiredoctor
file /data/data/com.▨▨▨.aspiredoctor/15992.dex created.
file /data/data/com.▨▨▨.aspiredoctor/15992.dex created.
file /data/data/com.▨▨▨.aspiredoctor/15992.dex created.
file /data/data/com.▨▨▨.aspiredoctor/693736.dex created.
file /data/data/com.▨▨▨.aspiredoctor/693736.dex created.
```

图 12-17　dex 文件转储

执行成功后，会生成 15992.dex 和 693736.dex 两个 dex 文件，也就是脱壳后的源代码。使用 JD-GUI 工具查看成功转储出来的代码，如图 12-18 所示。

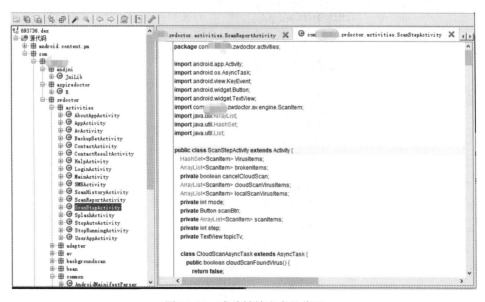

图 12-18　成功转储出来的代码

至此，脱壳实践过程就全部结束了。

12

12.3   结束语

本章围绕 App 脱壳这一主题展开，主要介绍了脱壳的基本思路和示例实践两部分内容。在第一部分我们介绍了加壳和脱壳的基本思路，包括 dex 文件格式的解析、dex 文件加载原理和 so 文件的加载过程。第二部分介绍了脱壳工作所需要搭建的开发环境，并以一个具体的加壳样本为例，介绍了脱壳机的编写方法以及脱壳文件的修复方法。通过本章的学习，你对脱壳的整个过程会有进一步的了解。未来，当你面对一个加壳文件时，就会有基本的脱壳思路。

至此，本书的内容就全部结束了，下面我们就来回顾一下全书的内容。纵观全书 12 章内容，其实可以分成三个部分。第一部分包括第 1 章和第 2 章，介绍了 Android App 的安全基础以及在安全测试工作中使用的基本工具。第二部分从第 3 章开始到第 8 章为止，具体从 5 个方面详细、深入地介绍了开展 App 安全测试工作的具体内容，这部分是本书最想为读者奉献的内容，也是笔者所在团队多年来从实践工作中得出的干货。第三部分从第 9 章开始到第 12 章为止，围绕 App 安全防护技术展开，介绍了 App 安全加固的四代技术演进情况，结合静态防护技术和动态防护技术的近 20 种技术方法，具体介绍了安全防护技术的实现思路，以及结合工作需要进行 App 脱壳的方法。

就这样，本书所有的内容你都学完了，恭喜你迈入了 App 安全测试和防护工作的大门，在成为更优秀的 App 开发者和安全测试工程师的道路上前进了一大步。但是，光靠本书中的这些基本介绍以及少量的实践示例是不够的，你还需要结合实际开发和安全测试工作中的实践内容，不断地历练自己，丰富经验。祝愿你真正成为一名出色的开发者和安全测试工程师。

安全测试项索引

序号	名　称	测试内容	潜在危害	所在章节	测试类别
1	运行环境检测	检测客户端的运行环境是否已经被ROOT、是否为Android模拟器，是否已安装逆向框架（如Xposed、Frida）	没有对运行环境进行检测，容易造成用户敏感数据泄露的风险	4.2.1	程序代码安全测试
2	防反编译检测	检测客户端是否可以防止反编译工具逆向，源代码是否进行了混淆、混淆强度如何，核心的代码和数据是否进行了有效的保护	程序接口、账户信息、业务逻辑等代码，在被逆向反编译后为明文显示，导致客户端关键业务功能代码暴露	4.2.2	
3	防篡改检测	检测客户端源代码是否有防篡改机制，能否防止被二次重新打包，运行期间内存中的关键代码和敏感数据是否可以被转储	黑客可在客户端代码中嵌入恶意代码，通过二次打包技术生成可正常运行的仿冒Ap，以及窃取内存中的敏感数据	4.2.3	
4	防调试检测	检测客户端在运行时是否可以防止外部程序进行调试，是否具有防止调试工具和调试行为防护	黑客可在程序运行时进行调试，获取程序运行时的数据，存在用户个人信息或关键业务数据泄露的风险	4.2.4	
5	防注入检测	检测客户端进程空间是否可以被注入第三方动态库文件	黑客通过进程注入技术，篡改用户转账流程，窃取内存中的敏感数据	4.2.5	
6	进程间通讯数据安全检测	检测进程间数据通信，是否具有泄露用户信息的风险	可能导致App泄露敏感数据	5.2.1	服务交互安全测试
7	界面劫持风险检测	检测客户端是否有防界面劫持功能，防止黑客伪造界面对原有界面进行覆盖，窃取用户账户和密码等敏感信息	攻击者可以伪造钓鱼界面，覆盖登录、支付、转账等关键业务界面，诱骗用户输入银行卡号、身份证号、预留手机号码、取款密码等，从而盗取用户个人账户、登录密码、支付密码等敏感信息	5.2.2	

（续）

序号	名　称	测试内容	潜在危害	所在章节	测试类别
8	防截屏检测	检测客户端主要的运行界面是否能够防止任意截屏	黑客可在当前程序运行至登录、支付等关键业务时，启动具有截屏功能的程序，截取用户信息输入过程中的屏幕图片，达到窃取用户账号、密码等信息的目的		
9	防录屏检测	检测客户端主要的运行界面是否能够防止任意录屏	黑客可在当前程序运行至登录、支付等关键业务时，启动具有录屏功能的程序，录制用户信息输入过程中的录像，达到窃取用户账号、密码等信息的目的		
10	克隆攻击漏洞检测	检测客户端是否存在设置为可被导出的 Activity 组件，组件中是否包含 WebView 调用，导致敏感信息泄露的风险	通过安装恶意 App，攻击者可以调起存在漏洞的 Activity，并加载恶意的 HTML 文件，通过 ajax 请求 file 域，获取 App 中所有的本地敏感数据		
11	WebView 漏洞检测	检测客户端使用 WebView 组件时，是否能够防止外部挂马攻击	在访问恶意网页时，存在被网页挂马的风险，导致感染恶意程序	5.2.3	
12	远程代码执行漏洞检测	检测客户端是否使用 WebView 组件的接口函数 addJavascript-Interface()，是否存在远程代码执行漏洞	远程攻击者利用此漏洞能实现本地 Java 和 JavaScript 的交互，可对 Android 移动终端进行网页挂马等恶意操作，从而控制受影响设备		
13	Fragment Injection 注入漏洞检测	检测客户端是否存在 Fragment Injection 注入漏洞	攻击者可以利用 Fragment 实现注入攻击		
14	对象反序列化漏洞检测	检测客户端是否使用安全的 API 实现序列化，是否具有反序列化漏洞	攻击者可以构造一个不可序列化的 Java 对象，达到提取的目的		
15	外部输入检测	检测客户端外部输入的数据是否进行了限制和过滤，以保证输入数据安全	容易接收其他第三方的非法数据，并执行恶意操作，同时攻击者可以加载恶意链接 URL 或者被篡改、挂马的网络数据	5.2.4	
16	对外输出敏感数据检测	检测客户端对外输出的数据是否进行了限制和过滤，以保证输出数据安全	如未对自定义 URL 输出的数据进行验证，攻击者会执行恶意操作，非法对外输出用户信息，造成用户信息泄露的风险		
17	Wormhole 漏洞检测	检测客户端是否存在 Wormhole 漏洞	可以由任何其他人来触发，只需一个命令，攻击者就可以远程控制感染的设备		

（续）

序号	名　　称	测试内容	潜在危害	所在章节	测试类别
18	用户协议声明检测	检测客户端是否存在用户协议声明。如果存在用户协议，是否声明了用户信息用途以及保护措施，是否违反 App 安全相关的国家标准和行业标准的规定	容易造成信息窃取的恶意行为风险	6.2.1	本地数据安全测试
19	数据采集检测	检测客户端是否过度申请系统敏感权限，使用该权限时，是否提示用户授权，是否过度收集用户数据，数据传输过程是否具有安全措施，是否违反 App安全相关的国家标准和行业标准的规定			
20	数据输入检测	检测客户端是否具备安全软键盘，软键盘按键是否随机分布	当用户使用系统键盘时，其输入的账号、密码、金额等信息可在系统键盘记录中被解析，导致以上敏感信息泄露		
21	数据生成检测	检测客户端生成的数据是采用结构化还是非结构化的形式存储，存储的数据是否经过加密	易造成数据泄露的风险		
22	访问控制检测	检测客户端本地数据是否与其他应用程序进行隔离，在权限允许的范围之外是否存在数据，是否能被其他 App 客户端访问	其他 App 可以访问本程序存储在本地的数据，易造成信息泄露	6.2.2	
23	数据加密安全检测	检测客户端在本地存储的用户信息是否经过了加密处理，加密密钥是否进行了保护、加密算法是否合理、生成的随机数强度是否较高	在本地数据库、配置文件中对数据明文存储，导致黑客可以任意读取、修改本地数据，造成本地数据泄露风险		
24	日志泄露风险检测	检测客户端运行过程中输出的调试信息是否包含用户个人信息或关键业务数据	在运行过程中输出的调试信息中包含用户账户、密码、函数调用流程等敏感信息，黑客通过查看调试日志便可获取	6.2.3	
25	敏感数据不当使用风险检测	检测 App 源代码和行为特征，是否符合 App 安全相关的国家标准的规定	容易造成信息窃取的恶意行为风险		

（续）

序号	名　　称	测试内容	潜在危害	所在章节	测试类别
26	第三方 SDK 用户协议检测	检测客户端是否存在用户服务协议，在服务协议中是否声明将收集的信息共享给第三方 SDK，是否允许第三方 SDK 自行收集用户个人信息，是否违反 App 安全相关的国家标准	容易造成信息窃取的恶意行为风险	6.2.4	
27	敏感数据备份检测	检测客户端 App 数据是否可以备份，能否防止攻击者复制 App 数据	攻击者可以私自备份用户应用程序数据，造成信息窃取的风险	6.2.5	
28	备份数据加密强度检测	检测客户端备份的数据是否进行加密处理，并且要求使用复杂的、加密强度高的算法	易造成数据泄露的风险		
29	后台运行数据安全检测	检测客户端切入后台运行时，是否及时清理手机存储的文件、数据库、缓存、配置等内容	易造成数据泄露的风险	6.2.6	
30	敏感数据清除风险	客户端退出或被卸载时，是否彻底删除在手机本地存储的文件、数据库、缓存、配置信息			
31	TLS 实现检测	检测客户端与服务器交互核心的通信会话是否采用 HTTPS，同时是否为现有最佳实践方式	存在 TLS 漏洞易造成数据泄露的风险		网络传输安全测试
32	CA 证书检测	检测客户端与服务器端建立安全通道时，客户端是否验证远程端点的 X.509 证书，是否只接受由受信任的 CA 签名的证书	易造成中间人攻击的风险	7.2.1	
33	证书校验检测	检测客户端与服务器端是否进行双向证书校验			
34	主机名校验检测	检测客户端是否对主机名进行校验			
35	加密信道安全风险检测	检测客户端是否采用安全通信协议，并具备高强度的加密通信机制，能否有效防止通信用的加密算法被破解	黑客可通过逆向 App 得到通信用的加密算法，修改通信会话中的数据参数，越权查看用户信息、任意用户登录	7.2.2	
36	HTTP 中间人会话劫持检测	检测客户端与服务器端交互的数据是否可以被任意篡改	导致重放攻击漏洞	7.2.3	

（续）

序号	名　　称	测试内容	潜在危害	所在章节	测试类别
37	HTTPS 中间人会话劫持检测	检测客户端通信过程中，是否对证书进行了有效校验，能否有效防止中间人攻击，是否存在中间人攻击漏洞	在发起 HTTPS 会话时，未对服务器返回的证书进行校验，黑客可伪造服务器劫持该会话，对数据流量进行解密，导致用户账户、密码、手机号码等信息的泄露		
38	注册信息保护检测	检测客户端注册密码复杂度和注册信息在本地存储时保护程度是否足够高	易造成数据泄露的风险	8.2.1	鉴权认证安全测试
39	注册信息加密传输检测	检测客户端将用户注册信息传输到服务器的过程中是否进行了加密保护，以免攻击者拦截网络流量，窃取用户注册信息			
40	注册过程防爆破风险	检测客户端在注册账户时，是否可以对验证码进行爆破，获取正确的验证码，导致任意账户注册	攻击者易爆破验证码，窃取用户账户密码信息		
41	注册过程防嗅探检测	检测客户端注册过程是否可以利用已有社工库（手机号、邮箱、用户名、密码等）	攻击者利用撞库的方式，频繁嗅探注册账户，进而窃取用户注册的账号、密码		
42	密码安全验证检测	检测客户端登录密码的验证方案是在本地进行验证，还是在服务器验证，验证过程中是否加入了设备信息	黑客在获取用户名的情况下，通过暴力穷举方式，破解用户密码	8.2.2	
43	登录信息加密传输检测	检测客户端将用户登录信息传输到服务器的过程中是否进行了加密保护，以免攻击者拦截网络流量，窃取用户注册信息	易造成敏感信息泄露的风险		
44	登录过程防爆破检测	检测客户端在登录时，是否可以抓取数据包，利用数据包中的验证码字段或者密码字段进行暴力破解	验证复杂度较低已被破解，或者从服务器返回验证码，导致任意登录用户账号的风险		
45	登录过程防嗅探检测	检测客户端是否存在通过爆破验证码，从而登录任意账号、任意重置用户密码	通过重放发送短信验证码数据包进行短信轰炸或者利用已有社工库中的手机号、账号进行撞库，获取用户登录信息等风险		
46	登录过程防绕过检测	检测客户端是否可以绕过验证码登录任意账户，修改用户 ID，获取其他用户信息	易存在越权漏洞风险		
47	加强认证检测	检测客户端是否具有双因子认证机制，保护用户登录信息	易造成敏感信息泄露的风险		

（续）

序号	名　　称	测试内容	潜在危害	所在章节	测试类别
48	有状态会话标志检测	检测客户端与服务器端交互的会话，是否存在复杂的会话 ID，同时服务器端是否对其进行校验	黑客截获会话 ID 后，能够直接登录用户账户，导致用户信息泄露的风险	8.2.3	
49	无状态会话 Token 检测	检测客户端与服务器端通信会话过程中，是否存在 Token 机制，是否被攻击者轻易截取利用	黑客截获会话 Token 后，能够直接登录用户账户，导致用户信息泄露的风险		
50	会话不活跃检测	检测客户端与服务器端通信临时中断或长时间不活跃时，服务器端是否立即终止会话	易造成攻击者不安全操作，带来经济损失的风险		
51	会话加强认证检测	检核客户端与服务器端进行敏感交易时，服务器端是否存在双因子身份认证机制			
52	会话终止检测	检测用户登出操作后，服务器端是否立即终止与客户端之间的会话连接	易造成攻击者劫持账户的风险	8.2.4	
53	残留数据检测	检测当用户登出操作后，服务器端是否及时删除客户端对应的 Token 字符串或者_Session_id			
54	重新注册检测	检测客户端注销操作后，使用相同账号注册是否能重新注册	易造成攻击者不安全操作的，造成经济损失的风险	8.2.5	
55	数据清除检测	检测客户端卸载后，本地存储的数据或账户缓存等信息是否全部清除	易造成账户密码等敏感信息泄露的风险		

```
enum Opcode {
// BEGIN(libdex-opcode-enum); GENERATED AUTOMATICALLY BY opcode-gen
    OP_NOP                         = 0x00,
    OP_MOVE                        = 0x01,
    OP_MOVE_FROM16                 = 0x02,
    OP_MOVE_16                     = 0x03,
    OP_MOVE_WIDE                   = 0x04,
    OP_MOVE_WIDE_FROM16            = 0x05,
    OP_MOVE_WIDE_16                = 0x06,
    OP_MOVE_OBJECT                 = 0x07,
    OP_MOVE_OBJECT_FROM16          = 0x08,
    OP_MOVE_OBJECT_16              = 0x09,
    OP_MOVE_RESULT                 = 0x0a,
    OP_MOVE_RESULT_WIDE            = 0x0b,
    OP_MOVE_RESULT_OBJECT          = 0x0c,
    OP_MOVE_EXCEPTION              = 0x0d,
    OP_RETURN_VOID                 = 0x0e,
    OP_RETURN                      = 0x0f,
    OP_RETURN_WIDE                 = 0x10,
    OP_RETURN_OBJECT               = 0x11,
    OP_CONST_4                     = 0x12,
    OP_CONST_16                    = 0x13,
    OP_CONST                       = 0x14,
    OP_CONST_HIGH16                = 0x15,
    OP_CONST_WIDE_16               = 0x16,
    OP_CONST_WIDE_32               = 0x17,
    OP_CONST_WIDE                  = 0x18,
    OP_CONST_WIDE_HIGH16           = 0x19,
    OP_CONST_STRING                = 0x1a,
    OP_CONST_STRING_JUMBO          = 0x1b,
    OP_CONST_CLASS                 = 0x1c,
    OP_MONITOR_ENTER               = 0x1d,
    OP_MONITOR_EXIT                = 0x1e,
    OP_CHECK_CAST                  = 0x1f,
    OP_INSTANCE_OF                 = 0x20,
    OP_ARRAY_LENGTH                = 0x21,
    OP_NEW_INSTANCE                = 0x22,
    OP_NEW_ARRAY                   = 0x23,
    OP_FILLED_NEW_ARRAY            = 0x24,
    OP_FILLED_NEW_ARRAY_RANGE      = 0x25,
    OP_FILL_ARRAY_DATA             = 0x26,
```

```
OP_THROW                        = 0x27,
OP_GOTO                         = 0x28,
OP_GOTO_16                      = 0x29,
OP_GOTO_32                      = 0x2a,
OP_PACKED_SWITCH                = 0x2b,
OP_SPARSE_SWITCH                = 0x2c,
OP_CMPL_FLOAT                   = 0x2d,
OP_CMPG_FLOAT                   = 0x2e,
OP_CMPL_DOUBLE                  = 0x2f,
OP_CMPG_DOUBLE                  = 0x30,
OP_CMP_LONG                     = 0x31,
OP_IF_EQ                        = 0x32,
OP_IF_NE                        = 0x33,
OP_IF_LT                        = 0x34,
OP_IF_GE                        = 0x35,
OP_IF_GT                        = 0x36,
OP_IF_LE                        = 0x37,
OP_IF_EQZ                       = 0x38,
OP_IF_NEZ                       = 0x39,
OP_IF_LTZ                       = 0x3a,
OP_IF_GEZ                       = 0x3b,
OP_IF_GTZ                       = 0x3c,
OP_IF_LEZ                       = 0x3d,
OP_UNUSED_3E                    = 0x3e,
OP_UNUSED_3F                    = 0x3f,
OP_UNUSED_40                    = 0x40,
OP_UNUSED_41                    = 0x41,
OP_UNUSED_42                    = 0x42,
OP_UNUSED_43                    = 0x43,
OP_AGET                         = 0x44,
OP_AGET_WIDE                    = 0x45,
OP_AGET_OBJECT                  = 0x46,
OP_AGET_BOOLEAN                 = 0x47,
OP_AGET_BYTE                    = 0x48,
OP_AGET_CHAR                    = 0x49,
OP_AGET_SHORT                   = 0x4a,
OP_APUT                         = 0x4b,
OP_APUT_WIDE                    = 0x4c,
OP_APUT_OBJECT                  = 0x4d,
OP_APUT_BOOLEAN                 = 0x4e,
OP_APUT_BYTE                    = 0x4f,
OP_APUT_CHAR                    = 0x50,
OP_APUT_SHORT                   = 0x51,
OP_IGET                         = 0x52,
OP_IGET_WIDE                    = 0x53,
OP_IGET_OBJECT                  = 0x54,
OP_IGET_BOOLEAN                 = 0x55,
OP_IGET_BYTE                    = 0x56,
OP_IGET_CHAR                    = 0x57,
OP_IGET_SHORT                   = 0x58,
OP_IPUT                         = 0x59,
OP_IPUT_WIDE                    = 0x5a,
OP_IPUT_OBJECT                  = 0x5b,
OP_IPUT_BOOLEAN                 = 0x5c,
OP_IPUT_BYTE                    = 0x5d,
```

```
OP_IPUT_CHAR                = 0x5e,
OP_IPUT_SHORT               = 0x5f,
OP_SGET                     = 0x60,
OP_SGET_WIDE                = 0x61,
OP_SGET_OBJECT              = 0x62,
OP_SGET_BOOLEAN             = 0x63,
OP_SGET_BYTE                = 0x64,
OP_SGET_CHAR                = 0x65,
OP_SGET_SHORT               = 0x66,
OP_SPUT                     = 0x67,
OP_SPUT_WIDE                = 0x68,
OP_SPUT_OBJECT              = 0x69,
OP_SPUT_BOOLEAN             = 0x6a,
OP_SPUT_BYTE                = 0x6b,
OP_SPUT_CHAR                = 0x6c,
OP_SPUT_SHORT               = 0x6d,
OP_INVOKE_VIRTUAL           = 0x6e,
OP_INVOKE_SUPER             = 0x6f,
OP_INVOKE_DIRECT            = 0x70,
OP_INVOKE_STATIC            = 0x71,
OP_INVOKE_INTERFACE         = 0x72,
OP_UNUSED_73                = 0x73,
OP_INVOKE_VIRTUAL_RANGE     = 0x74,
OP_INVOKE_SUPER_RANGE       = 0x75,
OP_INVOKE_DIRECT_RANGE      = 0x76,
OP_INVOKE_STATIC_RANGE      = 0x77,
OP_INVOKE_INTERFACE_RANGE   = 0x78,
OP_UNUSED_79                = 0x79,
OP_UNUSED_7A                = 0x7a,
OP_NEG_INT                  = 0x7b,
OP_NOT_INT                  = 0x7c,
OP_NEG_LONG                 = 0x7d,
OP_NOT_LONG                 = 0x7e,
OP_NEG_FLOAT                = 0x7f,
OP_NEG_DOUBLE               = 0x80,
OP_INT_TO_LONG              = 0x81,
OP_INT_TO_FLOAT             = 0x82,
OP_INT_TO_DOUBLE            = 0x83,
OP_LONG_TO_INT              = 0x84,
OP_LONG_TO_FLOAT            = 0x85,
OP_LONG_TO_DOUBLE           = 0x86,
OP_FLOAT_TO_INT             = 0x87,
OP_FLOAT_TO_LONG            = 0x88,
OP_FLOAT_TO_DOUBLE          = 0x89,
OP_DOUBLE_TO_INT            = 0x8a,
OP_DOUBLE_TO_LONG           = 0x8b,
OP_DOUBLE_TO_FLOAT          = 0x8c,
OP_INT_TO_BYTE              = 0x8d,
OP_INT_TO_CHAR              = 0x8e,
OP_INT_TO_SHORT             = 0x8f,
OP_ADD_INT                  = 0x90,
OP_SUB_INT                  = 0x91,
OP_MUL_INT                  = 0x92,
OP_DIV_INT                  = 0x93,
OP_REM_INT                  = 0x94,
```

```
OP_AND_INT                = 0x95,
OP_OR_INT                 = 0x96,
OP_XOR_INT                = 0x97,
OP_SHL_INT                = 0x98,
OP_SHR_INT                = 0x99,
OP_USHR_INT               = 0x9a,
OP_ADD_LONG               = 0x9b,
OP_SUB_LONG               = 0x9c,
OP_MUL_LONG               = 0x9d,
OP_DIV_LONG               = 0x9e,
OP_REM_LONG               = 0x9f,
OP_AND_LONG               = 0xa0,
OP_OR_LONG                = 0xa1,
OP_XOR_LONG               = 0xa2,
OP_SHL_LONG               = 0xa3,
OP_SHR_LONG               = 0xa4,
OP_USHR_LONG              = 0xa5,
OP_ADD_FLOAT              = 0xa6,
OP_SUB_FLOAT              = 0xa7,
OP_MUL_FLOAT              = 0xa8,
OP_DIV_FLOAT              = 0xa9,
OP_REM_FLOAT              = 0xaa,
OP_ADD_DOUBLE             = 0xab,
OP_SUB_DOUBLE             = 0xac,
OP_MUL_DOUBLE             = 0xad,
OP_DIV_DOUBLE             = 0xae,
OP_REM_DOUBLE             = 0xaf,
OP_ADD_INT_2ADDR          = 0xb0,
OP_SUB_INT_2ADDR          = 0xb1,
OP_MUL_INT_2ADDR          = 0xb2,
OP_DIV_INT_2ADDR          = 0xb3,
OP_REM_INT_2ADDR          = 0xb4,
OP_AND_INT_2ADDR          = 0xb5,
OP_OR_INT_2ADDR           = 0xb6,
OP_XOR_INT_2ADDR          = 0xb7,
OP_SHL_INT_2ADDR          = 0xb8,
OP_SHR_INT_2ADDR          = 0xb9,
OP_USHR_INT_2ADDR         = 0xba,
OP_ADD_LONG_2ADDR         = 0xbb,
OP_SUB_LONG_2ADDR         = 0xbc,
OP_MUL_LONG_2ADDR         = 0xbd,
OP_DIV_LONG_2ADDR         = 0xbe,
OP_REM_LONG_2ADDR         = 0xbf,
OP_AND_LONG_2ADDR         = 0xc0,
OP_OR_LONG_2ADDR          = 0xc1,
OP_XOR_LONG_2ADDR         = 0xc2,
OP_SHL_LONG_2ADDR         = 0xc3,
OP_SHR_LONG_2ADDR         = 0xc4,
OP_USHR_LONG_2ADDR        = 0xc5,
OP_ADD_FLOAT_2ADDR        = 0xc6,
OP_SUB_FLOAT_2ADDR        = 0xc7,
OP_MUL_FLOAT_2ADDR        = 0xc8,
OP_DIV_FLOAT_2ADDR        = 0xc9,
OP_REM_FLOAT_2ADDR        = 0xca,
OP_ADD_DOUBLE_2ADDR       = 0xcb,
```

```
OP_SUB_DOUBLE_2ADDR             = 0xcc,
OP_MUL_DOUBLE_2ADDR             = 0xcd,
OP_DIV_DOUBLE_2ADDR             = 0xce,
OP_REM_DOUBLE_2ADDR             = 0xcf,
OP_ADD_INT_LIT16                = 0xd0,
OP_RSUB_INT                     = 0xd1,
OP_MUL_INT_LIT16                = 0xd2,
OP_DIV_INT_LIT16                = 0xd3,
OP_REM_INT_LIT16                = 0xd4,
OP_AND_INT_LIT16                = 0xd5,
OP_OR_INT_LIT16                 = 0xd6,
OP_XOR_INT_LIT16                = 0xd7,
OP_ADD_INT_LIT8                 = 0xd8,
OP_RSUB_INT_LIT8                = 0xd9,
OP_MUL_INT_LIT8                 = 0xda,
OP_DIV_INT_LIT8                 = 0xdb,
OP_REM_INT_LIT8                 = 0xdc,
OP_AND_INT_LIT8                 = 0xdd,
OP_OR_INT_LIT8                  = 0xde,
OP_XOR_INT_LIT8                 = 0xdf,
OP_SHL_INT_LIT8                 = 0xe0,
OP_SHR_INT_LIT8                 = 0xe1,
OP_USHR_INT_LIT8                = 0xe2,
OP_IGET_VOLATILE                = 0xe3,
OP_IPUT_VOLATILE                = 0xe4,
OP_SGET_VOLATILE                = 0xe5,
OP_SPUT_VOLATILE                = 0xe6,
OP_IGET_OBJECT_VOLATILE         = 0xe7,
OP_IGET_WIDE_VOLATILE           = 0xe8,
OP_IPUT_WIDE_VOLATILE           = 0xe9,
OP_SGET_WIDE_VOLATILE           = 0xea,
OP_SPUT_WIDE_VOLATILE           = 0xeb,
OP_BREAKPOINT                   = 0xec,
OP_THROW_VERIFICATION_ERROR     = 0xed,
OP_EXECUTE_INLINE               = 0xee,
OP_EXECUTE_INLINE_RANGE         = 0xef,
OP_INVOKE_OBJECT_INIT_RANGE     = 0xf0,
OP_RETURN_VOID_BARRIER          = 0xf1,
OP_IGET_QUICK                   = 0xf2,
OP_IGET_WIDE_QUICK              = 0xf3,
OP_IGET_OBJECT_QUICK            = 0xf4,
OP_IPUT_QUICK                   = 0xf5,
OP_IPUT_WIDE_QUICK              = 0xf6,
OP_IPUT_OBJECT_QUICK            = 0xf7,
OP_INVOKE_VIRTUAL_QUICK         = 0xf8,
OP_INVOKE_VIRTUAL_QUICK_RANGE   = 0xf9,
OP_INVOKE_SUPER_QUICK           = 0xfa,
OP_INVOKE_SUPER_QUICK_RANGE     = 0xfb,
OP_IPUT_OBJECT_VOLATILE         = 0xfc,
OP_SGET_OBJECT_VOLATILE         = 0xfd,
OP_SPUT_OBJECT_VOLATILE         = 0xfe,
OP_UNUSED_FF                    = 0xff,
// END(libdex-opcode-enum)
};
```

序号	工具名称	工具描述	下 载 源	工具类别
1	Apktool	Apktool 能够将 apk 中的文件反编译成最原始的文件，包括 resources.arsc、classes.dex、xmls 等文件，还能够将反编译的文件修改后重新二次打包成 apk，目标对象是 apk 文件	GitHub 网站	静态分析工具
2	baksmali	baksmali 能够将 apk 文件中的 classes.dex 文件或者脱壳后的 classes.dex 文件反编译成 smali 文件，目标对象是 classes.dex 文件	官方网站	
3	smali	smali 与 baksmali 用法刚好相反，它的作用是将 smali 文件重新打包成 classes.dex 文件，目标对象是 smali 文件	官方网站	
4	dex2jar	Apktool 和 baksmali 是将二进制文件反编译成 smali 文件，dex2jar.bat 是将 apk 或 classes.dex 文件反编译成 Java 类文件，目标对象是 apk 文件或 classes.dex 文件	官方网站 GitHub 网站	
5	JD-GUI	JD-GUI 是一个独立的图形实用程序，显示 class 文件的 Java 源代码，阅读反编译的 jar 文件非常方便，该工具是基于 C++编写的，非常适合熟悉 C++语法的读者，目标对象是 jar 文件	官方网站	
6	JEB	JEB 是一个为安全专业人士设计的功能强大的反编译工具，用于逆向工程或审计 apk 文件，JEB 主界面分为工程浏览器、字节码展示区、代码展示区、日志区，上方还有菜单栏和快捷方式等，可视化非常好，目标对象是 apk 文件或 classes.dex 文件	官方网站	
7	DDMS	DDMS 是 Android SDK 自带的功能，支持虚拟机调试监控服务，支持截屏、文件浏览、Logcat 线程、堆信息监控、广播状态信息、模拟电话呼叫、接收 SMS、虚拟地理坐标等功能	DDMS 是 Android SDK 自带的功能模块	动态分析工具
8	gdb	gdb 是基于 Linux 系统的 GCC 动态调试工具，比图形化界面类的工具功能强大，主要是用命令调试，目前已经很少使用，供读者参考	官方网站	

（续）

序号	工具名称	工具描述	下　载　源	工具类别
9	IDA Pro	IDA Pro（简称 IDA）堪称"逆向神器"，它不仅支持静态调试和动态调试，还支持 IDC 和 Python 插件扩展，功能非常强大，是进行逆向和安全测评需要掌握的首款工具	官方网站	动态分析工具
10	Drozer	Drozer是一款进行综合安全评估的 Android 安全测试框架，可帮助 Android App 和设备变得更安全，操作非常简单	官方网站	
11	Fiddler	Fiddler 是调试代理工具，它能够记录并检查所有被代理的客户端和互联网之间的 HTTP/HTTPS 通信，支持设置断点调试，查看所有"进出"Fiddler 的数据，包括 cookie、js、css 等文件，只支持 HTTP/HTTPS 协议	官方网站	抓包分析工具
12	Wireshark	Wireshark（原名 Ethereal）是一个网络封包分析软件，功能是截取网络封包。Wireshark 使用 WinPCAP 作为接口，直接与网卡进行数据报文交换，几乎支持所有协议	官方网站	
13	Burpsuite	Burpsuite 是一个集成化的渗透测试工具，它集合了多种渗透测试组件，主要实现对 Web 层面的渗透测试，也可用于抓包分析，支持 HTTP/HTTPS 协议	官方网站 GitHub 网站	
14	Xposed	Xposed 框架是一套开源的框架服务，可以在不修改 apk 文件的情况下影响程序运行，通过替换 system/bin/App_process 程序控制 Zygote 进程，使得 App_process 在启动过程中加载 XposedBridge.jar 包，从而完成对 Zygote 进程及其创建的 Dalivk 虚拟机的劫持	官方网站 GitHub 网站	挂钩框架
15	Frida	Frida 是一个开源的跨平台挂钩框架，Frida 的核心是用 C 语言编写的，JS 可以完全访问内存，挂钩函数可以调用进程内的本地函数来执行，可以用来挂钩关键的函数，达到内存转储的目的	官方网站	
16	JustTrustMe	JustTrustMe 是基于 Xposed 的模块，将 apk 中所有用于校验 SSL 证书的 API 都进行了挂钩，目的是绕过 SSL 证书校验，是安全测试辅助工具	GitHub 网站	其他工具

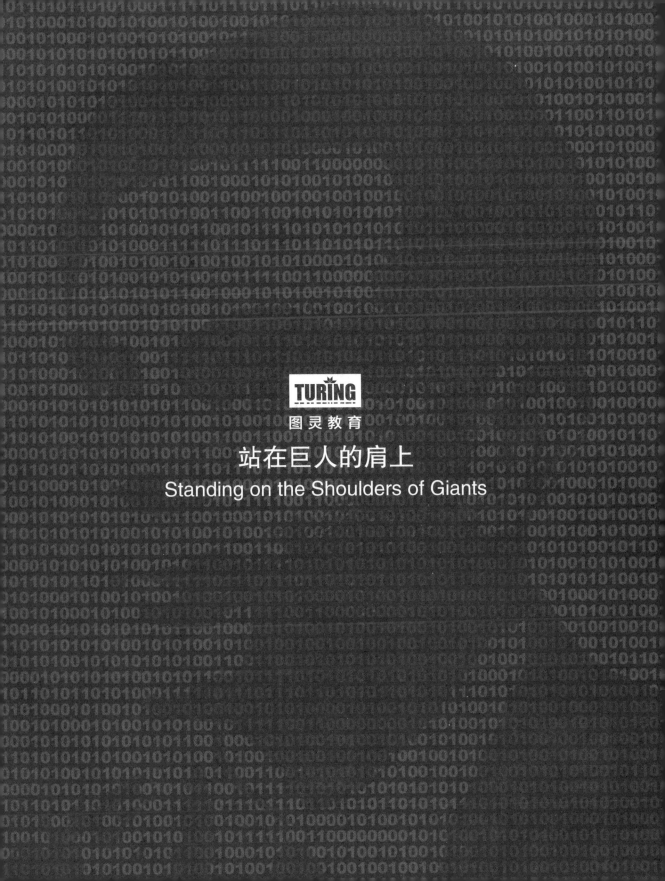

站在巨人的肩上

Standing on the Shoulders of Giants

TURING
图灵教育

站在巨人的肩上
Standing on the Shoulders of Giants